高等教育新工科信息技术课程系列教材

U0183885

C语言程序设计基础

C YUYAN CHENGXU SHEJI JICHU

葛方振　洪留荣◎主编

中国铁道出版社有限公司
CHINA RAILWAY PUBLISHING HOUSE CO., LTD.

内 容 简 介

本书共分 11 章，首先介绍了计算机的基础结构、程序执行的基本过程和学习 C 语言时涉及的基础知识，然后介绍了 C 语言的数据类型与运算符以及表达式、C 语言的三种程序设计基本结构，最后介绍了数组与函数、指针、结构体与文件等相关知识。书中每章后都附有丰富的习题。

本书以 C11 为标准，语言叙述通俗易懂，概念讲解清晰，为提升算法思维，绝大多数编程题在给出代码前都进行了步骤分析和编程技巧说明。本书用"地址"和"数据类型"两个概念统领全书 C 语言知识点，把数组、函数、指针、结构体等联系起来，形成一个统一整体，使读者更容易理解相关知识以及本质特征，且很大程度上降低了学习 C 语言的难度。

书中对难点和重点知识进行详细的图解分析，目标是让读者更好地理解代码执行的过程，从而深刻理解代码执行过程，提升编程能力。

本书适合作为高等学校本科课程的教材，也可作为学习 C 语言程序设计的参考用书。

图书在版编目（CIP）数据

C 语言程序设计基础 / 葛方振，洪留荣主编 .—北京：
中国铁道出版社有限公司，2022.12
高等教育新工科信息技术课程系列教材
ISBN 978-7-113-29692-6

Ⅰ.① C… Ⅱ.①葛…②洪… Ⅲ.① C 语言 - 程序设计 -
高等学校 - 教材 Ⅳ.① TP312.8

中国版本图书馆 CIP 数据核字（2022）第 175981 号

书　　名：C 语言程序设计基础
作　　者：葛方振　洪留荣

策　　划：刘梦珂　汪　敏　　　　　　　　　　　　编辑部电话：(010) 51873628
责任编辑：汪　敏　包　宁
封面设计：刘　颖
责任校对：苗　丹
责任印制：樊启鹏

出版发行：中国铁道出版社有限公司（100054，北京市西城区右安门西街 8 号）
网　　址：http://www.tdpress.com/51eds/
印　　刷：河北宝昌佳彩印刷有限公司
版　　次：2022 年 12 月第 1 版　2022 年 12 月第 1 次印刷
开　　本：787 mm×1 092 mm 1/16　印张：18.25　字数：467 千
书　　号：ISBN 978-7-113-29692-6
定　　价：56.00 元

徐　勇　　　安徽财经大学

姚光顺　　　滁州学院

翟玉峰　　　中国铁道出版社有限公司

张继山　　　三联学院

张雪东　　　安徽财经大学

钟志水　　　铜陵学院

周鸣争　　　安徽信息工程学院

近年来，教育部积极推进、深化新工科建设，突出强调"交叉融合再出新"，推动现有工科交叉复合、工科与其他学科交叉融合，打造高等教育的新教改、新质量、新体系、新文化。而作为新工科的信息技术课程要快速适应这种教改需求，探索变革现有的信息技术课程体系，在课程改革中促进学科交叉融合，重构教学内容，推进各高校新工科信息技术课程建设，而教材等教学资源的建设是人才培养模式中的重要环节，也是人才培养的重要载体。

目前，国家对教材建设是越来越重视，2020 年全国教材建设奖的设立，重在打造一批培根铸魂、启智增慧的精品教材，极大地提升了教材的地位，更是将教材建设推到了教育改革的浪尖潮头。2022 年 2 月发布的《教育部高等教育司关于印发 2022 年工作要点的通知》中，启动"十四五"普通高等教育本科国家级规划教材建设是教育部的一项重要工作。安徽省高等学校计算机教育研究会和中国铁道出版社有限公司共同策划组织"高等教育新工科信息技术课程新形态一体化系列教材"，并联合一批省内、外专家成立"高等教育新工科信息技术课程系列教材编审委员会"，依托高等学校、相关企事业单位的特色和优势，调动高水平教师、企业专家参与，整合学校、企事业单位的教材与教学资源，充分发挥课程、教材建设在提高人才培养质量中的重要作用，集中力量打造与我国高等教育高质量发展需求相匹配、内容形式创新、教学效果好的教学体系教材。这套教材在组织编写思路上遵循了高校的教育教学理念，包括以下四个方面：

1. 在价值塑造上做到铸魂育人

党的二十大报告指出："教育是国之大计、党之大计。培养什么人、怎样培养人、为谁培养人是教育的根本问题。育人的根本在于立德。"

把握教材建设的政治方向和价值导向，聚集创新素养、工匠精神与家国情怀的养成。把政治认同、国家意识、文化自信、人格养成等思想政治教育导向与各类信息技术课程固有的知识、技能传授有机融合，实现显性与隐性教育的有机结合，促进学生的全面发展。应用马克思主义立场观点方法，提高学生正确认识问题、分析问题和解决问题的能力。强化学生工程伦理教育，培养学生精益求精的大国工匠精神，激发学生科技报国的家国情怀和使命担当。

2. 坚持"学生为中心"和"目标为导向"的理念

新工科建设要求必须树立以学生为中心、目标为导向的理念，并贯穿于人才培养的全过程。这一理念强调学生针对既定的培养目标和未来发展，要求相关教育教学活动均要结合学生的个性特征、兴趣爱好和学习潜力合理设计和开展。相应地，计算机教材的出版也不应再局限于传统的知识传输方式和学科逻辑结构，应将知识成果化的传统理念转换为以学生和学习者为中心、坚持目标导向和问题导向相结合的出版理念。

3. 提供基于教材生命全周期的教学资源服务支持

立足于计算机类教材的生命全周期，从新工科的信息技术课程教学需求出发，策划和管理从立意引领到推广改进的教材产品全流程。将策划前期服务、教材建设中的平台服务、研究以 MOOC+SPOOC 为代表的新的教学模式、建设具有配套的数字化资源，以及利用新技术进行的新媒体融合等所有环节进行一体化设计，提供完整的教学资源链服务。

4. 在教材编写与教学实践上做到高度统一与协同

教材的作者大都是教学与科研并重，更是具有教学研究情怀的教学一线实践者，因此，所设计的教学过程创新教学环境，实践教学改革，能够将教育理念、教学方法糅合在教材中。教材编写组开展了深入研究和多校协同建设，采用更大的样本做教改探索，有效支持了研究的科学性和资源的覆盖面，因而必将被更多的一线教师所接受。

本套教材构建更加注重多元、注重社会和科技发展等带来的影响，以更加开放的心态和步伐不断更新，以高等工程教育理论指导信息技术课程教材的建设和改革，不断适应智能技术和信息技术日新月异的变化，其内容前瞻、体系灵活、资源丰富，是一套符合新工科建设要求的好教材，真正达到新工科的建设目标。

2022 年 10 月

C 语言是一门面向过程的计算机编程语言，能以简易的方式编译、处理低级存储器，广泛应用于底层开发。本书详细介绍 C 语言程序设计的基础知识、基本概念及基本编程技能，引导学生掌握程序设计和调试的方法，循序渐进地掌握程序设计思想，获得扎实的软件开发基本能力。

笔者结合近几年的 C 语言程序设计教学实践，分析总结学生学习过程中易犯的错误、易模糊的概念、易忽视的问题，经多年经验积累与摸索，以教学教案为基础，编写了这本《C 语言程序设计基础》。本书的适用对象为计算机类及其他理工科类专业的本科生、编程初学者，目的是让读者了解并快速掌握 C 语言程序设计方法。

本书共 11 章，以 C11 为标准，加强数据类型这一关键概念的讲解，对数组、函数、指针等进行了详细的图解分析，使读者可以更深入地理解这些知识，对书中的大部分编程例题进行了算法步骤分析，内容由浅入深，突出编程思维，习题由易到难，适合读者循序渐进地完成。

第 1 章介绍与 C 语言程序设计相关的基本知识，其中包括计算机的工作原理、数据表示的方法、算法表示和编程工具的使用。

第 2 章介绍数据类型、运算符与表达式等与程序设计紧密相关的几个概念。

第 3 章介绍 C 语言语句构成、数据的输入 / 输出及顺序结构程序设计，为学习后面各章打下基础。

第 4、5 章分别介绍选择结构程序设计和循环结构程序设计。

第 6 章介绍数组。详细解释了常用的一维数组和二维数组及字符数组和字符串处理函数的应用。

第 7、8 章介绍函数、变量的作用域、模块化及预处理。函数是 C 语言进行结构化程序设计的基础，模块化是大型应用系统开发程序设计的必然要求。

第 9 章介绍指针及其应用，将指针与数据类型相结合，说明了指针与数组、自定义函数和库函数之间的关系，阐述了数组的本质。

第 10、11 章介绍结构体、枚举类型及文件的应用。

附录给出了 ASCII 码表、运算符优先级表及 C 语言库函数列表，以备读者查阅。

本书参考学时为 40~60 学时，教师可根据教学要求和实际情况对讲授内容进行取舍。本书从一些经典问题入手，详细分析求解问题的过程，然后给出源代码，并对源代码进行了详细注释。每章内容后附有习题，以便读者能巩固所学的知识点。

本书由葛方振、洪留荣任主编，其中，第 1、2、5、6、10 章由葛方振编写，第 3、4、7、8、9、11 章由洪留荣编写，张鹏飞参加了本书程序调试。全书由葛方振统一修改定稿。在编写过程中，得到淮北师范大学计算机科学与技术学院的大力支持，编者在此表示衷心感谢！

本书得到安徽省高等学校省级质量工程项目"一流（品牌）专业计算机科学与技术"（编号：2018ylzy022）、"计算机类一流本科人才示范引领基地"（编号：2019rcsfjd044）、"计算机应用教学团队"（编号：2021jxtd256）、校级质量工程团队建设（编号：03109851）资助。

由于编者的知识和写作水平有限，书中难免存在缺点和疏漏之处，热忱欢迎同行专家和读者批评指正（编者邮箱：hongliurong@126.com）。

编　者

2022 年 6 月

目　录

基础知识简介

了解计算机以及程序的基本知识有助于读者理解 C 语言程序，为此，本章简要介绍计算机如何存储数据，程序在计算机中如何运行，C 语言的发展历程和常用编程工具。

1.1　程序与程序设计

程序（Program）是一种行事的先后次序，是为达到某一目标而设定的一系列活动，如晚会、运动会的程序等。从计算机科学方面来说，计算机程序（Computer Program）是计算机可以识别的一组有序指令集合。计算机根据这些指令集合有序完成相应的任务，而一条指令就是计算机的一个基本操作（指示或命令）。程序不仅包括指令，还包括与指令有关的数据。程序设计是为解决特定问题而以某种计算机语言为工具，编制出指令序列的过程。本书阐述以 C 语言为工具进行程序设计的理论和方法。

1.2　程序在计算机中运行流程简述

计算机的核心功能非常简单：输入、计算和输出，但快速有序地完成这些功能却非常复杂，程序用来指挥计算机自动完成这些功能。下面简单介绍程序在计算机中的运行流程，以便读者对此有粗略认识，有助于学习 C 语言和其他计算机语言。在介绍程序运行流程之前，首先介绍一下计算机中两个非常重要的部件：中央处理器（Central Processing Unit，CPU）和内存。

1.2.1　CPU

CPU 是由许多具有开关功能的晶体管所组成的电子部件，这些晶体管做得非常小，目前的 CPU 一般可以在几平方厘米的区间上放几十亿个晶体管，业界称这样的电子部件为超大规模集成电路。CPU 是计算机的核心和大脑，它接收数据输入、执行指令并输出数据。

CPU 不仅与输入设备（如键盘、鼠标）、输出设备（如打印机）进行数据通信，还与计算机内部的其他设备（如内存）进行数据通信，通信在这里可以简单理解为数据的接收和发送。

如果从功能上看，CPU 主要有四部分：寄存器、控制器、运算器以及时钟（有的计算机把时钟放在了 CPU 外部），如图 1-1 所示，每部分之间均可相互通信。寄存器用来暂时存放指令和数据，CPU 中有许多不同类型的寄存器，完成各自不同的功能；控制器的作用是根据指令及指令执行结果控制计算机（如把内存中的指令和数据读入到寄存器、获取键盘等外围设备的输入等）；运算器的作用是根据指令进行数据运算（如运算器中的加法器可进行加法运算）；时钟的作用是给 CPU 计时信号，保证计算机各部件同步运作，避免引起混乱。

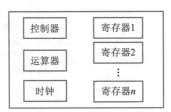

图 1-1   CPU 各部分示意图

1.2.2   内存

内存是指计算机的主存储器，常称为内存条。它通过一些部件与 CPU 以及外存（如硬盘）连接，主要功能是存放指令和数据，可读写，也就是说，可以把原来存在的数据读取出来，也可以更新数据，但在内存中存放的指令和数据在计算机断电时会消失。

内存中存放指令和数据所用的最小存储单元只有两种开关状态，或者说低电平、高电平，分别用 0 和 1 表示。每个最小单元称为 1 位（bit），要么存放 0，要么存放 1。8 个最小单元合在一起称为 1 字节（Byte），字节是计算机中存储数据的基本单位，也是硬件所能访问的最小单位。1 024 字节称为 1 KB，1 024 KB 称为 1 MB，1 024 MB 称为 1 GB。目前市场主流内存容量为 8 GB、16 GB 甚至更大。

每个字节的存储单元都有一个指示该单元的二进制编码，称为地址码，简称地址，它是一个整数且固定不变，而存储在其中的信息是可以更换的，只要给出存储单元的地址就能找到存储在其中的信息。CPU 通过地址找到相应的内存位置，读取里面存放的指令和数据，或者写入数据到相应地址。一个字节可以存放 2^8 个数据，如图 1-2 所示。

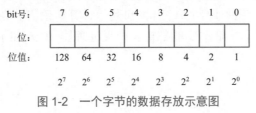

图 1-2   一个字节的数据存放示意图

1.2.3   程序执行过程

计算机能直接识别和运行的指令和数据由 0、1 组成。启动后，计算机根据时钟信息，由控制器指挥，把硬盘中存放的程序复制一份到内存，再把内存中的指令和数据读到 CPU 的寄存器中，通过对指令的解释执行相应的功能，CPU 中的运算器对数据进行运算，控制器再根据运算结果决定下一步如何操作。程序执行流程如图 1-3 所示。

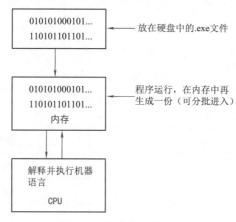

图 1-3　程序执行流程图

1.3　计算机语言的分类

在早期的计算机中，人们直接用机器语言（即机器指令）来编写程序。这种用机器语言书写的程序，计算机完全可以"识别"并执行，所以又称目标程序。机器语言可被计算机直接理解和接受，但直接用机器语言编写程序是一件很烦琐的事情，工作强度非常大且容易出错。

为降低用机器语言编程的复杂性，人们用一些约定的助记符来表示机器指令，然后再用这些特殊符号表示的指令来编写程序，这种采用一些助记符号表示机器语言中的指令和数据，使机器语言符号化的计算机语言称为汇编语言。它是一种能转化为二进制文件的符号语言，例如，把机器语言中加法的二进制数据用 add 表示，读取数据的二进制数据用 load 表示，这比直接写二进制的机器语言要方便得多。

由于计算机只能识别机器语言，那么汇编语言写的程序代码就需要转换为机器语言，完成转换的程序称为汇编器。借助于汇编器，计算机本身可以自动地把符号语言表示的程序（称为汇编语言程序）翻译成机器语言表示的目标程序，从而实现程序设计工作的部分自动化。

下面以一个实例来说明汇编语言与机器语言的关系。例如求解 y=ax+b-c，给出其解题步骤，解题步骤的每一步只完成一种基本操作，所以就是一条指令，而整个解题步骤就是一个简单的计算程序。为了顺利运算，计算机必须事先把程序和数据按地址存放到存储器中，程序中的指令通常按顺序执行，这些指令顺序放在存储器中，见表 1-1。

表 1-1　计算 y=ax+b-c 的程序

指令地址	指　令		指令操作内容	说　明
	操作码	地址码		
1	取数	6	（6）→ A	存储器 6 号地址的数 a 放入运算器 A 中
2	乘法	9	（A）*（9）→ A	完成 ax，结果保留在运算器 A 中
3	加法	7	（A）+（7）→ A	完成 ax+b，结果保留在运算器 A 中
4	减法	8	（A）-（8）→ A	完成 ax+b-c，结果保留在运算器 A 中

续上表

指令地址	指　　令		指令操作内容	说　　明
	操作码	地址码		
5	存数	10	A→10	运算器 A 中结果 y 送入存储器 10 号地址
数据地址	数据			说　　明
6	a			数据 a 存放在 6 号单元
7	b			数据 b 存放在 7 号单元
8	c			数据 c 存放在 8 号单元
9	x			数据 x 存放在 9 号单元
10	y			数据 y 存放在 10 号单元

　　由表 1-1 可知，每条指令应当明确告诉控制器，从存储器的哪个单元取数据，进行何种操作。可见，指令由两部分组成，即操作的性质和操作数的地址，前者为操作码，后者为地址码。操作码指出指令所进行的操作，如加、减、乘、除、取数、存数等；而地址码表示参加运算的数据从存储器的哪个单元取出来，或运算的结果存到哪个单元中去。无论是操作码还是地址码，都是采用二进制代码编码。假定有 6 条指令，那么这 6 条指令的操作码，可用 3 位二进制代码来定义，见表 1-2。这样，按照表 1-2 的定义，可把指令的操作码部分换成二进制代码。如果把地址码部分和数据也换成二进制，那么整个存储器的内容全部变成二进制代码，如图 1-4 所示。

表 1-2　指令的操作码定义

指令	操作码
加法	001
减法	010
乘法	011
除法	100
取数	101
存数	110

地址（二进制）	操作码	地址码
1（0001）	101	0110
2（0010）	011	1001
3（0011）	001	0111
4（0100）	010	1000
5（0101）	110	1010
6（0110）	a（二进制）	
7（0111）	b（二进制）	
8（1000）	c（二进制）	
9（1001）	x（二进制）	
10（1010）	y（二进制）	

图 1-4　指令和数据在存储器中的二进制存储

　　由图 1-4 可知，把这些用 0 和 1 表示的指令加载到主内存中，CPU 获取这些指令经解释后就可以一条一条依次执行，直到停止，这样就完成了整个程序执行的自动化过程。当然，实际情况要比这复杂，指令也很多，要涉及更多的电路和部件，更详细的原理需要学习更多的知识。

　　机器语言和汇编语言都对机器依赖度很高，要求程序员对计算机硬件结构和机器的工作原理十分熟悉，例如要做加法，最基本的，必须知道这台计算机的 CPU 有多少个寄存器，把数据送到哪个寄存器，运算结果放在哪个寄存器，又如何把结果送到内存中的哪个或哪些地址等问题，都需要了解这台计算机的硬件结构，这些要求对一般人员来说是十分困难的，而且这样写指令效率也不高，因此促使计算机界的科学家们去创建与人类自然语言相接近、能为计算机所接受、语意确定、规则明确、自然直观和通用易学的计算机语言，这种与自然语言相近并为计算机所接受和执行的计算机语言称为高级语言，相对于高级语言，通常也把机器语言称为低级语言。现在的高级语言很多，常用的如 C、C++、Java、Python、MATLAB、go、R 等语言都属于高级语言，本书要介绍的 C 语言就是其中最优秀者之一。

与汇编语言一样，高级语言编写的程序也不能被计算机直接识别和执行。但按照汇编语言通过汇编器转换成机器语言的思路，设计高级语言的编译或解释程序，把这种高级语言翻译成相应的机器语言，计算机就可以运行指令、进行工作，可以用高级语言编写程序操控计算机完成特定的任务。把未编译或翻译的按照一定的程序设计语言规范编写的程序称为源代码（或源程序），所以人们可以直接用高级语言编写程序源代码，源代码再通过编译或翻译成为机器语言程序。显然，高级语言降低了程序编写难度。图 1-5 说明了用 C 语言编写的源代码到机器语言的大致处理过程。

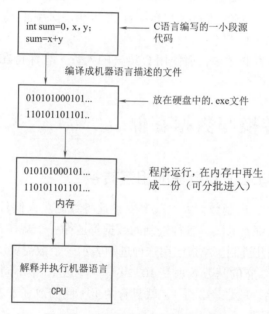

图 1-5　高级语言程序的执行流程图

从图 1-5 可以看出，用 C 语言的编程人员只需专注于编程方法，而编译或翻译的事情则交由专业软件完成。本书内容就是介绍如何用 C 语言编写程序。

1.4　C 语言简介

1970 年，贝尔实验室员工肯·汤普森（Ken Thompson），以 BCPL（Basic Combined Programming Language，基本组合程序设计语言）为基础，设计并创新出一种非常简单且易于操作计算机硬件的高级语言，这就是 B 语言，然后他用 B 语言干了一件影响后世的事——编写了操作系统 UNIX。

1971 年，丹尼斯·里奇（Dennis M.Ritchie）非常想在 UNIX 上玩自己喜欢的游戏，但此时 UNIX 还比较粗糙，他为了使自己能快点玩上心爱的游戏，找到汤普森的开发组，要合作开发 UNIX。1972 年，他在 B 语言的基础上设计出了一种新的语言，这就是 C 语言。

在随后的时间里，汤普森的开发组用 C 语言完成了许多工作，包括用 C 语言重写 UNIX 操作系统，他们都在所从事的工作中得到了极大的快乐。

用 C 语言编写的源代码可以在不同的计算机上运行，只要针对这个架构的计算机开发出相应的编译器以及特定的库，再把用 C 语言编写的源代码进行编译、连接生成二进制形式的可执行目标程序，就可以在相应的计算机上运行。

1982 年，C 标准委员会成立，负责建立关于 C 语言的标准。1989 年，ANSI（American National Standards Institute，美国国家标准学会）发布了第一套完整的 C 语言标准：ANSI X3.159-1989，简称"C89"，又称"ANSI C"。这个标准在 1990 年被 ISO（International Standard Organization，国际标准化组织）全盘采纳，改名 ISO/IEC 9899，简称"C90"。1999 年，ISO 在 C90 标准的基础上作了一些修改，形成了新的 C 语言标准，命名为 ISO/IEC 9899：1999，简称"C99"。2011 年 12 月 8 日，ISO 再次发布了新的标准，命名为 ISO/IEC 9899: 2011，简称"C11"。2017 年 ISO 又一次发布了新的标准，次年正式发布正规文档，命名为 ISO/IEC 9899：2018，简称"C17"。

目前，计算机高级语言非常多，但使用 C 语言的人数一直保持在前几位，这也充分体现了 C 语言的优良特点。

1.5 进制间转换与数据存储

1.5.1 十进制数据与二进制数据的相互转换

既然计算机只能处理二进制数，大家就要熟悉这种数制。人们日常用到的十进制数据与二进制数据如何相互转换呢？其实，各种进制的数据都遵循一个规律，就是逢 N 进 1，这里 N 称为基数，N 是几，就是几进制。N 指定用这种进制表示一个数需要用到的不同数字总量，例如，十进制，是逢 10 进 1，它的基数 N 就是 10，共有 0~9 这 10 个不同的数字来表示一个数据。很显然，如果 N 为 2 的话，就是逢 2 进 1，就只有两个不同的数字来表示数据，这两个数字就是 0 和 1。

对于 N 进制的数据，各位上的数字表达的值是不一样的，例如，十进制中 11 这个数据，第 2 位（左边）的 1 表示的数值为 10^{2-1}，而二进制数 11，第 2 位的 1 表示的数值为 2^{2-1}，所以进制不同，表示的数值是不一样的。对于 N 进制的整数数据，第 n 位上数字表示的值就是该位上的数字乘以 N^{n-1}，对于小数，各位上的数字表示的值是 N^{-n}。这个"N 的次方"称为位权。例如，$11.01_{(2)}=1 \times 2^1+1 \times 2^0+0 \times 2^{-1}+1 \times 2^{-2}=2+1+0+0.25=3.25_{(10)}$。

一个十进制数转换为二进制数的方法如下：

（1）对于整数部分，采用除 2 取余法。这种方法就是对整数除以 2，得到商和余数，然后对商继续除以 2 得到商和余数，直到商为 0 为止，然后余数从后往前顺序组成一个二进制数，这个二进制数就是该十进制整数的二进制表示。以下是十进制数 87 一直除以 2 的商和余数。

2	87	
2	43	1
2	21	1
2	10	1
2	5	0
2	2	1
2	1	0
	0	1

最后一行商为 0，把余数从最后一个向前顺序排列形成二进制数，同样，十进制数 87 的二进制数表示就是 1010111。

（2）小数部分的转换。把十进制的小数部分乘以 2，然后取出整数部分，再把小数部分继续乘以 2，一直到小数部分为 0 为止，把取出的整数部分按先后顺序排序就形成一个二进制数序列，这就是十进制小数的二进制表示。

以下是十进制数 0.8125，转换成二进制形式，乘以 2 后取出的小数部分和整数部分。

0.8125	
0.625	1
0.25	1
0.5	0
0	1

所以，十进制数 0.8125 的小数部分的二进制数就是 1101。同样，十进制数 87.8125 转换成的二进制数就是 1010111.1101。

二进制数转换为十进制数非常简单，就是把二进制各位上的数乘以该位的位权。

1.5.2 十进制与八进制、十六制数的相互转换

这些数制与十进制数的相互转换原理与 1.5.1 节所描述的二进制与十进制数的相互转换原理一样，调整相应的基数 N 即可。

但这里要特别说明，对于十六进制数，有 16 个不同数字表示数据，除了 0 ~ 9 这 10 个数字外，还增加了 A、B、C、D、E、F 这 6 个数字，分别表示十进制的 10 ~ 15 这 6 个数。例如十进制数 12，就是数字 C，15 就是数字 F。

在 C 语言中，如果要在源代码中写一个十六进制数，应加前缀 0x，例如写十六进制数 F5，则要写成 0xF5。如果写一个八进制表示的数，应加前缀 o（英文小写），例如写八进制数 55，则要写成 o55。

由于篇幅所限，这部分内容不作详细阐述，大家可以自行研究，进一步熟悉。需要强调的是计算机内存中存放的数据是二进制的，但编写 C 程序时，数据可以用十进制、八进制和十六进制表示。

1.5.3 数据存储

计算机中的存储器是用来存储程序和各种数据信息的记忆部件。存储器可分为主存储器

（简称主存或内存）和辅助存储器（简称辅存或外存）两大类。现在的主存和一部分辅存的最小存储单元由半导体电路构成，它能存储一个电状态，有高或低两种形式，可表示 1 或 0。辅助存储器中，如机械硬盘的存储数据主要应用磁表面存储材料，它根据磁表面单位区域下的磁性不同表示 0 和 1；固态硬盘是采用 Flash 芯片作为存储介质来存储 0 和 1。辅助存储器可以长时间存放数据，断电后数据不会消失。

计算机要处理数据，首先要解决的问题是数据以怎样的结构存入计算机的存储介质中。计算机虽然可以处理二进制数，但并不是把一个数转换成二进制就可以直接放在计算机中，例如，负数的符号如何存放，小数的小数点如何表示，它们既不是 0 也不是 1。又例如，一个整数或一个小数分别用到几个字节？下面介绍整数和小数（又称浮点数）在计算机中的存储。

1. 整数的存储

整数一般用一种称为二进制补码的编码进行存储。计算机领域有三种编码非常有名，即原码、反码和补码，它们的一个作用是把一个数值以二进制数的形式存入计算机中便于保存和处理。

原码：原码是数值的符号位加上数值绝对值的二进制形式，并且规定用最高位的那个 bit 位表示符号，其余各位表示值。如果是负数，这个位的值就是 1，如果是正数就是 0。例如，整数 5，如果用 16 位（2 字节）的空间来存储的话，则它的原码是：00000000 00000101。−5 的原码是：10000000 00000101。

反码：正数的反码与原码一样，负数的反码是在原码的基础之上，符号位不变，其余各位取反（原来是 0 就变为 1，原来是 1 就变为 0）形成的码。例如，−5 的反码是：11111111 11111010。

补码：正数的补码与原码一样，负数的补码是它的反码加 1，例如 −5 的补码就是：11111111 11111011。这里要说明的是数 −0 的原码以补码的形式存在时，表示的实际数据是 -2^{N-1}，其中 N 表示存储空间的位数。例如一个整数用 16 位来存放的话，数 −0 就是 -2^{15}＝−32 768。为什么会这样，由于篇幅所限，这里不详细说明，请大家参考相关资料。这样大家就可以理解，如果用 2 字节存放一个整数，它的范围是 −32 768~32 767。

一个带符号位的整数，一般是把它的补码存放到给定的内存空间中。补码的好处很多，例如，可以把减法变成加法来做，如计算 8−5，如果把 8 和 −5 分别用补码的形式存入计算机中，8−5 就只需要计算这两个数补码的加法，即是 8−5 的结果。以 16 位存储数据为例，8 的补码是：00000000 00001000，−5 的补码是：11111111 11111011。两者相加得：1 00000000 00000011，注意到加的结果有一位超出了 16 位，所以舍去，结果是 00000000 00000011，这正好是整数 3 的补码。这样计算机就可以只用一种加法器完成加减两种运算，而不用设计两种不同的运算器。

2. 小数（浮点数）的存储

小数可以用指数计数法表示成 $M \times 10^N$，但指数计数法表示一个具体的数时，M 和 N 是可以变动的，如 32.5 可以写成 3.25×10^1，也可以写成 0.325×10^2。而计算机在存储小数时首先把浮点数转换为二进制，然后统一成类似于指数计算法的形式，写成 $1.*** \times 2^N$，注意是以 1 作为整数部分，以 2 为底。这里 N 称为指数，*** 为尾数。例如，87.8125 的二进制数是

1010111.1101，转换成指数形式且整数是 1 就是 1.0101111101×2^6（二进制数乘以 2，就是把小数点向后移一位，这与十进制数乘以 10，小数点向后移一位一致）。

计算机存储一个小数，分三个部分存储，一部分存放浮点数的符号位（0 为正数，1 为负数），一部分存指数，一部分存尾数（尾数位数不足时后续剩余空间用 0 补上），因为所有小数的整数部分统一规定为 1，所以不保存。

具体地，以用 32 位存储一个浮点数为例，最高位存储符号位，接下来的 8 位存储指数部分的二进制数，剩下 23 位存储尾数部分，如图 1-6 所示。因为指数可正可负，8 位指数位能表示的指数范围为 −127~128，为不存储指数的符号位，指数部分采用移位存储，即凡是指数，都存储"原指数 +127"的二进制数据。

例如，22.5，写成二进制数为 10110.1，化成 $1.*** \times 2^N$ 的形式就是 1.01101×2^4，指数部分存 4+127 的二进制数，即 10000011，尾数部分存 01101000 00000000 0000000。所以 22.5 的存储为：0 10000011 01101000 00000000 0000000。

符号位	指数部分	尾数部分
1位	8位	23位

图 1-6 浮点数的一种存储格式

如果用 64 位存储一个浮点数，一些系统将多出的位全部用来表示尾数部分，增加有效数字以提高精度；另一些系统把其中的一些位分配给指数部分，以容纳更大的指数，从而增加可表示数的范围。图 1-7 所示给出了常用的一种存储格式。

符号位	指数部分	尾数部分
1位	11位	52位

图 1-7 浮点数常用的一种存储格式

1.6 什么是算法

算法一般描述为解决问题的确定性步骤和方法。算法一词最早出现在公元 825 年（我国唐朝时期），波斯数学家阿勒·花剌子密在所写的《印度数字算术》中。如今普遍认可的算法定义是：算法是解决特定问题求解步骤的描述，在计算机中表现为解决问题的有限指令序列，并且每条指令表示一个或多个操作。它具有五个特征。

（1）有穷性（Finiteness）：指算法必须能在执行有限个步骤之后终止。

（2）确切性（Definiteness）：算法的每一步骤必须有确切的定义。

（3）输入项（Input）：一个算法应有 0 个或多个输入，0 个输入是指算法本身定出了初始条件。

（4）输出项（Output）：一个算法有一个或多个输出，没有输出的算法是无意义的。

（5）有效性（Effectiveness）：算法中执行的任何计算步骤都可以被分解为基本的、可执行的操作步骤，即每个计算步骤都可以在有限时间内完成。

针对同一个问题，可以有不同的算法，即不同的解决问题的确定性步骤，反映到计算机中就是，有不同的符合上述五个特征的算法指令序列。

例如，计算 1+2+…+n，可以有这样的算法步骤：先令 sum=0，然后计算 sum=sum+1 中，再计算 sum=sum+2，一直计算到 sum=sum+n，最后 sum 中的值为计算结果。这就是该问题的一个算法，它满足上述 5 个特征。另外，可以用等差数列求和公式直接计算出：sum=n×(n-1)/2，这也是一个算法。

上面写的算法步骤只是一种非正式的叙述，要正规描述一个算法，给出它的具体步骤，常用自然语言描述、结构化流程图描述和伪代码描述等方法。

（1）自然语言描述。自然语言就是人们日常使用的语言，可以是汉语、英语或其他语言。用自然语言表示通俗易懂，但文字冗长，容易产生"歧义"。例如，求 200~500 能被 5 整除的数，用自然语言描述解决这一问题的算法可写为：

步骤 1：I=200。

步骤 2：如果 I 能被 5 整除，输出 I。

步骤 3：I=I+1。

步骤 4：如果 I 小于或等于 500，返回步骤 2，否则结束。

（2）用流程图描述。ANSI 规定了一些常用的流程图符号，如图 1-8 所示。

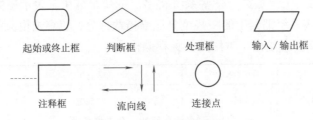

图 1-8　常用的流图符号

还以"求 200~500 能被 5 整除的数"为例，用流程图描述的算法如图 1-9 所示。

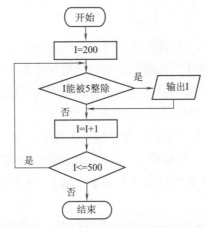

图 1-9　求 200~500 能被 5 整除的数的算法流程图

流程图的优点是过程清晰，不依赖于计算机语言，缺点是画起来费事，不易阅读和修改。

（3）伪代码描述算法。伪代码是一种非正式的，类似于英语结构的语言。用它描述算法的优点是书写方便，结构紧凑，易于阅读和修改，缺点是伪代码难以统一。还以"求 200~500 能被 5 整除的数"为例，用伪代码描述的算法如下：

```
Input I=200
Do while(I<=500)
    if I%5==0
     output I
    I=I+1
loop
```

总之，描述算法各有特点，可以自由选择。

1.7 C 语言源代码介绍及运行

1.7.1 C 语言源代码介绍

一个完整的 C 语言程序源代码，绝大多数都有且只有一个 main() 函数（也可以通过特殊处理不需要，但本书要求一个完整的 C 程序源代码必须有一个 main() 函数），这是程序执行的入口。下面是一个非常简单的 C 语言源代码：

```
/*
一个简单的 C 语言源代码，用于计算并输出两个数的和
*/
#include <stdio.h>
int main(void)
{
    int sum=0,a=3,b=4;          // 定义变量
    sum=a+b;
    printf("sum=%d",sum);       // 输出 a、b 的和
    return 0;
}
```

源代码中如"// 文本"是行注释，"/* 文本 */"用于一行或多行注释。注释是对代码的解释和说明，其目的是让阅读代码的人能够更方便地理解代码，并不参与代码的执行过程。

通过前面的介绍，计算机不能直接执行这段源代码，因此，在写完源代码以后，就要进行编译，让它变成机器语言描述的代码，然后计算机再执行。上面这段程序代码在编译完成以后，执行它，计算机输出：

```
sum=7
```

那么，在哪里写源代码，又如何进行编译，出现错误如何修改，又如何执行编写的程序呢？下面对这些问题进行阐述。

一种能用于 C 语言的集成开发环境软件可以解决上述问题，能用于 C 语言的集成开发环境软件比较多，早期版本如 Turbo C、VC++ 6.0，现在通常用的有 Dev C++、VS 2019、C-free、C4droid（Android 系统手机版）等，它们都能带相应的编译器，能利用它们进行编写源代码、编

译、调试等开发软件的工作，要使用这种开发环境软件，首先要安装它，安装完成后，再使用。

1.7.2　安装集成开发环境软件

下面以 Dev C++ 5.11.4.9.2 版本（默认带 gcc 编译器）演示整个安装过程。

步骤 1：从官网（https://bloodshed-dev-c.en.softonic.com/）下载 Dev C++ 安装包。选择自己适合的版本，下载到本地计算机中。图 1-10 所示为下载后的安装文件。

图 1-10　下载的集成编译环境软件

步骤 2：双击图中的 .exe 文件，先后出现图 1-11 和图 1-12 所示的窗口。

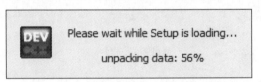

图 1-11　双击 .exe 文件后的界面

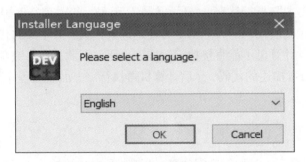

图 1-12　选择语言窗口

单击 OK 按钮，在随后出现的窗口中单击 I Agree 按钮。

步骤 3：在图 1-13 所示的选择安装界面中单击 Next 按钮，出现图 1-14 所示的界面，选择安装目录，选择目录后，单击 Install 按钮。

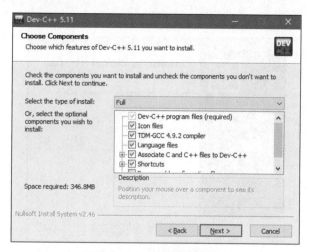

图 1-13 选择安装界面

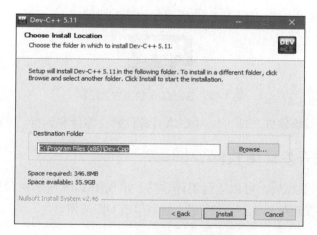

图 1-14 选择安装目录界面

步骤 4：开始安装，如图 1-15 所示，等待安装完成。

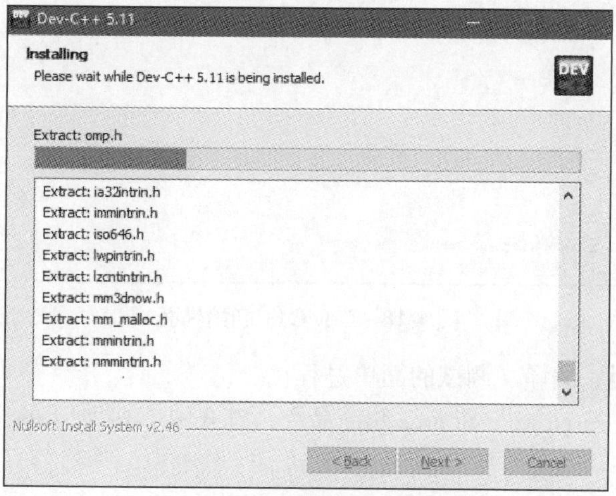

图 1-15 安装过程中的界面

步骤 5：安装完成时，出现图 1-16 所示窗口，如果不想立即运行软件，取消选择 Run Dev

C++5.11 复选框，然后单击 Finish 按钮。

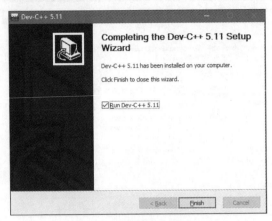

图 1-16 安装完成时的界面

最终，在计算机桌面上会出现图 1-17 所示的快捷方式图标。

图 1-17 Dev C++ 快捷方式图标

双击该图标，运行该软件，即可编写 C 语言源代码，编译和运行。

1.7.3 使用集成开发环境软件

双击图 1-17 所示图标后，可以运行编译软件，出现图 1-18 所示窗口。第一次运行时，可能弹出配置窗口，直接连续单击 Next 按钮，最后单击 OK 按钮。

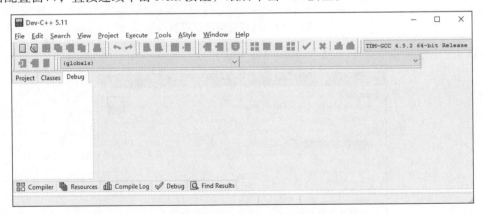

图 1-18 Dev C++ 初始界面

下面介绍编写代码、编译、调试的简单过程。

步骤 1：选择 File → New → Source File 命令，打开图 1-19 所示的窗口，并把 C 源代码写在代码区。

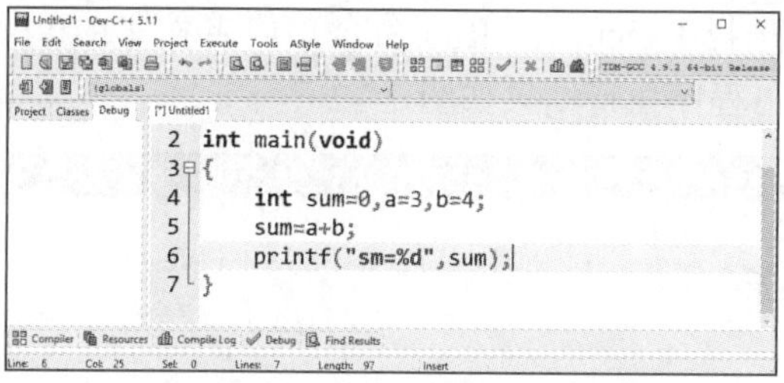

图 1-19　Dev C++ 初始界面

步骤 2：编写完代码后，选择 File → Save As 命令，弹出 Save As 对话框，保存文件，选择好保存目录，确定好文件名，注意文件扩展名（也就是点号后的名称）用 .c，如图 1-20 所示。

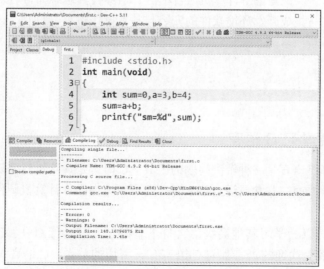

图 1-20　源文件保存界面

步骤 3：完成代码后选择 Execute → Compile 命令进行编译，如图 1-21 所示。也可以直接单击图 1-21 中圈起的按钮，或按【F9】键进行编译。如果源代码没有错误，在下方的 Compile Log 区域将显示 Errors：0，Warnings：0。

图 1-21　编译无错误时的界面

步骤 4：运行代码。选择 Execute → Run 命令，或者按【F10】键，或者单击 Compile 按钮右边的按钮，运行代码。程序执行结果如图 1-22 所示。

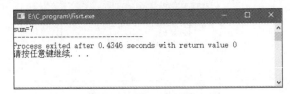

图 1-22 程序执行的结果

在步骤 3 中，如果编译后出现错误，此时不会出现 Errors 或 Warnings，而是在 Compiler 中直接给出错误，这就说明源代码有错误，需要修改。双击一个错误，编译软件会自己标注出现错误的地方，如图 1-23 所示。

图 1-23 编译出现错误时的界面实例

然后需要用户分析错误出现的原因，并修改源代码，直到所有错误修改完毕，重新进行编译，经过多次反复，直到编译正确。有时，编译虽然没有错误，但程序运行结果不符合要求或运行出错，也需要修改源代码，再进行编译，直到满意为止。这样的修改、编译直到没有错误且满足要求为止的整个过程，称为调试。调试程序是每个程序员都要面对的过程，哪怕是精通编程的人都需要面对。调试是理解计算机语言语法、培养计算思维非常有效的过程。

以上就是 Dev C++ 集成开发环境软件的安装与基本操作过程，更加深入的操作方法和技巧，大家可以在实践中不断积累。

1.8 学习 C 语言

1.8.1 为什么要学习 C 语言

总体来讲，计算机语言是一种解决问题的工具。C 语言是计算机界公认的优秀语言，语言本身逻辑性强，科学严谨，非常灵活且效率高，还可以方便操作计算机硬件，有其他高级语言不可替代的优势。

学习 C 语言还可以为学习其他高级语言打下基础，尤其是像 C++、C#、Java、Python 等目前在计算机界比较受欢迎的语言都与 C 语言有着密切的关系，C 语言大部分的语法和思想都在 C++、C#、Java 和 Python 中得到了继承，所以学好 C 语言可使得今后学习这些语言变得容易而快速。例如，Java 语言中没有用到 C 语言中的指针，但 Java 中有"引用"的概念，需要很好地了解指针才能掌握。通过 C 语言的学习，可以培养编程思维和计算思维，所以有深厚的 C 语言功底，再学习其他高级语言就会变得容易得多，但需要指出的是深厚的功底并非一两日的努力能成就。

C 语言的应用范围非常广，它是计算机硬件设计与开发、软件开发等各方面都受欢迎的工具，下面列出几个方面的应用。

（1）公众经常接触到的计算机操作系统（如 UNIX、Linux、Windows 等）都是用 C 语言开发的。很多计算机高级语言本身也是用 C 语言开发出来的，如 CPython。C 语言作为一种优秀的工具，可以为更多优秀高级语言的出现带来方便。

（2）C 语言经常用于编写硬件的驱动程序（硬件设备要能完成相应功能，要有软件的配合才能起作用）。

（3）C 语言是许多软件的开发语言。如许多大型数据库软件（SQL Server、MySQL）以及一些应用软件（WPS、Photoshop）都是 C 语言编写出来的。例如，当单击 WPS 中的 Save 按钮保存文件时，计算机如何真正去保存，各种数据如何处理格式，图片、表格以何种方式来存储等，这些都是用 C 语言实现的。再如，在 Photoshop 中只要简单点击几下鼠标往往就可以实现相应功能，这些功能也是由 C 语言编写的程序实现的。

（4）C 语言可编写游戏程序，如反恐精英的游戏引擎全部是由 C 语言编写的。

（5）C 语言可以应用到嵌入式开发，目前可以理解为在芯片上写程序，例如在单片机和 ARM 上进行的开发等。简单的例子是大家经常接触到的冰箱和洗衣机上的控制设备、摄像机上的视频压缩设备、手机上的视频解码芯片等，这些设备中的程序绝大多数都有 C 语言的应用。

一门计算机高级语言都有其独到的功能和不足之处，C 语言优点多，但不善于写漂亮的软件界面。C 语言初学者，经常会因为 C 不能很好地写出漂亮的界面而失去学习热情，这一般都是因为把编程的概念狭窄化了，认为编程的目标就是写出能为用户提供可操作界面的应用程序，往往没有考虑到，这些界面是如何用代码写出来的，当中又与 C 语言有何关系。例如大家上网时，浏览器界面中，鼠标移动、移动到哪里，滚动条移动时部分文字的出现和消失等这些都有 C 语言的背景。因此，C 语言在一些可视化编程上并不强，但很多有强大界面功能的软件都有 C 语言的功劳。

1.8.2　如何学习 C 语言

学好 C 语言是一个长期过程，精通 C 语言需要大量的学习和实践过程积累，还需要有其他知识的配合，但对于初学者，应注意以下几个方面：

（1）熟练掌握 C 语言的语法规则。这是 C 语言编程的基础，也是以后学习如 C++、Java 等语言的基础，因为这些语言移植了很多 C 语言的思想。

（2）掌握简单的算法。编程的过程是要解决一个个问题，就得有一个解决问题的具体步骤，这就涉及算法，学习 C 语言时，要掌握和积累算法，并训练自己的算法思维。

（3）学习看懂程序，学会调试程序。

（4）训练并掌握将大问题转化为多个小问题来解决的思想。

（5）对初学计算机语言的人，不建议同时进行多门编程语言的学习，尤其是大学低年级的同学，要深入学习一门编程语言。

（6）学习 C 语言要经常编写代码、调试代码，在这个过程中不断积累经验和训练算法思维，仅仅靠看资料和教材是行不通的。同时，要关注经典代码，从中汲取好的算法思维和编程技巧并经常加以应用。

小结

本章讲述了学习 C 语言时应了解的一些基本概念，同时也简单介绍了集成开发环境软件，以及 Dev C++ 的使用步骤，最后给出了学习 C 语言的原因和一些建议。

习题

1. 机器语言与高级语言的区别是什么？
2. 给出整数 -219 的原码、反码和补码。
3. 把十进制数 230 分别转换成二进制、八进制和十六进制数。
4. 把十进制数 59 转换成五进制数。
5. 给出十进制小数 12.125 在内存中的一种存放形式。
6. 写出高级语言程序代码到计算机可执行程序的大致过程。

数据类型、运算符与表达式

在计算机科学中，计算机数据是指所有能输入到计算机并被计算机程序处理的符号介质的总称，是用于输入电子计算机进行处理，具有一定意义的数字、字母、符号和模拟量等的通称。因此，从键盘输入的数字、字母和文字，用耳麦、照像机、摄像头等输入设备输入计算机的声音、照片和视频都是数据，并以二进制的方式存入计算机存储器中。C 语言把数据分成多种类型，不同类型的数据用不同大小的存储空间存放，且存放格式不同，因此，数据类型决定了如何解释存储空间中 0-1 序列和数据的取值范围。运算符指定数据进行的操作，表达式把数据组合起来，表明在运算过程中参与运算数据的值变化，指明数据对象或函数。本章将对这些内容进行重点讲解。

2.1 对象、常量与变量

C11 标准中引入了对象（Object）的概念。对象是指执行环境中数据存储的区域，它的内容用来表示值。当引用某一对象时，该对象就具有一个特定数据类型，也就是说，C 语言中的对象指的是数据实体，且有存储区域和指定类型。

有些对象在程序执行之前已经预先设定，在程序运行过程中其值不可修改，这样的对象称为常量（Constant），如 5、3.1 为表示数值的数据，'A' 为表示字符的数据，true 或 false（字符不能大写）表示布尔值。C 语言中，常量由其写法确定数据类型。更具体的说明在 2.2 节介绍。

有些对象在程序运行期间其值可以被修改，这样的对象称为变量（Variable）。C 程序中的变量必须有名称，名称首先是合法的标识符，即由英文字母（A~Z、a~z）、数字（0~9）或下划线组成，且只能由字母和下划线开头，其次变量名不能与 C 中已用的关键字（C 语言规定的具有特定意义的字符串）相同。如 x3、_zhang 作为变量名是合法的，4x、&y、"score、int 是非法的，因为 4x 由数字开头，&y、"score 由 &、" 开头，不是英文字母、数字和下划线中的任何一种，最后 int 是 C 语言所用的关键字。

C 语言区分大小写，如 Score 和 score 是两个不同的变量名。给变量命名时，尽量使用有意义的名称。如表示成绩的变量名，使用 score 比使用 x 合适。如果变量名不能清楚地表达其用途，要用注释加以说明。在实际工程应用中，企业实体一般有更加严格的规范，如华为公司就有自己 C 语言方面的编程规范。

2.2 数据类型

在 C 语言中,数据分为不同的类型,并设定多种数据类型关键字来区分。这些数据类型总体上分成算术类型、void 型以及派生类型三类,具体细分情况如图 2-1 所示。

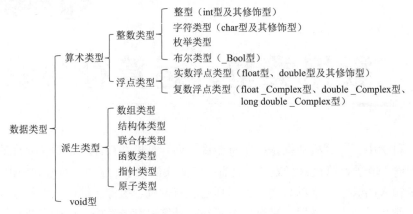

图 2-1 C 语言数据类型分类示意图

其中,算术类型与指针类型统称为标量类型;数组及结构体类型统称为聚合类型;整型、char 型、布尔类型和浮点类型统称为基本类型。

用于指定基本类型的关键字有 int、long、short、unsigned、signed、char、float、double、_Bool、_Complex、_Imaginary、void。

在 C 语言中,要使用一个变量,必须先定义,后使用。定义变量的最基本格式为"数据类型 变量列表;",这里的数据类型就要用到上述关键字定义。本章只介绍基本类型和 void 型,内容包括:基本类型变量的定义、初始化、存储空间分配,常量表示以及此类对象的输入和输出,void 型的性质和特点等。

2.3 整型

整型数据表示数学中的整数,其中整型又分为 int 型和 int 型的修饰型。int 型的修饰型是指通过 long、short、unsigned、signed 关键字修饰 int 后形成的不同整型。本节先讲述 int 型变量的定义、初始化、输入与输出,然后以此为基础学习它的修饰型。

2.3.1 int 型变量

int 型数据有正整数、负整数或 0,下面定义了四个 int 型变量:

```
int id;
int age,height,weight;
```

第一行定义了一个 int 型变量,变量名为 id,第二行定义了三个 int 型变量,变量名分别为 age、height 和 weight。

定义变量后,编译系统会根据定义的数据类型申请内存空间存放数据,除非特别指定,一般在主存中分配空间，并以低字节地址作为相应变量的地址。总之，内存空间由具体编译器决定，而 C 标准中只规定了空间大小的最低限度。

以一个 int 型变量被分配 4 字节的空间为例，上述变量 age 在内存中分配空间如图 2-2 所示，这个空间最低字节地址作为变量 age 的地址（地址是为说明方便假设的，具体由编译器决定）。

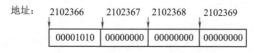

图 2-2　int 型变量 age 所分配的空间

age 变量的地址为 2102366，假如 age 赋值为 10，则 10 就以二进制的形式存放在这 4 个字节中。其实二进制数据有两种不同的放法，第一种是数据的低字节存放在内存的低地址处，高字节存放在高地址处，称为小端字节序；第二种是低字节存放在内存的高地址处，称为大端字节序。一般情况下，通用桌面处理器和手机处理器是小端字节序，通信设备方面的处理器是大端字节序。图 2-2 中就是小端字节序。

变量分配的空间中存入的数据变了，变量的值也就变了，所以变量名只是存放数据空间区域的一个名称而已。由于编译器给 int 型数据规定字节数，因此，int 型数据能存放值的大小就确定了。例如，用 4 字节存放一个 int 型数据，那么，除去一个最高位存放正负符号外，有 31 位存放数据，所以它的数据范围就是 $-2^{31}\sim2^{31}-1$。

2.3.2　int 型变量的初始化及赋值

在定义一个变量后，编译器会根据类型为该变量申请空间存放它的值，但此时空间中并没有指定的值，通常是一些不确定值，要想给变量一个指定的值，有以下四种常用办法。

（1）定义一个变量，同时赋给值，称为变量的初始化。如 int age =10;，这时编译器不仅给 age 分配空间，而且向该空间中存入 10，此时，变量 age 的当前值就是 10。在实际工程中，定义完一个变量后，一般要求初始化。注意 "=" 在 C 语言中，是赋值的意思，而不是数学中的等于。赋值就是把一个值存放到变量内存空间的过程。

（2）定义完变量后，用 "=" 直接给变量赋值。

例如，int age,id; age=10; id=29;，10 和 29 就分别存放到 age 和 id 所指定的内存空间后，变量 age 的值为 10，id 的值为 29。

（3）用其他变量进行赋值。

```
int age,id=10;
age=id;
```

这时，age 的值变成了 10。

（4）通过 scanf() 函数从键盘给变量输入值。

```
int age;
scanf("%d",&age);
```

注意：

　　变量前面的 & 符号是取地址符，用于获取变量 age 的首地址，在图 2-2 中，这个地址值为 2102366，%d 是格式控制符（严格来说，% 是格式说明符，d 是格式符。本书为说明方便，把两者合起来称为格式控制符），scanf("%d",&age) 表达的意思是，从键盘获取到的数据解释成 int 型数据存放在地址 2102366 起始的字节空间中（一般为 4 字节）。

例 2-1　定义两个变量，并对它们进行初始化，然后把一个变量的值赋给另一个变量，并输出两个变量的值。

```c
#include<stdio.h>
int main(void)
{
    int age=0, id=10;            // 定义变量 age 和 id，并初始化 age 为 0，id 为 10
    age=id;                      // 把 id 的值赋给 age
    printf("%d,%d\n",age,id);    // 向命令窗口中输出 age 和 id 的值
    return 0;
}
```

　　程序运行结果为：10,10↙（↙表示换行符，即显示光标跳转到下一行。本书后面不作特别说明，都这样表示。）

　　上面的代码中，定义了两个变量 age 和 id，编译系统根据它们的类型分别分配两个内存空间存放它们的数据（假设 4 字节存放一个 int 型变量），如图 2-3 所示（这里的地址值是假设的），图中一个长方格表示 4 字节，数据以十六进制数存储。

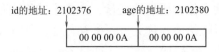

图 2-3　变量 id、age 的空间及存放的值

例 2-2　用 scanf() 函数为一个变量输入值。

```c
#include<stdio.h>
int main(void)
{
    int age=0;              //定义变量 age，并初始化为 0
    scanf("%d",&age);       // 从命令窗口获得一个 int 型数据，并存放在 age 变量所在的内存空间中
    printf("%d \n",age);    // 从命令窗口中输出 age 的值
    return 0;
}
```

　　以图 2-3 为例，&age 的值就是 2102380，编译运行后出现命令窗口，在命令窗口中，输入一个整数，如输入 10，然后按【Enter】键，则整数 10 被 scanf 放到 age 所在的空间中，因此，age 的值就变为 10。以下是代码执行结果（↵表示按【Enter】键，本书都这样表示）。

```
10↵
10↙
```

2.3.3 int 型变量的输出

在例 2-1 和例 2-2 中，printf() 函数把数据输出到显示器上。在 printf("%d,%d\n",age,id) 中，%d 是格式控制符，双引号 "" 中是输出的内容，除了格式控制符外，其他均按原字符输出，格式控制符 %d 处顺序用双引号右边的值替换，如图 2-4 所示。

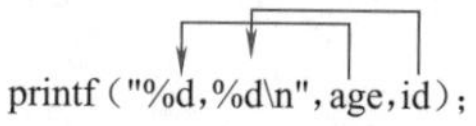

printf（"%d,%d\n",age,id）;

图 2-4 格式符与变量的对应关系图

双引号中有两个 %d，顺序对应 age 和 id。假设 age 和 id 的值分别是 10,20，执行时，双引号中第一个格式控制符 %d 与 age 对应，那么把 age 的值以十进制形式输出，后面的 "," 按原样式输出，第二个格式控制符 %d，对应的是 id，所以把 id 的值以十进制形式输出，双引号中最后一个 \n，在 C 语言中表示换行符，也输出到命令窗口。换行符输出时表现的形式是光标移动到下一行，所以 printf("%d,%d\n",age,id); 的执行结果是：

```
10,20↙
```

这里格式控制符还有另一种功能，就是把数据解释成什么形式输出，例如 %d 把数据解释成十进制形式输出，如果用 %o，就把数据解释成八进制形式输出。部分格式控制符的解释形式见表 2-1。

表 2-1 int 型数据的格式控制符及意义

格式控制符	描 述
%d	把输出数据解释为有符号十进制整数
%i	把输出数据解释为有符号十进制整数
%o	把输出数据解释为有符号八进制整数
%x	把输出数据解释为无符号十六进制整数
%X	把输出数据解释为无符号十六进制整数

再如 printf("age=%d,id=%o\n",age,id);，输出就是 age=10,id=24 ↙。注意到 "age=,id=" 都是原样式输出，当然还包括换行符。

2.3.4 int 型的修饰类型

C 语言提供了 3 个关键字 short、long 和 unsigned 修饰 int，用以区分不同的整数类型，适应不同问题的具体要求，根据修饰的不同，有以下 7 种情况。

（1）short int 型，可直接写成 short，占用的存储空间可能比 int 型少，常用于数值较小的场合，以节省内存空间。short 型是有符号类型，C 语言规定 short 型数据至少占 16 位。

（2）long int 型，可直接写成 long，占用的存储空间可能比 int 型大，常常用于较大整数的场合。long 型是有符号类型，C 语言规定 long 型的整数至少占 32 位，一个整数常量，如 83，默认为 int 型，如果是 long 型常量，要在该数后加上 L，写成 83L。

（3）long long int 型，可直接写成 long long，该类型数据至少占用 64 位，是有符号类型，适用于大整数应用场合。如果要把一个整数常量当成 long long 来处理，就在该数后加上 LL，如 83 写成 83LL。

（4）unsigned int 型，可直接写成 unsigned，表示无符号整数，即非负整数，且表达范围比 int 型大一倍，如 16 位的 unsigned int 型数据，其值范围是 0~65 535，而不是 -32 768~32 767。

（5）unsigned long int 型，可直接写成 unsigned long，表示非负整数，存放的非负整数范围比 unsigned int 大。

（6）unsigned short int 型，可直接写成 unsigned short，表示非负整数，存放的非负整数范围比 unsigned int 小。

（7）unsigned long long int 型，可直接写成 unsigned long long（C99 标准以后），表示非负整数，存放的非负整数范围比 unsigned long int 更大。

C 语言标准规定，long 型占用的内存应比 short 类型大，int 型的存储位数要么和 long 型相同，要么和 short 类型相同，不同编译器为整型数据分配的内存空间大小可能不同，有的编译器 long 和 int 所占字节一样多，有的编译器 int 型和 short 型所占字节一样多。读者需要注意自己使用的编译器对不同类型整数分配的内存空间大小。

可以在有符号 int 型前面添加关键字 signed 表示有符号类型，例如 int age; 可以写成 signed int age;，signed 仅起强调作用。

这里解释一个整数类型关键字 size_t。它不是 C 语言中的新数据类型，而是编程人员为了方便记忆，定义的一种变体类型，表示在 C 语言中整数对象所能达到的最大字节宽度，且是无符号整数。在 64 位系统中，一般为 unsigned long long int，在 32 位系统中，一般为 unsigned long int。

2.3.5 输出 int 型的修饰类型数据

对于 int 型的修饰类型数据，可以使用一些修饰格式控制符输出这些数据，具体见表 2-2。

表 2-2 int 型的修饰类型数据的输出格式控制符

格式控制符	意　义
%ld	输出为有符号十进制 long 型
%lld	输出为有符号十进制的 long long 整数
%u	输出为十进制无符号整数
%h 或 %hd	输出为十进制 short 整数

更复杂的情况可以与前面的格式控制符结合起来，例如输出 unsigned long 型，用 %lu；输出 unsigned short 型，用 %hu；输出八进制，用 %huo。

格式控制符中的 % 后面写入整型数据，用于指定输出值占用的输出宽度，正整数右对齐，负整数左对齐。例如，%10d 表示它对应的值输出时要占 10 个空格的宽度，且右对齐输出。

例2-3 格式控制符中指定输出变量占用的宽度。

```
#include<stdio.h>
int main(void)
{
```

```
long x=10L,y=20L,z=30L; // x,y,z 为 long 型变量，进行了初始化，后加 L
printf("\nx=%10ld,y=%10ld,z=%10ld\n",x,y,z);
}
```

输出如图 2-5 所示，变量 x、y、z 分别占据 10 个空格宽度，因为其值只有两位，所以前面留有 8 个空格，称为右对齐。

图 2-5　格式符加整数输出的右对齐效果

如果需要左对齐，只需要在格式控制符的整数前加一短横线 "-"。

例2-4　格式控制符中指定输出变量占用的负宽度。

```
#include<stdio.h>
int main(void)
{
    long x=10L,y=20L,z=30L;
    printf("\nx=%-10ld,y=%-10ld,z=%-10ld\n",x,y,z);
}
```

显示结果如图 2-6 所示。

图 2-6　格式符加负整数输出的左对齐效果

2.4 字符类型

在 C 语言中，char 型以及其两个修饰型 unsigned char 型和 signed char 型合称为字符类型。这种类型的数据占 1 字节的存储空间，如英文字母等。

char 型的数据并不是存储字符本身，因为字符本身不能像数值那样直接转成二进制数据存放。那么字符是如何存放到计算机中的呢？人们先为每个字符给定唯一的编码，把编码转换成二进制数据，这样字符就可以存入计算机中。最常用的是 ASCII 码（American Standard Code for Information Interchange，美国信息交换标准代码），ASCII 码表见附录 A。标准 ASCII 码的范围是 0~127，表示 128 个不同的字符，所以只要 7 位就可以存完。如果用 1 字节存储，就空出最高位。

在 ASCII 码表中，大写字母 A 编码为 65，B 编码为 66，小写字母 a 编码为 97，数字 1 作为字符处理时，编码为 49，等等。例如，存字母 A，实质上是把 65 这个数的二进制数存到存储空间中；若把 1 作为 char 型处理，就不是存整数 1 的二进制数，而是存 49 的二进制数。在 C 语言中，表示一个字符类型的常量可以写成 ' 一个字符 ' 的形式，如 'A'、'1' 均表示字符常量。

2.4.1　定义 char 型变量

定义 char 型变量的格式与 int 型变量类似。例如：

```
char ch;
char str, is_T;
```

与 int 型变量一样，定义 char 型变量时也可以对其进行初始化。例如：

```
char ch='A';
char str='1', is_T='T';
```

这里把 char 型变量 ch 初始化为字符 'A'，把 str 初始化为字符 '1'，把 is_T 初始化为字符 'T'。因为字符编码的原因，在初始化时，标准 ASCII 码表中的字符也可以直接用其 ASCII 码值对一个 char 型变量初始化。例如，char ch=65;，这相当于 char ch='A';。

char 型变量虽然只占 1 字节的内存空间，但 char 型变量可以看成是 int 型数据，所以可以把一个字符型数据直接赋值给一个 int 型变量，int 型变量的值就是该字符的 ASCII 码值。如 int x = '1';，则 x 的值就是 49。

2.4.2　转义字符

单引号只适用于字母、数字和标点符号等可直接显示出来的字符，但在 ASCII 码表中一些字符用键盘输入是显示不出来的，如退格键符、蜂鸣符、换行符等，还有一些字符是被 C 语言本身占用的，如 """" 在 printf() 函数中有特殊作用。为此，C 语言给出两种方法表示这些特殊字符。

（1）直接使用 ASCII 码值。如退出字符（Esc）的 ASCII 码值是 24，就可以定义成 char esc=24;，这样字符变量 esc 的值就是退出字符。

（2）使用转义字符。C 语言中对一些特殊字符作了专门的表示，这些字符称为转义字符，如用 '\n' 表示换行符，'\\' 表示反斜线等。转义字符及其表示的字符见表 2-3。

表 2-3　转义字符及其表示的字符

转义序列	含义	ASCII 码值（十进制）
\a	响铃（BEL）	007
\b	退格（BS），将当前位置移到前一列	008
\f	换页（FF），将当前位置移到下页开头	012
\n	换行（LF），将当前位置移到下一行开头	010
\r	回车（CR），将当前位置移到本行开头	013
\t	水平制表（HT）：跳到下一个 Tab 位置	009
\v	垂直制表（VT）	011

续上表

转义序列	含义	ASCII 码值（十进制）
\\	代表一个反斜线字符 \	092
\'	代表一个单引号（撇号）字符	039
\"	代表一个双引号字符	034
\?	代表一个问号	063
\0	空字符（NULL）	000
\ddd	1~3 位八进制数所代表的任意字符	1~3 位八进制
\xhh	十六进制所代表的任意字符	十六进制

转义字符是以 \ 开始，如 char ch= ' \? ';，这里的 "\?" 从表面上看是两个字符，但前面有 "\"，编译器在处理时，只把它当成字符 '?' 来处理。

除了特定字符的转义字符之外，还用 "\" 后加八进制和十六进制数的格式表示字符。如样式 ' \ddd '，在 "\" 后面接某个字符 ASCII 码的八进制值就表示这个字符。例如字符 'A' 的 ASCII 码值为 65，八进制为 101，则 ' \101 ' 就表示大写字符 'A'。定义一个 char 型变量并初始化为 'A'，可以写成 char ch= '\101 ';。

同样，'\xhh' 是用十六进制的 ASCII 码值表示一个字符，它的意义与 ' \ddd ' 类似，只是数字是用十六进制数，而且 hh 相应位可以写多位数字，如写成 '\x0000F1'。

2.4.3　char 型的修饰类型及输出

有些编译器将 char 型确定为有符号类型，范围是 -128~127；但另一些编译器将 char 型定为无符号类型，表示范围是 0~255。

C99 标准以后，C 语言允许在关键字 char 前面添加修饰关键字 signed 和 unsigned，写成 signed char 和 unsigned char，前者表示有符号 char 型，后者表示无符号 char 型。

char 型数据可以在 printf() 函数中用格式控制符 %c 解释，输出字符，也可以用格式控制符 %d 解释，输出十进制 int 型，整数就是字符的 ASCII 码值。

例 2-5　将一个字符数据以不同格式输出。

```
#include<stdio.h>
int main(void)
{
    char ch='A';
    printf(" 字符 %c 的 ASCII 码值是 %d\n",ch,ch);
}
```

程序运行结果为：

字符 A 的 ASCII 码值是 65↙

> **注意：**
>
> printf(" 字符%c 的 ASCII 码值是 %d\n",ch,ch); 后面两个都是 ch，是同一个整数值，但输出的样式完全不一样，前者是 A,后者是 65,这完全是由格式控制符 %c 和 %d 解释决定的。

char 型变量值可以用 scanf 进行输入，如 scanf("%c",&ch);，用 %c 时，要输入字符，也可以用 scanf("%d",&ch); 进行输入，此时要用字符的 ASCII 码值。

例2-6 给一个字符变量输入数据，并输出该字符变量。

```
#include<stdio.h>
int main(void)
{
    char ch;
    scanf("%c",&ch);
    printf("%c\n",ch);
}
```

程序运行结果为：

```
a↵
a↙
```

2.4.4 字符串常量

在 char 型数据的基础之上，C 语言引入了字符串的概念，字符串是用双引号 "" 引起来的 0 个或多个字符系列。例如，"How do you do."、"China "、"a"、"$122.45\n"、"" 都是合法的字符串。

字符串在存储空间中顺序存放字符串的每一个字符，编译系统会在末尾加上 ' \0 '，如 "China"，编译系统会申请 6 个字节的空间存放它，存放的格式如图 2-7 所示，其中 60000、60005 为假设的内存地址。

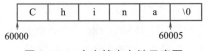

图 2-7 一个字符串存储示意图

'\0' 是字符串结束的标识，如用 printf() 函数输出字符串时，从串的第一个字符开始输出，直至遇到 '\0' 字符串结束，且不输出 '\0'。如 printf("How do you do.");，输出结果为：

```
How do you do.↙
```

printf("abc\0de"); 只输出 abc 三个字符，因为当输出 c 后，遇到 '\0'，表明字符串结束。

值得注意的是，字符串常量不能赋值给 char 型变量，这是因为两者数据类型完全不同。在 C 语言中，一个串作为一个对象是用其存放的首地址标识。如 char ch="China";，是把 "China" 在内存中的首地址赋给 ch 字符变量，以图 2-7 为例，这个地址是 60000，地址看起来是整数，但它不属于整数类型，而属于指针类型（第 9 章具体讲述），所以一般编译时会给出类型不一致的警告错误，同时结果也是错的。

2.5 布尔类型

C99 标准以后增加了布尔类型，用关键字 _Bool 声明该类型数据，称为 _Bool 型数据。_Bool 型数据只有 true 和 false 两个值，C 语言使用数值 1 表示 true，0 表示 false，所以 _Bool 型属于无符号整型。

对于 _Bool 型变量，不管给它赋什么标量值，凡是非 0 值，一律认定为 1，0 才认定为 0。如 34、0.2 等数均作为 1 处理。输出 _Bool 型数据时用格式控制符 %d。

例 2-7 布尔值输出实例。

```
#include<stdio.h>
int main(void)
{
    _Bool x,y,z;            // 定义三个 _Bool 型变量
    x=50;                   // 可以赋一个整数，但 x 的值是 1
    y=0;                    // 赋值为 0，所以 y 的值为 0
    z=-1;                   // 可以赋一个负数，但 z 的值仍然为 1
    printf("x=%d,y=%d,z=%d \n",x,y,z);      // 输出 x、y、z
    x='\2';                 // 可以赋一个 char 型
    y=-4.6;                 // 可以赋一个非整数
    printf("x=%d,y=%d\n",x,y);
}
```

程序运行结果为：

```
x=1,y=0,z=1
x=1,y=1↙
```

这里要说明的是，C 语言本身并不包含 true 和 false 这两个逻辑值，如果例 2-7 中写成 x=true; 或 x=false; 是不正确的，如果要真实地写上 true 或 false，要引入头文件 stdbool.h，而且引入后也可以用 bool 定义布尔变量。

例 2-8 引入头文件后的布尔变量定义、赋值和输出。

```
#include<stdio.h>
#include<stdbool.h>
int main(void)
{
    bool x,y;               // 可用 bool 定义两个布尔型变量
    x=true;                 // 可以应用逻辑值 true
    y=false;                // 可以应用逻辑值 false
    printf("x=%d,y=%d\n",x,y);      // 输出
}
```

程序运行结果为：

```
x=1,y=0↙
```

*2.6 可移植的整数类型

评价软件质量的指标中，有一个指标称为软件可移植性，它是指软件从某一环境转移到另一环境下的难易程度。前面介绍的一些整型类型，有些在各系统中占用的位数不同，例如，int型，在有些系统中占 16 位，有些占 32 位，一些 8 位芯片和 16 位芯片，甚至只占 8 位，这样，在某个系统下正确运行的程序，到另一种系统下可能不能正确运行，这使得软件的可移植性不强。为解决这个问题，在 C99 标准后增加了两个头文件 stdint.h 和 inttypes.h，确保 C 语言的int 及其修饰类型在不同的环境下效果相同。stdint.h 为现有类型创建了更多类型名，为区分使用，又把它分成了五种类型下的别名。它与现有整数类型对应的四种类型见表 2-4。

表 2-4   现有整数类型的一些别名

现有整数类型	精确宽度整数类型	最小宽度类型	最快最小宽度类型	最大整数类型
signed char	int8_t	int_least8_t	int_fast8_t	
unsigned char	uint8_t	uint_least8_t	uint_fast8_t	
short	int16_t	int_least16_t	int_fast16_t	
unsigned short	uint16_t	uint_least16_t	uint_fast16_t	
int	int32_t	int_least32_t	int_fast32_t	
unsigned	uint32_t	uint_least32_t	uint_fast32_t	
long long	int64_t	int_least64_t	int_fast64_t	intmax_t
unsigned long long	uint64_t	uint_least64_t	uint_fast64_t	uintmax_t

C11 标准还定义了其他固定宽度的标准类型，不过这些类型都是可选的。在精确宽度整数类型中，int32_t 表示 32 位的 int 型，若某系统的 int 型占 32 位，头文件把 int32_t 对应 int；若某系统的 int 型占 16 位，long 型占 32 位，那么头文件把 int32_t 对应 long 型。

例 2-9   可移植整数类型实例。

```
#include<stdio.h>
#include<stdint.h>
int main(void)
{
    int32_t x=100,y=200;                    //用 int32 定义整数
    printf("x=%d,y=%d\n",x,y);
    printf("size of int32_t:%d\n ",sizeof(int32_t));
    //sizeof 是一个运算符关键字，可以求出某类型数据在内存中所占的字节数
}
```

程序运行结果如下：

```
x=100,y=200
size of int32_t: 4
```

最小宽度类型保证所表示的类型至少有指定宽度的最小整数类型。最快最小宽度类型使计算达到最快的类型集合，例如 int_fast32_t 保证 int 型达到最快的计算效果。现有 C 编译器除了实现标准规定的类型外，还能利用 C 语言本身实现其他类型，因此 C99 标准以后又定义了最大的有符号整数类型 intmax_t，用于指定系统所定义的最大宽度整数类型。例如，若某一个系统中，long long 是最大宽度的整型，那么 intmax_t 就是这个类型。

2.7 浮点类型

浮点类型包括实数浮点类型和复数浮点类型。

2.7.1 实数浮点类型

随着精度和存储数据范围不同，C 语言定义的浮点类型关键字有 float（单精度）、double（双精度，精度比 float 高）和 long double 型（存储的数据范围比 double 大）。由于复数浮点类型数据的实部和虚部都是实数浮点类型，因此，在本小节中把实数浮点类型简称为浮点类型。

（1）float 型。C 语言规定，这种类型的数据至少能表示 6 位有效数字，且取值范围至少是 $10^{-37} \sim 10^{+37}$，具体有效数字位数和取值范围由编译器决定。这里的至少 6 位有效数字指的是有效数字位，而不是小数点后精确到 6 位，例如 123.456789，至少是 123.456 这样的 6 位数，而不是一定要表达到小数点后的 123.456789。

（2）double 型。C 语言规定，这种类型的数据至少能表示 10 位有效数字，这里有效位的意义与 float 型一样，10 位有效数字并不是小数点后 10 位。double 型的数据存储的宽度也随着系统的不同而不同，一般而言，在 64 位系统中，占用 64 位。

（3）long double 型。C 语言标准只保证 long double 型至少与 double 型的精度相同，编译器可以设定更高。

浮点类型常量在源代码中通常有两种写法：一种是数学上的常用写法"整数部分 + 小数点 + 小数部分"，如 3.2、5.01 等；另一种是指数记数法，写成"MeN"的形式，表示数值 $M \times 10^N$，如 0.32e2 表示 0.32×10^2。

浮点类型常量默认是 double 型，如果要作为 float 型，只需要在常量后面加 f，如 3.2f 就是让编译系统把 3.2 作为 float 型处理。如果要作为 long double 型，只需在常量后加 L，如 3.2L。

浮点类型变量的定义、初始化与整型变量相同，例如：

```
float x,z=2.0f;
double y=3.0;
double c=3e-10;
long double keshu=0.1L;
```

定义变量时，可以用 = 给变量赋初值。赋值时，整数类型数据可以赋给浮点类型变量。

例 2-10　浮点类型变量赋值实例。

```
#include <stdio.h>
int main(void)
```

```
{
    int x=3;
    float y=0,z=0;
    y=3.0f;
    z=x;
    x=y;    // 这个会造成精度损失，编译时给出警告错误提示
}
```

浮点类型数据的输出格式控制符有多种，%f 表示输出 float 型的数值，%lf 表示输出 double 型的数值，%Lf 表示输出 long double 型的数值（有些编译系统，如 Dev C++，要在程序代码开始加 #define printf __mingw_printf）。%e 或 %E，以指数记数法输出，%Le 或 %LE，表示输出 long double 型数据。

格式控制符可在 % 后面增加 *m.n* 形式的数字样式进行输出，*m* 表示整个浮点数输出占的空格数（包括小数点），*n* 表示小数部分占 *n* 个空格数。在 *m.n* 前加 - 号表示左对齐，加上 + 或不加表示右对齐。

例2-11　浮点类型数据输出实例。

```
#define printf    __mingw_printf
#include<stdio.h>
int main(void)
{
    float x=12.34567f;
    double z=3.44569;
    long double y=31.23e-1;      // 用指数记数法表示
    printf("x=%10.2f\n",x);      // 右对齐，总共占 10 个空格，小数部分占 2 个
    printf("z=%-10.2lf\n",z);    // 左对齐，总共占 10 个空格，小数部分占 2 个
    printf("x=%e,x=%a\n",x,x);
    printf("y=%Lf\n",y);
    printf("x=%15.4e\n",x);
    printf("z=%lf\n",z);
}
```

程序运行结果如下：

```
x=     12.35
z=3.45
x=1.234567e+001,x=0x0p-60
y=3.123000
x=     1.2346e+001
z=3.445690✓
```

浮点类型数据都有一定的范围，超过范围的数赋给变量会产生溢出，产生不正确的结果。例如，在 Dev C++ 4.9.2 版系统中用 64 位 gcc 编译器执行

```
float x=2.0e37*100;
printf("x=%f\n",x);
```

输出结果为 x=1.#INF00✓，其中 INF 表示溢出。

数据范围根据系统和编译器的不同有所不同，因此，在使用这些数据类型时，需要了解数据的取值范围。

2.7.2　复数浮点类型

复数浮点类型包括复数和虚数两种类型。C99 标准给出了 3 种复数类型 float _Complex、double _Complex 和 long double _Complex。_Complex 前面的类型修饰符定义了一个复数实部和虚部数据的类型，如 float _Complex 类型的变量，其实部和虚部均为 float 型的值。修饰类型与 _Complex 可以互换位置。

另外，还有 3 种虚数类型 float _Imaginary、double _Imaginary 和 long double _Imaginary，只有虚部，没有实部。由于该类型很少使用，且可用 _Complex 替换，因此，图 2-1 中没有列出。

在编程中，使用复数必须引入头文件 complex.h。复数用 "实部数据 + 虚部数据 *I" 的格式表示，虚数仅有虚部，用 "虚部 *I" 表示。

例2-12　定义并初始化三个复数变量。

```
#include< complex.h>
int main(void)
{
    double _Complex x=3.22;         // 定义并初始化复数变量x, 它只有实部
    double _Complex y=16.3*I;       // 定义并初始化复数变量y, 它只有虚部
    double _Complex z=7.8+2.1*I;    // 定义并初始化一个复数变量z
}
```

引入头文件 complex.h 后，也可以把 _Complex 写成 complex。

没有专门的格式控制符解释复数和虚数，输入复数可以用对应类型的实数浮点类型分别输入实部和虚部，然后进行赋值。如果复数是 double 型，应用 creal(复数) 提取复数的实部，cimag(复数) 提取复数的虚部，如果复数是 float 型，则分别应用 crealf(复数) 和 cimagf(复数)，如果是 long double 型，则分别用 creall(复数) 和 cimagll(复数)。

例2-13　定义并初始化一个复数，并输出。

```
#include<stdio.h>
#include<complex.h>
int main(void)
{
    double _Complex z=0+0*I;      // 定义了一个double _Complex 型变量z
    double re,im;
    scanf("%lf%lf",&re,&im);
    z=re+im*I;
    printf("z=%3.2lf+%3.2lfi\n",creal(z),cimag(z));      // 输出z
}
```

程序运行的一个实例结果如下：

```
7.8 2.1↵
z=7.80+2.10i✓
```

2.8 void 型

void 型是一种无具体数据类型的类型，属于不完整对象类型。不能用 void 定义变量，例如，void var_void，编译器会给出错误提示。

void 型是编程的抽象需要，并不存在这种类型的具体数据对象，但应用较为广泛。在讲述指针（第 9 章）时，将详细阐述。目前，仅需了解 void 型是一种数据类型，但不能直接定义变量，也没有具体值（如果非要说有值，这个值是 nonexist）。

2.9 运算符和表达式

运算符用于对操作数执行不同类型的运算，可以对一个以上操作数进行。C 语言提供的运算符有以下 13 类：

（1）算术运算符（+、-、*、/、%、++、--）
（2）关系运算符（>、<、==、>=、<=、!=）
（3）逻辑运算符（!、&&、||）
（4）位运算符 （<<、>>、~、|、&）
（5）赋值运算符（=、+=、-=、*=、/=、%=、&=、^=、|=、<<=、>>=）
（6）条件运算符（？ :）
（7）逗号运算符（,）
（8）指针运算符（*、&）
（9）求字节数运算符（sizeof）
（10）强制类型转换运算符（（类型））
（11）分量运算符（.、->）
（12）下标运算符（[ ]）
（13）其他（如函数调用运算符()）

C 语言中，运算符参与运算有优先级别，参见附录 B，所标优先级数值越小，其优先级越高，越优先计算。

表达式是由一系列运算符（Operators）和操作数（Operands）组成的式子，它计算一个值、指定对象或函数、产生副作用。例如以下均是合法的表达式（变量都已定义）。

```
x
4.5
(20+x)/(y+z)
3>6
4+ printf("x=%f\n",x)
"China"+1
```

从上面的实例看出，一个常量或变量可以是一个表达式，一些表达式可以是多个表达式的组合，例如，上面第 3 个表达式中的 (y+z)。这种表达式包含在整个表达式中，称为子表达式。设计表达式有以下 4 种意图：

（1）计算表达式的值。一个表达式最终要得到一个计算结果。

（2）指明一个数据对象和一个函数。例如，x=10 中，表达式 x 指明 x 所标识的存储区域。4+ printf("x=%f\n",x) 中的 printf 指定一个函数。

（3）产生副作用 (side effect)。副作用就是对数据对象或者文件的修改。例如表达式 i=4+5，把子表达式 4+5 的结果赋值给 i，使 i 的值为 9。需要注意的是，有些表达式并不一定产生副作用，如 2+3。

（4）以上意图的组合。

一个表达式中可能完成以上 4 种意图，也可能是完成部分意图，但一个表达式最终有一个值，并且这个值有一个确定的数据类型。其中，void 型的值为 nonexist（即不存在值）。这类表达式的主要意图是产生副作用或指定一个函数。

下面介绍一下与表达式有关的两个重要概念：左值和可修改的左值。

左值起源于赋值表达式，如 a=b+c，a 就是一个左值，左值是可指定对象的表达式，且对象类型不是 void。早期 C 语言的左值有两条性质：

（1）指定一个对象，有地址。

（2）可用在赋值运算符的左侧（不是必须在 = 左侧，但一定在左侧）。

但 C 语言增加了一个 const 限定符，用它创建的变量不能修改，也就不能用在 = 左侧，因此，要满足上述两条性质要求左值可以被修改，这称为可修改的左值。

下面举几个例子说明：

```
int var1,var2,var3;
var1=var2+var3;        // 这里 var1 是可修改的左值
float const var4=2;    // 这里 var4 是不可修改的左值
```

可修改的左值并不是只能写在 = 的左边（2.9.1 节有实例），但可修改的左值一定可以放在 = 的左边。

下面根据运算符类别，讲述部分运算符的作用以及相关表达式。

2.9.1 算术运算符与算术表达式

1. 算术运算符

C 语言中，5 个简单的运算符 +、-、*、/、% 分别对操作数进行加、减、乘、除以及整数取余的运算。

这里特别要注意除法运算符 /，如果除数和被除数都为整数，则结果是商取整，例如，25/8，结果是 3，74/9，结果是 8。如果要得到一个浮点数，则必须保证分子或分母至少有一个是浮点数。例如，25 除以 8 要得到小数值，可以写成 25*1.0/8 或者 25/（8*1.0），结果为 3.125。

在 C 语言中，表达式的计算顺序根据运算符优先级（见附录 B）进行，与数学上的表达式计算优先级是一致的。

例如，有 float a=1,b=4,c=5;，求表达式 a*b/c-1.5f+' a ' 的值。

这个表达式的最终结果为 96.3f。这里先算 *、/，后算加减。读者可能会问，' a ' 不是 char 型吗？

如何参加数值运算呢？前面介绍过，char 型归类为整数类型，字符以其 ASCII 码值进行计算。因为 ' a ' 的 ASCII 码值为 97，且 a、b、c 三个变量是 float 型，所以 a*b/c−1.5f+ 'a' 实质上就是 1.0f*4.0f/5.0f−1.5f+97。

进一步观察，这个表达式有多种不同类型的操作数在一起进行运算，那结果值是什么类型呢？还有，优先级别相同的运算符相邻又先计算哪一个呢？在 C 语言中，计算一个表达式的值遵循如下 4 条原则：

（1）运算符级别高的先计算，相邻同级别的运算符按其结合方向计算。

（2）有符号和无符号的 char 和 short 类型都将自动转换为 int 型。

（3）包含两种以上不同数据类型的运算符计算，先进行类型提升，即级别较低的类型先转换为级别较高的类型。

（4）数据类型级别低的向级别高的转换。级别从高到低的顺序是 _Complex、long double、double、float、unsigned long long、long long、unsigned long、long、unsigned int、int、short、unsigned char、char、_Bool。一个可能的例外是当 long 和 int 占用空间大小相同时，有些编译器认定 unsigned int 的级别高于 long。

定义类型级别高低的原则是尽量保持精度，看下面的三个实例（以 64 位 gcc 编译器为例）。

例2-14　有 _Bool x=1; int a=5; short b=10; char c=' \20′;，写出表达式 b/c+x+a 的计算顺序和类型转换过程。

答：从运算符优先级别看，/ 最高，先计算 b/c，c 为 char 型，提升为 int 型，b 为 short 型，也提升为 int 型，所以 b/c 就是 10/20，两个整数相除结果为商取整，因此，b/c 的值为 0（int 型），表达式现在可以想象成 0+x+a。+ 和 + 级别一样，其结合方向为从左到右，所以先计算 0+x，这两个变量类型不一样，x 是 _Bool 型，级别比 a 的 int 型低，则先把 x 转换成 int 型，结果为 1(int 型)，所以表达式的最终结果为 6（int 型 ）。

例2-15　有 int a=−10;unsigned b=7;，表达式 a+b 的结果值是什么？为什么？

答：表达式 a+b 的结果在 64 位 gcc 编译器下编译运行的结果为 4294967293。因为 int 为有符号类型，它比 unsigned 级别低，所以在计算前把 a 首先转换成 unsigned 型。

因为 −10 在内存中的二进制数据是 −10 的补码（int 型占 4 字节），它为

11111111　11111111　11111111　11110110（这里最左边表示最高位）

这里最高位为 1，表示负数，但因为 a 要提升为 unsigned 型，所以 a 参与 + 运算时是作为 unsigned 型，符号位直接考虑成了数据本身。

7 的二进制码值为 00000000　00000000 00000000　00000111

两者相加得 11111111　11111111　11111111　11111101

这个结果也是 unsigned 型，即最高位看成数据本身，所以输出的十进制数为 4294967293，也就是 a+b 所得的十进制数结果。

例2-16　有定义 double x=10.0; long double y=20.0;，写出表达式 x/y+'c' 的计算顺序及最终值和类型。

答：表达式 x/y+ ' c ' 的计算顺序是先计算 x/y，因为 x 的类型是 double，y 的类型是 long double，y 的类型级别高，所以先把 x 提升为 long double 型，再计算 x/y 为 0.5，这个结果也是

long double 型。然后计算 0.5+'c'，因为'c'是 char 型，其值为 99（ASCII 码值），向高级别提升为 long double，所以 0.5+'c'的结果是 99.5，整个表达式的结果类型为 long double。

对于一个复数和虚数参与的运算，如果两个操作数均为虚数类型，则结果为虚数类型；如果任一操作数具有复数类型，则结果为复数类型。

2. 自增、自减运算符

C 语言提供了自增（++）、自减（--）两个运算符，分别用于标量类型数据自身加 1 和减 1 运算，它们只能作用于可修改左值。

自增、自减运算符都分为两种，如果放在左值的左边，称前缀运算符，是先对左值加、减 1，再利用左值。如果放在左值的右边，称后缀运算符，是先利用左值，然后再对左值加、减 1。

例 2-17 有 int x=10,b=0;，则执行后 b=++x;，x、b 的值是多少？

这里 ++ 放在 x 的左边，根据上述规则先把 x 加上 1，x 值变为 11，然后把 11 赋给 b。所以，最后 x、b 的值均为 11。

例 2-18 有 float i=10.5,x;，求表达式 x=3+i++ 的值。

这里 i 是一个可修改的左值，++ 放在它的右边，所以先用 i 的值，即把 i 的值 10.5 首先与 3 相加赋给 x，然后再把 i 的值加 1；执行完后，x 的值为 13.5，i 的值为 11.5。下面用代码验证一下。

```
#include<stdio.h>
int main(void)
{
    float i=10.5,x;
    x=3+i++;
    printf("x:%4.1f\n",x);
    printf("i:%4.1f\n",i);
    return 0;
}
```

程序运行结果如下：

```
x:13.5
i:11.5
```

2.9.2 赋值运算符与赋值表达式

1. 赋值运算符 =

= 的作用是将一个数据赋给一个可修改的左值，不要理解为数学中的等于。

把 = 右边表达式计算出来的值赋给一个可修改的左值，这样的表达式称为赋值表达式。例如，x=6 和 x=6*4+x/3 都是赋值表达式，这里 x 是可修改的左值。

前面讲过，表达式最终均有一个结果值，赋值表达式的值就是左值的值。例如 x=6 表达式，左值 x 是 6，所以整个表达式的值也为 6。

再例如，如果有 int c=10;，那么表达式 a=(b=10+c) 的值是多少？按运算符计算的优先级别，先算括号中的赋值表达式 b=10+c，b 为左值，则这个表达式的值就是 b 的最后值，即 20，然后把 20 赋给 a，所以整个表达式 a=(b=10+c) 的最终值为 20，a 的值也为 20。

在赋值表达式中，= 右边的计算结果将被转换为左值的类型，这个过程可能导致数据类型级别升高或降低，一般情况下，升高是一个平滑无损的过程，而降低可能导致精度损失。

例如，有 int x; float y=3.4f;

那么，x=y; 会产生一个问题，很明显 y 强行赋值给 x，根据 = 的规定，= 号右边表达式值的数据类型转化为左值的类型，会产生精度损失，编译系统会提示错误。如果编程人员确定精度在某处不重要，可以用 x=(int)y; 把 y 的类型先强制转换成左值的类型，则编译系统不会给出错误。

"(类型)表达式"表示把表达式的值强制转换为指定的类型，称为强制类型转换。在 C 语言标准中，称这一操作为类型投射，即将一个表达式的类型投射为该投射操作符所指定的类型。

但根据前面规定的类型级别，如果左值类型高于或等于右边表达式值的类型，就可以直接赋值，一般不会产生问题。例如，int x=3;float y; 则 y=x; 就不存在问题。但由于各编译系统有类型级别及处理上的区别，实际编程中也会出现一些转换问题。例如，当 char 型变量赋给 int 型变量时，由于前者只占 1 字节，而后者占 4 字节，赋值时，char 型变量放到 int 型变量存储单元的低 8 位中，如果 char 型数据的最高位是 0，则 int 型数据中剩下的三个字节全部置 0，但如果 char 型数据的最高位是 1，则 int 型数据中剩下的三个字节全部置 1。这样的处理会导致数值产生很大的差别。

例 2-19 分析下面程序的运行结果。

```
#include<stdio.h>
int main(void)
{
    char x='A';
    int y=x;
    printf("%d\n",y);
    return 0;
}
```

输出为 65，没有什么问题。因为 0100 0001（65）的最高位是 0，所以 y 中的三个字节的高位全部放 0，即整个 y 为

0000 0000　　0000 0000　　0000 0000　　0100 0001

把 y 当整数（%d）输出时，正好是 65。再看下面的代码：

```
#include<stdio.h>
int main(void)
{
    signed char x='\376';          // 八进制数，十进制为 254，二进制为 11111110
    int y=x;
```

```
        printf("%d\n",y);
        return 0;
}
```

结果输出为 -2；这个数值与十进制的 254 差得太多。这是因为 x 赋给 y 时，把 x 的值放在 y 的最低 8 位，把 y 剩下三个字节的位置都补成 char 型中最高位的值 1，所以 y 被赋值后的二进制数从高位到低位就是：

11111111 11111111 11111111 11111110

如果这四个字节当成一个 int 型输出，正好是 -2 的补码，所以最后结果是 -2。

将一个 int、short、long 型数据赋给一个 char 型变量时，只将其低 8 位原封不动地送到 char 型变量（即截断）。

例2-20 分析下列代码的运行结果。

```
#include <stdio.h>
int main(void)
{
        int  i=289;  //289 的二进制数为 1 0010 0001，共 9 位，假设 int 型占 4 字节，则其余 23 位都是 0
        char c='a';
        c=i;                        // 低 8 位赋给 c，c 得到的值是 0010 0001，它的十进制为 33
        printf("%c\n",c);  //%c 格式输出，所以输出的是字符 '!'
}
```

从这些实例可以看出，编程人员在不同类型数据参与表达式计算时，要非常小心，结果可能与表面计算不一样，这主要是由 C 语言在处理不同类型数据时所用的规则造成的。

2. 复合赋值运算符

C 语言中的复合赋值运算符有 +=、-=、*=、/=、%=、&=、^=、|=、<<=、>>=。它们也可构成赋值表达式，例如：

x*=y+8、x/=3、x%= y+3、x-=y+2。

这四个表达式分别相当于

x=x*(y+8)、x= x /3、x=x%(y+3)、x=x-(y+2)。

2.9.3 逗号运算符和逗号表达式

用逗号运算符把两个及两个以上的子表达式连接起来的表达式，称逗号表达式。格式如下：

子表达式 1，子表达式 2，… ，子表达式 n

例如，3+5,6+8 和 a=4+x, x+5%(4+4),i++ 是两个逗号表达式。逗号表达式从表达式 1 开始，分别计算每一个子表达式的值，一直算到子表达式 n，整个逗号表达式的值就是子表达式 n 的值。

例如，如果 x 的值为 3，有逗号表达式 x=4+x,x+5%(4+x)，则先计算 x=4+x 的值，这是一个赋值表达式，计算后，x 的值为 7，整个子表达式的值也为 7；再计算 x+5%(4+x) 的值，根据运算符优先级，先计算 4+x，为 11，然后计算 5%11，结果为 5，再加上 x，所以子表达式 2 的值为 12，因为 x+5%(4+x) 是最后一个表达式，所以整个逗号表达式的值为 12。

例2-21 有 int x=10;，编程输出逗号表达式 x=2*x, 20/(4+x),x=1+x 的值。

```
#include <stdio.h>
int main(void)
{
    int x=10;
    printf("%d\n",(x=2*x, 20/(4+x),x=1+x));        // 注意整个逗号表达式用了 ()
    return 0;
}
```

程序运行结果为 21。

2.9.4 关系运算符及关系表达式

C 语言中提供的关系运算符有 >、<、==、>=、<=、!=，分别表示大于、小于、等于、大于或等于、小于或等于和不等于。由关系运算符构成的表达式称为关系表达式。格式如下：

表达式1 关系运算符 表达式2

关系表达式的值由表达式 1 和表达式 2 是否满足关系运算符定义的意义来确定，如果满足，整个关系表达式的值为 true，否则为 false，所以关系表达式的最终结果只有两种值。前面提到 C 语言中并没有具体定义 true 和 false 这两个值，它们分别是用 1 和 0 表示，从这个意义上讲，关系表达式的最终值只有 1 和 0 两种。

例如，a 的值为 3，b 的值为 4，则关系表达式 a>b 的值为 0；a<b 的值为 1；a==b 的值为 0；a!=b 的值为 1。

例2-22 假设 int 型变量 a、b、c 的值分别为 3、4、5，分别求表达式 a*2>4、a*2!=4、(a==3+b)<b 的值。

（1）* 的优先级比 > 高，所以先计算 a*2，值为 6，因为 6 大于 4，所以整个关系表达式的值为 1。

（2）!= 的左边表达式的值为 6，右边表达式的值为 4，所以整个关系表达式的为 1。

（3）先计算 () 内表达式的值，a 显然与 3+b 不等，所以值为 0；0 小于 4，所以整个关系表达式的结果为 1。

浮点类型数据之间比较相等时，一般不用 ==，这是因为计算和存储的精度问题，使得理论上一致的两个值在计算机中存放的数据并不一定完全一致。

例如，float x=10.2f; 但表达式 5.1==x/2 的值为 0。这是因为 5.1 是 double 型，而 x 是 float 型，存放精度不一样，比较就不相等了。如果 float 型用 4 字节存放，double 型用 8 字节存放，则 x/2 和 5.1 在内存中的位数如下（低位在前）：

11001100 11001100 11000101 00000010

01100110 01100110 01100110 01100110 01100110 01100110 00101000 00000010

在实际应用中，浮点类型数据之间的相等通常写成两数据之差的绝对值小于一个非常小的数，如上面的比较相等可以写成 fabs(5.1-x/2)<1.0e-10。其中 fabs(x) 为求 x 的绝对值，x 为

double 型数据（cabs(*x*) 为求复数的绝对值）。

2.9.5　逻辑运算符与逻辑表达式

逻辑运算符有三种：&&、‖、！。由这三个运算符构成的表达式称为逻辑表达式，参与计算的子表达式结果是标量类型。逻辑表达式与关系表达式一样，其值也只有 true 和 false 两种，也用 1 和 0 表示，整个逻辑表达式的结果值是 int 型。

（1）&& 运算符，称为"与"运算。表达式格式为：

```
表达式 1 && 表达式 2
```

当两个表达式的值都为非 0 时，整个逻辑表达式的值为 1，其余情况下整个逻辑表达式的值为 0。

例如，1 && 1，结果为 1，5 && 0 结果为 0，0 && 0 结果为 0。"与"运算可以理解为中文"并且"的意思。

例如，有存放两门课分数的变量 chinese 和 math，判断两门课都及格的表达式可以写为：chinese>=60 && math>=60，如果结果为 1，则两门课都及格，结果为 0 则表示至少有一门课不及格。

（2）‖ 运算符，称为"或"运算。表达式格式为：

```
子表达式 1 ‖ 子表达式 2
```

当两个子表达式的值都为 0 时，整个表达式的值为 0，当两个子表达式中有一个是非 0 时，整个表达式的值为 1。

如 1 ‖ 0，则该逻辑表达式的值为 1；有 x 和 y 的值均为 3，则 x>y ‖ x>2 的值为 1。

判断 chinese 和 math 至少有一门课及格的表达式可写为：chinese>=60 ‖ math>=60。如果表达式值为 1 则至少有一门课及格，为 0 则两门课都不及格。

（3）！运算符，称为"非"运算。这是一个单目运算符，表达式格式为：

```
! 表达式
```

表达式的值为非 0 时，"! 表达式"的值为 0，表达式的值为 0 时，"! 表达式"的值为 1。

如果 English 的值为 85，则 !(English>75) 为 0。如果 English 的值为 65，则 !(English>75) 为 1。

再例如，!3，3 为非 0，看成是 1，所以 !3 的结果就是 0；又例如有 a、b 的值分别为 4、5，则 a+b && b*a 的左右子表达式值均为非 0，因此这个逻辑表达式实质上就相当于 1 && 1，所以整个表达式的值为 1。

"与"和"或"运算，如果表达式 1 可以确定整个逻辑表达式的值，则不再处理另一个表达式。

例如，a、b、x 的值分别为 3、4、5，则表达式 (a<b) ‖ x++ 的值为 1，计算完成后，x 的值仍然为 5。这是由于表达式 (a<b) 的值为 1，根据 ‖ 运算，不管 x++ 是 0 还是 1，整个逻辑表达式的值都是 1，所以放弃对 x++ 的处理。

但如果 a 的初始值为大于或等于 b 的值，那么 (a<b) 就为 0，这时就要计算 x++ 的值，才

能最终确定整个逻辑表达式的值，因此，在这种情况下，整个逻辑表达式计算完成后，x 的值就是 6。

要注意这样的表达式，a=b‖x++，因为‖的级别高于=，因此，它相当于 a=(b‖x++)，因为 b 为非 0，所以 b‖x++ 的值为 1，x++ 没有处理，仍为 5，b‖x++ 的值为 1，所以最后 a 为 1，整个表达式的值也为 1。

下面再针对关系运算符和逻辑运算符的应用举一个例子。

例2-23 有 int a=6,b=5,c=4;，分别求表达式 !(a>b>c)、a>b && b>c、a<b && b>c 的值。

（1）求 !(a>b>c)。关系表达式 a>b>c，在数学中通常表示 a 大于 b 且 b 大于 c 的意思，好像结果应该是 1，!(a>b>c) 的值为 0。但在 C 语言中，结果不是这样。根据运算符优先级，两个 > 优先级相同，且 > 是从左到右结合，所以对于 a>b>c，先计算 a>b，显然，这个子表达式的值为 1，然后再计算表达式 1>c 的值，结果为 0，所以表达式 a>b>c 的值为 0，!(a>b>c) 的值为 1。

（2）求 a>b && b>c。根据运算符优先级别，关系运算符级别高于逻辑运算符，所以先计算 a>b，这个表达式的值为 1，再计算 b>c，这个表达式的值也为 1，所以整个表达式为 1 && 1，结果为 1。

（3）求 a<b && b>c。根据运算符优先级，先计算 a<b，值为 0，根据 && 的规则，只要有一个为 0，整个逻辑表达式为 0，所以计算到此为止，不再处理 b>c，整个表达式的结果为 0。

2.9.6 条件运算符和条件表达式

条件运算符为"? :"这是一个三目运算符，它的一般格式为：

表达式1？表达式2：表达式3

由条件运算符和操作数构成的表达式，称为条件表达式。整个表达式值的计算规则是：先计算表达式 1 的值，如果是非 0，计算表达式 2 的值，并把这个值作为整个条件表达式的值，结束。如果表达式 1 的值为 0，则计算表达式 3 的值，并把这个值作为整个表达式的值，结束。

例如，如果有 int a=5,b=7;，求条件表达式 a>b?a:b 的值。计算过程为：先计算表达式 a>b，值为 0，不计算 a 的值，而是计算 b 的值，所以条件表达式的最终值为 7。

如果有 int a=7,b=5;，则条件表达式 a>b?a:b 值依然为 7。因为 a>b 的值为 1，所以整个条件表达式的值为 a 的值 7。

可以看出，如果给定两个数 a 和 b，要求它们的最大值，只要写成 x=(a>b?a:b);，这里不论 a 和 b 取什么值，x 都是它们中的最大值。

在条件表达式中，表达式 2 或表达式 3 中只计算一个，另一个不作处理。

例2-24 有 int a=10,b=8;，求表达式 a>b?a-b:(a=a+b) 和 a?a+b:a-b 的值。

（1）求 a>b?a-b:(a=a+b)。先计算 a>b，其值为 1，所以整个条件表达式的值就是 a-b 的值，为 2。

（2）求 a?a+b:a-b。表达式 1 为 a，不为 0，所以整个条件表达式的值就是表达式 a+b 的值，即 18。

对于表达式 a>b?a-b:(a=a+b)，因为 a>b 的值为 1，所以不再处理表达式 (a=a+b)，也就是说，条件表达式结束后，a 的值还是 10，并不是 18。还有一点要注意，计算表达式时，看起来要先

计算 () 中的表达式，但表达式 (a=a+b) 只是条件表达式中的子表达式。

在 C99 标准以后，扩充了条件表达式的形式，表达式 2 可以没有，例如写成 a>b?:y 也符合语法要求，此时表达式 2 的值以 1 处理，所以当表达式 1 的值为非 0 时，整个条件表达式的值为 1。

2.10 副作用和顺序点

在表达式计算值的过程中可能要改变某些变量的值，通常把表达式在计算过程中改变变量值的过程称为副作用（Side Effect）。

例如表达式 x=a+b 在计算过程中改变了 x 值，这就产生了一个副作用，又如 (a=a+b)+5-(b=3) 就产生了两个副作用。

副作用的产生时间对表达式值的结果有很大影响。例如，逗号表达式 a+b++,b+2 要产生一个副作用。如果先有 int a=3,b=4;，按运算符优先级，先计算 b++，计算结果为 b 的值变成 5，计算机计算时，是把操作数先从主内存复制到 CPU 的寄存器中，计算完成后，结果值再放回到内存中，但 5 这个值什么时间放回到 b 所在的主内存空间去改变 b 的值，换句话说，什么时间产生副作用，对这个逗号表达式的最后结果产生直接影响。

因为逗号表达式的结果值是 b+2 的值，这个值在计算时是先从内存中拿 b 的值，如果在整个逗号表达式结束后才产生副作用，则在计算 b+2 时，b 在内存中的值还是 4，所以 b+2 为 6，整个逗号表达式的结果值就为 6。但如果副作用产生在那个逗号前，则计算 b+2 时，b 在内存中的值就是 5，此时整个逗号表达式的值就是 5+2 为 7。

在 C 语言中，虽然计算整个表达式时，要根据运算符优先级和它们的结合方向决定先计算的表达式部分，但副作用产生的时间却与运算符的优先级别没有关系，例如上例中，b++ 是先计算的，但 b 计算完成以后的结果放回到内存的时间与优先级无关，而这个放回时间，恰恰又与表达式的结果有关。

针对这种情况，C 语言中确定了一些关键性的节点，规定在这个节点之前所有副作用和应该计算的子表达式都必须完成，这个节点称为顺序点（Sequence Point），这些顺序点描述如下，供以后查看。

（1）单独作为一条语句的表达式求值完毕时。

（2）逗号运算符的左操作数赋值之后（即"，"处）。

（3）"||" 和 "&&" 运算符的左操作数赋值之后（即在这两个符号处）。

（4）条件运算符 "? :" 的左操作数赋值之后（即 "?" 处）。

（5）完整变量定义处，例如 int x,y; 中逗号和分号处分别有一个顺序点。

（6）for 语句控制条件中的两个分号处各有一个顺序点。

（7）switch、while、do-while、if 等语句的控制表达式求值完毕时。

（8）在函数返回值已复制给调用者之后，但在该函数之外的代码执行之前。

（9）在函数所有参数赋值之后，但在函数第一条语句或定义执行之前。

例如，有 int a=5,b=6;，求条件表达式 a++<b?a:b 的值。

计算过程如下，先求表达式 1 的值，因为 a++ 是先取 a 的值，所以这里 a 就是 5，显然 a<b 的值是 1，此时，整个表达式的值就是表达式 2 的值，即 a 的值，根据上面规定的顺序点，

条件表达式在？之前的副作用必须完成，也就是说 a++ 的计算结果必须把内存中 a 的值修改完成，所以在求表达式 2 的值时，a 的值为 6，即整个条件表达式的值就是 6。

虽然有了顺序点的规定，但并没有全部解决表达式求值的确定性问题，如果两个相邻顺序点之间产生了多个副作用，C 语言标准并没有规定各种情况下的顺序点，这就造成了编译器各自为政的局面，同一个表达式在不同编译器编译后运行，产生的结果不一样。

例如，有 int i=10;，求表达式 (i++)+(i++)+(i++) 的值。求解此表达式的过程中要产生三个副作用，但 C 语言的标准中没有明确副作用产生的时间，如果计算过程中的顺序是加法、加法、副作用、副作用、副作用，则表达式的值为 30，最后 i 变为 13；但如果是副作用、加法、副作用、加法、副作用，则表达式的值就是 10+11+12 为 33，最后 i 变为 13。

这种不确定性对于程序来说会产生极大的麻烦，在实际中尽量避免写这样的代码，尤其是两个相邻顺序点之间对同一个变量产生副作用时。这里提供一个求表达式值的程序代码样式供读者套用，看看你分析的表达式值与实际情况是否一致。

```
#include <stdio.h>
int main(void)
{
    printf("格式控制符\n",(你的表达式));
}
```

小结

本章主要讲述基本数据类型、部分运算符和表达式的概念，数据类型决定了数据存放的格式和所占空间的大小；运算符决定数据如何计算；表达式决定参与计算的对象在计算过程中的值，一个表达式经计算后必须有一个值和一个具体数据类型（void 型的值是 nonexist）。要掌握赋值表达式、关系表达式、逻辑表达式、逗号表达式、条件表达式的计算规则，同时掌握副作用和顺序点对表达式结果是如何产生影响的。本章内容是 C 程序设计的基础，我国先贤就在《学记》中提到"良冶之子，必学为裘；良工之子，必学为箕。"强调了基础知识的重要性，以后用 C 语言编程都会涉及本章内容。

习题

1. 编写一个程序，从键盘输入语文、数学和英语三门课的成绩（分数用整型数据），输出它们的平均分（平均分为 float 数据，输出时格式控制符用 %f）。

2. 编写一个程序，从键盘输入语文、数学和英语三门课的成绩。

3. 编写一个程序，从键盘输入语文、数学和英语三门课的成绩，输出它们的最大分数。（提示，应用两次条件表达式，先用一个变量 x 接收语文和数学的最大值，然后再用一个条件表达式计算 x 与英语的最大值。）

4. 编写一个程序，从键盘输入语文、数学和英语三门课的成绩，并把每门课的成绩加 10。并输出最终加分的分数。（要求应用复合赋值运算符）

5. 编写一个程序，从键盘输入语文、数学和英语三门课的成绩（成绩为整数类型），把各门课的分数自加 1，然后输出各门课的分数（要求应用自加运算）。

6. 如果有 int a=3,b=5,c=7; 求表达式① a<b<c；② a+=7；③ !a+b+(c,b,a)；④ 'A'+32/a；⑤ a>b && b<c；⑥ a<b‖b>c；⑦ !(a<b)‖(a+1) 的值。

7. 有 int a=4,b=5; 计算表达式① a+(++b),b；② a+b++,b；③ a++<=b?a:b+4 的值。

8. 如果下面的变量均为已赋值的 float 型变量，哪些表达式的写法是正确的？① (x+y)*=y；② a=b=c；③ a+=a-=a*a；④ a=b+c=d。

9. 有 int a=12,b=3;，表达式 a>b?a+2:(a=b+2) 的值是什么？执行表达式的计算后，a 的值为多少？如果有 a=3,b=12，则条件表达式的最终值是什么？

简单的程序设计

程序设计是给出解决特定问题程序的过程。程序设计往往以某种计算机语言为工具，其过程包括分析问题、设计算法、编写代码、运行程序、调试和分析结果、编写程序文档等步骤。C 语言只是解决问题的工具之一，从本章开始，介绍 C 语言的基本语法结构以及如何使用它进行基本的程序设计。

C 语言源程序由若干源文件构成，这些源文件中有一类重要的源文件，即扩展名为 .c 的文件。一个 .c 文件一般包括预处理命令、数据声明、一个或多个函数。声明给定数据对象的类型及名称，比前面讲过的"定义"范围更广。定义不仅给出了变量的类型和名称，而且为变量分配存储空间，所以定义一定是声明，但声明不一定是定义。

函数由函数首部和函数体两部分组成。函数体中一般包括数据声明与语句。例如，有一个源代码文件 myfile.c，右边说明了这个文件的各部分组成，如图 3-1 所示。

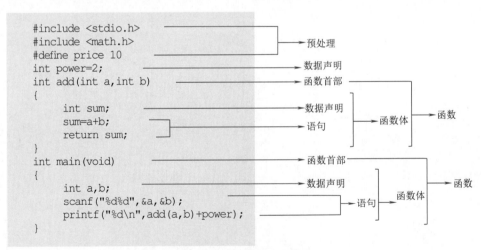

图 3-1　一个 .c 程序源代码各部名称说明

一个 .c 文件大部分是函数部分，语句都在函数体中，计算机执行任务的代码基本上都写在函数中。一个函数的功能源代码不能写在另一个函数的函数体内，也就是说函数之间是独立的。

除了 .c 文件外，还有一种是 .h 文件，称为头文件。如前面学习的 stdio.h。头文件的主要作用是多个代码文件全局变量（函数）的重用、防止定义冲突、对函数给出描述等，一般不包含程序的实现代码。

C 语言标准中定义了许多头文件，见附录 C。一个 C 程序源代码可以简单地抽象为图 3-2 所示的形式。

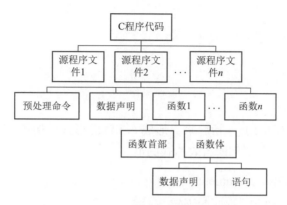

图 3-2　一个 .c 程序源代码的构成说明图

一个完整的 C 程序代码，必须指定一个入口函数，这个入口函数默认是 main() 函数，又称主函数，放在一个 .c 文件中。

从源代码的角度看程序的执行过程，预处理等工作完成后，C 语言程序从 main() 函数进入，顺序执行它里面的声明 [①] 和语句（有跳转语句的按跳转执行），直到把 main() 函数中的声明和语句全部执行完，整个程序结束。例如，如果执行 myfile.c 中的源代码，则从 main() 函数开始，先执行定义 int sum;，然后执行 scanf("%d%d",&a,&b); 语句，一直执行到最后的 printf 语句，整个程序结束。

总之，程序执行总是从 main() 函数开始，如果有其他函数，则完成对其他函数的调用后再返回到主函数，最后由 main() 函数结束整个程序。

3.1　C 语句

C 语句（C Statement）从功能上讲，是指定一种要完成的行为。C 标准中对语句没有给出明确的定义，但给出了清晰的语句形式，有如下 6 种。

1. 表达式语句（Expression Statement）和空语句（Null Statement）

表达式加分号构成表达式语句。例如，"z=x+y;"就是一条表达式语句，意思是到";"位置时，执行对表达式 z=x+y 求值的动作。4+printf("China"); 也是表达式语句，有了";"表示去执行 printf() 函数，然后完成相加。没有表达式，仅有一个";"，称为空语句，它不做任何动作。

2. 跳转语句（Jump Statement）

包括 break 语句、continue 语句、goto 语句和 return 语句。这四条语句以";"作为结束，指定程序下一步执行的位置。

---

① 　在实际过程中，声明由编译器另外处理。

3. 复合语句 (Compound Statement)

用 {} 括起来的 0 条或多条语句或者声明构成一条复合语句。例如：

```
{
    int t;
    z=x+y;
    t=z/100;
    printf("%f",t);
}
```

一条复合语句的外层可用 ( ) 括起来，形成 ({...}) 的形式，构成一条复合语句表达式。表达式的值就是 {} 中最后一条语句所含表达式的值。

4. 选择语句 (Selection Statement)

包括 if 语句、if-else 语句、switch 语句。

5. 迭代语句 (Iteration Statement)

通常称为循环语句，包括 while 语句、for 语句、do 语句 (do-while)。

6. 标签语句 (Labeled Statement)

包括 "identifier: 语句" "case: 语句" "default: 语句"。

综上可以看出，C 语言中的语句类型非常少，但应用起来非常灵活，本章只介绍表达式语句，其余语句在后续章节中阐述。

3.2 表达式语句

表达式后加上 ";"，就构成表达式语句，如果表达式中有函数作为操作数，首先要完成函数的执行过程，得到函数产生的返回值后，才能执行表达式。

例 3-1 表达式语句实例。

```
#include<stdio.h>
#include<math.h>
int main(void)
{
    int x=6,y=5,sum=0;        // 这个是声明，不是语句，最后要有 ";"
    sum=x+y;                  // 这是一条表达式语句，程序要执行它，要有 ";"
    double s=10.2;
    s=x+sqrt(s);              // 有函数的表达式语句，先执行函数 sqrt(s)，求出 s 的平方
                              // 根后再做加法和赋值运算
    printf("sum=%d\n ",sum);  // 这是一条有函数的表达式语句，最后要有 ";"
}
```

";" 在 C 语言中占有很重要的地位，它是语句的标识。例如，上例的三条表达式语句，如果没有 ";"，就只能算作表达式，编译时会出错。

3.3 输入 / 输出函数

所谓数据输入 / 输出是对计算机而言的。数据输出是指从计算机向外部输出设备（显示器、打印机、网络设备、并串口设备等）输出数据。数据输入是指从输入设备（键盘、鼠标、扫描仪、摄像机、网络设备、并串口设备等）向计算机输入数据。

本节主要介绍四个常用的输入 / 输出函数，它们是字符输入函数 getchar()、字符输出函数 putchar()、格式输入函数 scanf()、格式输出函数 printf()。

这些都是 C 语言编译系统中提供的库函数，在使用库函数时，要用预编译命令 "#include" 将有关 "头文件" 包括到一个源文件中。上面四个函数都在头文件 stdio.h 中进行了描述，用 #include <stdio.h> 把头文件包含进来，之后代码才能有效使用这些函数。

3.3.1　字符输入函数 getchar()

getchar() 函数的功能是从缓冲区取走一个字符，并返回该字符的 ASCII 码值或 EOF（Windows 下为组合键【Ctrl+Z】，UNIX/Linux 下为组合键【Ctrl+D】），该函数的原型为：

```
int getchar(void)
```

这里解释一下缓冲区，它是一块内存区，用于暂存由输入、输出设备传来的数据。由于输入、输出设备速度慢，而计算机的 CPU 速度快，输入、输出设备与 CPU 速度不匹配。为此，设置缓冲区，协调数据传输。对于输入，计算机把从键盘等输入设备中输入的数据先放在缓冲区，当 CPU 执行到读取数据的指令时，直接从缓冲区取数据。输出数据的过程基本相反，要输出的数据先放在缓冲区，由输出设备提取，CPU 可以做其他事情。通俗地说，输入缓冲区和输出缓冲区相当于工厂的原材料仓库和产品仓库。

当 C 程序执行到 getchar(); 语句时，如果缓冲区中没有字符，则等待用户输入，用户输入的字符被存放在缓冲区中，当用户按【Enter】键后，getchar() 函数从缓冲区开始取走一个字符并返回该字符的 ASCII 码值或 EOF 字符。例如，顺序从键盘输入 ABC 三个字符，最后按【Enter】键（在 Windows 操作系统中，【Enter】键表示了两个字符 '\r' 和 '\n'，在 Linux 操作系统中，只是一个字符 '\n'），如果是 Windows 操作系统，缓冲区中就得到了四个字符（ '\r' 为回车字符，用于触发 getchar() 函数执行），如图 3-3 所示。

图 3-3　缓冲区示意图

当缓冲区中有数据时，getchar() 函数从缓冲区顺序取出一个字符。例如，有 char ch; ch=getchar();，getchar() 函数从缓冲区取出字符并赋给 ch。

3.3.2　字符输出函数 putchar()

putchar() 函数的功能是向输出设备（显示器）输出一个字符。该函数的原型为：

```
int putchar(int ch);
```

ch 为要输出的一个字符，可以是常量或变量以及其他相关表达式。

例3-2　从键盘输入一个字符，并输出到显示器中。

```
#include<stdio.h>
int main(void)
{
    char ch;
    printf("please input a char:\n"); // 这是一条表达式语句，最后有";"，下同
    ch=getchar();     // 程序执行到此处时，等待用户输入字符，最后按【Enter】键
                      // 按【Enter】键后，getchar() 函数从缓冲区得到字符并赋给 ch
    putchar(ch);      // 把 ch 输出到显示器中
    putchar('\n');    // 输出一个换行符常量
    return 0;
}
```

程序运行的一种实例结果如下：

```
please input a char:
a↵
a↙
```

这里输入一个字符 a 后按【Enter】键，【Enter】键代表的字符也会进入缓冲区，如果要在程序中用 getchar() 函数输入两个字符 'A'、'B' 分别给 ch1 和 ch2 变量时，正确的输入是 AB↵，而不是输入 A↵ 和 B↵。

例3-3　从键盘输入两个字符并输出。

```
#include<stdio.h>
int main(void)
{
    char ch1,ch2;
    printf("please input a char:\n");
    ch1=getchar();     // 等待输入，直到按【Enter】键，开始从缓冲区取字符
    ch2=getchar();     // 如果缓冲区有字符，直接取字符，没有则等待输入
    putchar(ch1);
    printf("%d ",ch2); // 注意格式控制符是 %d，输出 ch2 的 ASCII 码值
    return 0;
}
```

程序运行的一种实例结果如下：

```
please input a char:
AB↵
A66
```

这说明 ch2 确定得到 'B' 字符，因为 'B' 的 ASCII 码值为 66。如果执行时，输入 A↵，根据缓冲区规则和 getchar() 函数的执行过程，ch1 得到字符 'A'，ch2 得到的是字符 '\n'（见图 3-3），这样程序不再需要输入 B↵，就可以直接向后执行。

getchar() 和 putchar() 函数，从本质上讲只是 getc(stdin) 和 putc(c,stdout) 函数的两个宏定义，详见 11.3.1 节。

3.3.3 格式输入函数 scanf()

scanf() 函数的功能是通过键盘给程序中的变量赋值。该函数的原型为：

```
int scanf(const char *format, address list);
```

这是一个常用函数，在实际应用中，通常有两种格式，下面分别介绍。

1.scanf(" 格式控制符列表 ", 地址列表);

此函数将从键盘输入的字符转化为 "格式控制符" 所规定格式的数据，然后顺序存入到地址列表指定的内存中，这里的地址就是存放数据的首个字节编码。

一个变量的地址，可以用 & 后面加变量名得到，& 是取地址运算符。例如，&x 就是变量 x 的地址，这个地址中存放的就是变量 x 的值。

假设编译系统为 int 型变量 x 分配了 4 个字节的空间,这里假设字节最小编码为 1234567(注意，这里地址是系统分配的，编程人员不需要关注)，1234567 就是 x 的地址，x 的值就存放在这个字节开始的后 4 个连续字节中，如图 3-4 所示。

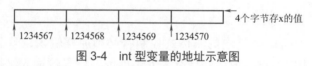

图 3-4　int 型变量的地址示意图

例 3-4　用 scanf() 函数输入一个值，并输出它。

```
#include <stdio.h>
int main(void)
{
    int x;
    scanf("%d", &x); //%d 是格式控制符，& 是取地址符，&x 获取 x 的地址
    printf("x=%d", x);
    return 0;
}
```

程序运行的一种实例结果如下：

```
678↵
x=678
```

在键盘输入 678 后按【Enter】键，它们均进入到缓冲区，scanf() 函数首先从缓冲区中取出字符 '6'、'7'、'8'，再根据格式控制符 %d 把这三个字符解释成十进制的整数，存入到 x 变量所在地址中。

scanf() 函数根据格式控制符，从缓冲区中取出字符序列，然后将合法的序列转换成要求的数据，并把它放入给定的地址空间中，因此用 scanf() 函数输入数据时，并不关心变量名，根据给定的地址，就可以给变量输入值。这有点像发电子邮件，发件人可以不知道投递对象的姓

名，只要知道投递对象的邮箱号，当发件人把邮件送到这个邮箱后，邮箱的所有者就有了邮件。

以上就是 scanf() 函数最简单的用法，也是最常用、最基础的用法。

2.scanf(" 格式控制符和非格式控制符混合 ", 地址列表);

这种用法在实际中很少用，也建议大家少用，容易出错。这种格式要求输入数据时，非格式控制符按照代码中的原样输入，有格式控制符的地方换成对应变量的值。

例 3-5　scanf() 函数的混合格式应用。

```
#include <stdio.h>
int main(void)
{
    int x;
    scanf("x=%d", &x);        // 这里 x= 是非格式控制符
    printf("x=%d ", x);
    return 0;
}
```

程序运行的一种实例结果如下：

```
x=678                              // 这里的 x= 就是 scanf() 函数中 x=，必须原样输入
x=678
```

执行输入数据时，scanf 中 "" 内的非格式控制符必须原样输入，且顺序不能变，把有格式控制符的地方换成相应的输入值。一旦有一处不匹配，就导致输入结果错误。许多初学者把 scanf() 函数中 %d 后也加 \n，scanf() 函数不同于 printf() 函数，在 printf() 函数中，"" 内的非格式控制符可原样输出，printf() 函数中 \n 能实现输出中的换行，但无法从键盘直接输入字符 '\n'。

因此，建议在使用 scanf() 函数时，双引号内除了"格式控制符"之外，越简单越好。

下面演示一下用 scanf() 函数一次输入多个变量值的例子。

例 3-6　用 scanf() 函数一次给多个变量赋值。

```
#include<stdio.h>
int main(void)
{
    int x, y;
    scanf("%d%d", &x, &y);  // 接收两个值，分别送到变量所在地址
    printf("x=%d, y=%d", x, y);
}
```

通过键盘给多个变量输入值和给一个变量输入值大体相同。给两个变量赋值就写两个格式控制符，然后在地址列表中写上对应变量的地址，给三个变量输入值就写三个格式控制符，然后在地址列表中写上对应变量的地址。

虽然 scanf() 函数中不加非格式控制符，但输入两个以上的数值时要有分隔符区分开，例如输入两个整数 12 和 34 给两个变量，不能写成 1234，中间要用分隔符隔开，分隔符可以是空格、

【Enter】键或者【Tab】键，一般都使用一个空格把数据分开。例 3-6 执行时的输入和运行结果如下：

```
12 34↵
x=12,y=34
```

如果输入的变量是 char 型，就不需要空格隔开，如果加了空格，空格也被认为是一个字符，送给相应的变量，例如：

```
char ch1,ch2;
scanf("%c%c", &ch1, &ch2);
```

则输入时两个字符之间不要用空格隔开，如输入成 A B，ch1 得到字符 A，ch2 得到的则是中间的空格符。

在输入多个变量时，初学者常常在格式控制符之间加逗号，例如写成 scanf("%d,%d", &x, &y);，这样看起来好像清楚明了，但在实际编程中，不建议这样做。使用 scanf() 函数输入数据要注意三个常见问题。

1）格式控制符与地址列表的个数要对应

第 2 章中讲 printf() 函数时，格式控制符和表达式列表在顺序、个数上要对应。同样的，scanf() 函数中格式控制符在顺序、个数上也要与地址列表的顺序、个数对应。

例 3-7　格式控制符与输出地址列表个数不一样的情况。

```
#include<stdio.h>
int main(void)
{
    int x;
    char ch;
    scanf("%c%d", &ch);          // 地址列表中，少一个地址值
    printf("ch=%c, x=%d\n", ch, x);
    return 0;
}
```

用 gcc 编译后，代码执行一种实例的结果如下。

```
c 88↵
ch=c, x=0
```

这是一种低级错误，从语法上讲，代码没有错误，但结果不是预期的，因为数 88 没有给出存放的内存地址。输出 x=0，是因为 x 所在内存空间并没有得到输入数据，0 是 x 分配空间里的不定值（环境不同，有可能不是 0 值）。

例 3-8　数值和字符混合输入。

```
#include<stdio.h>
int main(void)
```

```
{
    int x;
    char ch;
    scanf("%d%c", &x,&ch);              //int 型变量放在前，char 型变量放在后
    printf("ch=%c, x=%d\n", ch, x);
    return 0;
}
```

如果想给 x 输入 89，给 ch 输入字符 'c'，正确的输入为"89c↵"。但不能输入成"89 c↵"（89 和 c 中间有个空格符），否则输出结果就是"ch= ,x=89"。这是因为当 x 接收了 89 这两个字符后，其后是空格符不是有效数字，%d 认为数字到此为止，后面的空格符被格式控制符 %c 解释成字符放在了 ch 所在的地址空间，所以 ch 的值就是空格符。

2）输入的数据类型要与所需要的数据类型一致

在 scanf() 函数中，对于从键盘输入的数据类型、scanf() 函数中"输入格式控制符"解释的类型与变量定义的类型要一致，否则很可能无法实现想要的程序功能。

例3-9   格式控制符不能把输入的字符正确解释为数值。

```
#include<stdio.h>
int main(void)
{
    int x;
    scanf("%d", &x);
    printf("x=%d\n", x);
    return 0;
}
```

在 gcc 下，如果这样执行输入，结果如下：

```
b↵
x=0
```

这是因为 %d 不能把字符 b 解释成数值，x 没有得到数据，输出 0 表示 x 是一个不定值。

对于 %d、%f 以及其他用于解释成数值的格式控制符、空格、【Enter】键都是区分数值与数值的分隔符。当 scanf() 函数遇到这些分隔符时，跳过它往后取数字字符，直至遇到分隔符或非数字字符为止，再根据格式控制符把取到的数字字符解释成相应类型的数值，而且把跳过和取出的字符移出缓冲区。例 3-9 中，因为开始就遇到了不是分隔符的非数字字符 b，所以输入结束。

3）使用 scanf() 函数之前使用 printf() 函数提示输入

可以想象到，编程人员在使用 scanf() 函数之前，先用 printf() 函数提示用户输入信息及格式，用户比较容易理解，减少输入数据格式错误。

例3-10   用 printf() 函数提示用户输入数据。

```
#include<stdio.h>
int main(void)
```

```
{
    int x,y;
    printf("Please enter two integers separated by a space:\n");    // 提示输入
    scanf("%d%d",&x,&y);
    printf("x=%d,y=%d\n",x,y);
    return 0;
}
```

程序运行结果如下：

```
Please enter two integers separated by a space:
34 29↵
x=34, y=29↙
```

此程序在执行时，根据输出的提示就知道是要输入数据类型和格式，这样的程序显得比较友好。

3.4 顺序结构程序设计

有了前面的这些基础知识，现在开始进入程序设计基础的讲解。它能让用户更好地利用 C 语言，让计算机完成用户需要完成的任务。

C 语言程序设计有三种基本结构：顺序结构、选择结构和循环结构。顺序结构按照代码书写的顺利执行语句，每一条语句被执行一次，也只能执行一次。它是最简单的程序结构，也是从 C 语句转换到 C 程序的起点，是学习后续选择结构和循环结构的基础。

从源代码来看，一个 C 程序从 main 入口开始执行，从前至后，按序执行，一直到 main() 函数体中的语句执行完毕，程序结束。

例 3-11   输入三角形的三边长，求三角形面积。假设三角形的三个边长为 a、b、c，且三角形的面积公式为 area=$\sqrt{s(s-a)(s-b)(s-c)}$ ，其中，$s=(a+b+c)/2$。

分析：解决这个问题，首先用 scanf() 函数给变量 a、b、c 输入值，即得到三角形三条边的边长，用表达式语句计算 s 的值，再计算面积，最后输出面积。

在 C 语言给定的基本运算符中，没有求平方根的运算符，但 C 语言库函数中给出了 sqrt() 函数，用 sqrt(x) 可以得到 x 的平方根，平方根的数据类型为 double 型。sqrt() 函数在 math.h 头文件中，因此在代码开始时，要用 #include 把头文件 math.h 包含进来。程序代码如下。

```
#include<stdio.h>
#include<math.h>                    // 包含头文件，使得 sqrt() 函数可以正确使用
int main(void)
{
    double a,b,c,s,area;            // 变量定义成 double 型
    printf("Please enter the length of the three sides separated by a space:\n");
    scanf("%lf%lf%lf",&a,&b,&c);    // 输入三个变量的值
    s=(a+b+c)*0.5;                  // 计算 s 的值
    area=sqrt(s*(s-a)*(s-b)*(s-c)); // sqrt 返回 double 型
    printf("a=%-7.2lf, b=%-7.2lf, c=%-7.2lf, area=%-7.4lf\n",a,b,c, area);
    return 0;
}
```

以上代码中，函数体内的语句是按顺序执行的，即执行完一条语句后，接着执行下一条语句，这种结构就是顺序结构。程序运行结果如下：

```
Please enter the length of the three sides separated by a space:
21.35  35.8  41.65↵
a=21.35   b=35.80   c=41.65   area=382.1644
```

这里，如果变量定义成 float 型，不定义 double 型可以吗？当然可以，这主要取决于编程人员想要的数据精度，如果要求数据精度不高，就可以用 float 型，只需后续代码根据数据类型不同进行相应修改。例如，scanf 语句中的 lf 要改成 f，因为常量 0.5 被看成是 double 型数据，要写成 0.5f，sqrt() 函数计算出面积值后，需要强制转换成 float 型，再赋给 area。

读者可进一步思考一个问题，三角形的三条边要满足两边之和大于第三边且必须三个值都应大于 0，如果输入的三边数值不满足这一条件，程序运行就会出错，但上述代码并没有考虑到这一问题，所以质量不高。但对它的改进要用到新的知识，这里只是先提出来，等学习到第 4 章和第 5 章就可以越来越完美地解决这个问题。

例 3-12　从键盘输入一个大写英文字母，要求改用小写字母输出。

分析：可以声明两个 char 型变量 c1、c2，c1 用于存放从键盘输入的英文大写字母，c2 用于存放它的小写字母。首先用 getchar() 函数接收从键盘输入的大写字母，并赋给 c1，因为字符变量存放的是其 ASCII 码值，而小写字母比其大写字母的 ASCII 码值大 32，所以小写字母 c2 的 ASCII 码值就可以直接用 c2=c1+32 计算得到，最后在 printf() 函数中用格式控制符 %c 把 c2 解释成字符输出。程序源代码如下：

```
#include<stdio.h>
int main(void)
{
    char c1,c2;
    c1=getchar();      // 输入字符，并赋给 c1，getchar() 函数的返回值是 int 型
    c2=c1+32;          // 把大写字母转换成小写字母
    printf("%c",c2);   // 以 %c 把整数解释成字符
    return 0;
}
```

这里也可直接用 putchar(c2); 输出 c2。

例 3-13　输入 a、b、c 三个值，求方程 $ax^2+bx+c=0$（$a \neq 0$）的根。

分析：一元二次方程的两个根为

$x_1=\dfrac{-b+\sqrt{b^2-4ac}}{2a}$ 和 $x_2=\dfrac{-b-\sqrt{b^2-4ac}}{2a}$

如果令 $p=-\dfrac{b}{2a}$，$q=\dfrac{\sqrt{b^2-4ac}}{2a}$，则 $x_1=p+q$，$x_2=p-q$。所以编程时采用如下步骤：

步骤 1：输入 a、b、c 三个变量。

步骤 2：计算出 b^2-4ac，并把结果放在一个变量中。

步骤 3：计算 p。

步骤 4：计算 q。

步骤 5：计算 x_1，x_2。

步骤 6：输出 x_1，x_2。

代码如下：

```
#include<stdio.h>
#include<math.h>
int main(void)
{
    float a,b,c,disc,x1,x2,p,q;     //disc 存放 b²-4ac 的结果
    printf("Please enter a, b, and c, separated by spaces:\n");
    scanf("%f%f%f",&a,&b,&c);
    disc=b*b-4*a*c;
    p=-b/(2*a);
    q=(float)sqrt(disc)/(2*a);      //sqrt() 函数得到的值是 double 型，转换成 float 型
    x1=p+q;
    x2=p-q;
    printf("\nx1=%5.2f\nx2=%5.2f\n",x1,x2);
    return 0;
}
```

程序运行结果如下：

```
Please enter a, b, and c, separated by spaces:
3.2 12.6 3↵
x1=-0.25
x2=-3.68↙
```

小结

本章主要介绍了语句的概念和分类、一些基本输入、输出函数的用法以及简单的顺序结构程序设计。强调 C 语言程序设计不仅要掌握其语法结构，更要经常付诸实践，只有在编程实践中，才能有效提高自己的编程能力，提升算法思维，例如，例 3-13 中，如何一步一步地计算出一元二次方程的根，应先做什么，后做什么，有了这样的步骤，才好用 C 语言去编程加以实现。能给出解决某个特定问题步骤的能力就是算法思维的能力，解决得越好，能力越强，这需要在实践中不断练习、阅读别人编写的优秀代码，总结、归纳，慢慢提升。其实，在学习 C 语言时，也是在不断提升这方面的能力。这种能力超越了计算机语言本身。

习题

1. 编写一个程序，功能是从键盘接收三个英文字母，并按输入顺序的反向输出，然后，换行输出这三个字符 ASCII 码值的和。要求用 getchar() 函数接收字符，用 putchar() 函数输出字符。

2. 输入一个圆的圆心坐标（定义两个变量，分别接收两个坐标值）以及圆周上一个点的坐标（全部为 float 型数据），编程计算并输出这个圆的面积。

3. 输入一个平面点的坐标以及一条直线方程 $y=ax+b$ 中的 a 和 b，计算这个平面点到直线的距离，并输出，精确到小数点后两位。

提示：如果用到绝对值的计算，程序代码中要把 math.h 包含进来，求绝对值的函数为 fabs(x)。

4. 编程从键盘中输入 3×3 行列式的 9 个元素值，计算并输出该行列式的值。

5. 编程从键盘中输入一个二元一次方程组 $\begin{cases} ax+by=c \\ dx+ey=f \end{cases}$ 中 a、b、c、d、e、f 这六个数据，求 x，y 的值并输出。

提示：把 a、b、c 都乘以 e，把 d、e、f 都乘以 b，那么，$x=(c*e-f*b)/(a*e-d*b)$。输入数据时，要确保 $(a*e-d*b)$ 的值不为 0。

6. 华氏温度 F 与摄氏温度 c 的转换公式为 $c=\dfrac{5}{9}(F-32)$，编程输入一个华氏温度，并输出其对应的摄氏温度。

选择结构程序设计

计算机程序需要根据不同的情况执行不同的语句，完成在不同情况下的不同任务。例如，输入一个学生课程成绩，要求程序根据成绩数值，判断学生这门课程是否"及格"，类似的情况非常多。因此，在程序设计中也就需要对同一个问题根据具体情况进行不同的处理。C 语言提供了一种称为选择结构的程序设计方式，处理这类问题。

C 语言中有两种语句实现选择功能：一种是 if 语句和 if-else 语句；另一种是 switch 语句。

4.1 if 语句和 if-else 语句

4.1.1 基本的 if 语句和 if-else 语句

if 语句和 if-else 语句用来表达不同的执行分支。if 语句的基本结构形式为：

```
if ( 表达式 ) 语句 1
```

表达式结果必须是一个标量值，表示当表达式值为非 0 时执行语句 1，为 0 时不执行语句 1。注意这里的语句 1，只能是一条语句。若需要执行多条语句，需用 {} 把这些语句括起来，形成一条复合语句。

if-else 语句的基本结构形式为：

```
if ( 表达式 )
    语句 1
else
    语句 2
```

表示当表达式值为非 0 时执行语句 1，不执行语句 2，当表达式值为 0 时执行语句 2 而不执行语句 1。如果 if 或 else 之后想执行多条语句，也需要分别用 {} 把这些语句括起来，形成复合语句，且 else 之前一定要有 if。

下面举一个综合性的例子，请注意代码中的注释说明。

例4-1 if 语句和 if-else 语句的应用举例。

```c
#include<stdio.h>
int main(void)
{
    int a=10, b=0, c=1;
    if(a>0)              // a 为 10，表达式 a>0 的值为 1，非 0，执行 b=-1;语句
        b=-1;
    b++;                 // 这条语句不属于 if 语句，执行完后，b 为 0
    if(a>20)             // 表达式 a>20 的值为 0，不执行 b=-1;语句，b 的值还是 0
        b=-1; b++;       // 虽然这两条语句写在了同一行，但 b++;语句不属于 if 语句。执行完 if
                         // 语句，仍要执行它，所以 b 此时为 1
    if(a>0)              // a>0 的值为非 0，执行一条复合语句，里面两条语句都执行
    {
        b++;             // 执行完后 b 为 2
        c++;             // 执行完后 c 为 2
    }
    if(a<0)              // a<0 的值为 0，不执行 b--;语句，而是执行 else 后面的语句
        b--;
    else                 // 这里 else 与 if 一样，后面只跟一条语句
        c++;             // 执行后 c 为 3
    // 下面这条 if-else 语句代码虽然较长，但它只是一条 if-else 语句
    if(c>0)              // c>0 的值为非 0，执行其后的一条复合语句，内含有两条语句
    {
        a++;             // 执行后 a 为 11
        b++;             // 执行后 b 为 3
    }
    else                 // 下面的一条复合语句（内含三条语句）不执行
    {
        c=0;
        a=1;
        b=2;
    }
    printf("a=%d,b=%d,c=%d\n",a,b,c);
    return 0;
}
```

程序运行结果为：

```
a=11,b=3,c=3
```

要注意的是，下面的写法不正确。

```
if(a>b)
    a+=b;
    c=a+b;
else
    c=b;
```

因为 if 后面只能跟一条语句，所以上面代码中 if 语句到 a+=b; 就结束了，然后执行语句 c=a+b;再到 else 时，else 就是单独存在，所以不符合语法结构。

这里要强调的是，不管"if(表达式) 句 1;"或"if(表达式) 语句 1;else 语句 2;"的实际代码多复杂，都只是一条 if 语句或 if-else 语句。

例4-2 输入两个 int 型数据，输出它们中的较大者。

分析：用 scanf() 函数接收两个 int 型数据 a 和 b，先把 a 赋给变量 max，然后比较 b 与 max 哪个大，如果 max 比 b 小，则把 b 赋给 max，这样保证 max 一定是较大的数，最后用 printf() 函数把 max 输出。具体代码如下：

```c
#include<stdio.h>
int main(void)
{
    int a,b,max;
    printf("input two numbers: ");
    scanf("%d%d",&a,&b);              // 接收两个整数
    max=a;
    if(max<b)
        max=b;
    printf("max=%d\n ",max);
    return 0;
}
```

上面的代码是一种算法思路，也可以直接把 a 和 b 进行比较，如果 a 大于 b，输出 a，否则输出 b，所以用 if-else 语句来实现。具体代码如下：

```c
#include<stdio.h>
int main(void)
{
    int a,b,max;
    printf("input two numbers: ");
    scanf("%d%d",&a,&b);
    if(a>b)
        printf("max=%d\n",a);
    else
        printf("max=%d\n ",b);
    return 0;
}
```

另有一种更简单的方法，在输入 a、b 的值后，用条件表达式输出最大值，语句为：

```c
printf("max=%d",(a>b?a:b));
```

例4-3 输入两个实数，然后由小到大顺序输出这两个数。

分析：假设用 scanf() 函数接收从键盘输入的两个数 a、b，如果 a 小于或等于 b，就直接用 printf("%f,%f",a,b); 把 a 和 b 输出，否则需要把 a 和 b 的值互换，然后用 printf("%f,%f",a,b); 把 a 和 b 输出。代码如下：

```c
#include<stdio.h>
int main(void)
{
    float a,b,t;
    scanf("%f %f",&a,&b);
    // 当 a 小于或等于 b 时，if 语句不执行它里面的复合语句，直接执行后面的 printf 语句。
    // 反之，则互换数据
```

```
if(a>b)
{   // 下面三条语句实现 a 和 b 的互换。互换后 a 小、b 大
    t=a;
    a=b;
    b=t;
}   // 不管输入的 a、b 值如何，程序执行到此处，a 都不大于 b
printf("%5.2f,%5.2f\n",a,b);
return 0;
}
```

这个问题也可以这样解决，如果 a 小于 b，用 printf 语句输出 a,b，否则输出 b,a。

4.1.2　if 语句和 if-else 语句的嵌套

考虑到 if 或 if-else 语句本身就是一条语句，因此可以作为 if-else 语句基本形式中的语句 1 或语句 2，按照这一语法结构，就可以写出许多看起来非常复杂的形式。图 4-1 所示为两个实例样式。

```
if(表达式1)
    if(表达式2) 语句2
    else 语句3
else
    语句4
```

```
if(表达式1){
    if(表达式2) 语句2
    else
        if(表达式3) 语句3 }
else
    if(表达式4) 语句4
```

图 4-1　嵌套 if-else 语句的两个实例

这里，一条 if-else 或 if 语句中又包含了 if-else 语句或 if 语句，这种形式的语句，称为 if 语句或 if-else 语句的嵌套。其实，图 4-1 左边和右边都只是一条 if-else 语句，仔细观察图中左边代码，当把

```
if(表达式2) 语句2
else 语句3
```

看成是一条 if-else 语句时，则左边的代码可以简化为

```
if(表达式1)
    一条 if-else 语句
else 语句4
```

因此，执行这种嵌套的 if-else 语句，同样是按照 if-else 语句的基本规则。在这里，如果表达式 1 的值为非 0，就执行它后面的那条 if-else 语句，不执行语句 4，否则执行语句 4。执行完成后，整个 if-else 语句执行完毕。

再看图 4-1 右边那段代码样式，现把

```
if(表达式2) 语句2
else
    if(表达式3) 语句3
```

看成为一条 if-else 语句,称为语句 A;语句 "if(表达式 4) 语句 4"是一条 if 语句,称为语句 B,则图 4-1 右边的整个代码的简单形式为:

```
if(表达式 1)
    语句 A
else
    语句 B
```

也就是说图 4-1 右边也是一条 if-else 语句。

总之,不管形式上多么复杂,只要按照 if-else 语句或 if 语句只算一条语句来理解,就很容易明白复杂的 if-else 语句或 if 语句的执行规则。

这里,建议编写程序代码时,最好用 {} 把 if 和 else 后面的语句括起来,写成复合语句的形式,例如图 4-1 右边的代码写成如下形式。如果只看 {},外层的 if-else 语句,就是简单的 if-else 语句结构:

```
if(表达式)
    {一条 if-else 语句 }
else
    {一条 if 语句 }
```

这样做简化了代码理解难度。可能读者会问,如果图 4-1 右边程序结构中没有 {},写成下列形式,如何理解呢?

```
if(表达式 1)
    if(表达式 2)语句 2
else
    if(表达式 3) 语句 3
    else
        if(表达式 4) 语句 4
```

是不是可以理解为图 4-2 程序结构形式呢?

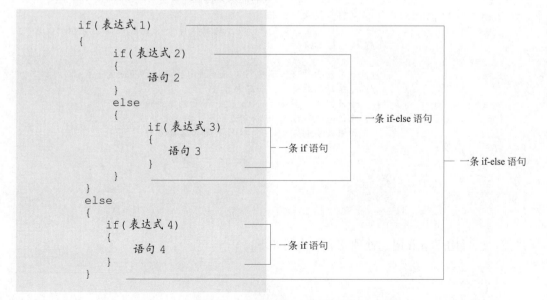

图 4-2　嵌套的 if-else 语句写法

不能，因为 C 语言中 else 总是与其前面最近的 if 配对，避免了二义性。因此，图 4-1 右边程序结构去掉 {} 后与下面的代码样式是一样的。

```
if( 表达式 1)
{
    if( 表达式 2)
      语句 2
    else
    {
      if( 表达式 3)
          语句 3
      else
        {if( 表达式 4)  语句 4}
    }
}
```

可以看到不加 {} 的代码与图 4-2 中的代码执行过程是不一样的。一般地，为了提高程序的可理解性，建议在 if 或 else 后加上 {}。

例4-4　输入一个 float 型的数据 x，根据公式 $y=\begin{cases} x & \text{if } x \leqslant 1 \\ 2x-1 & \text{if } 1 < x < 10 \\ 3x-11 & \text{if } x \geqslant 10 \end{cases}$，计算 y 的值。

分析：很明显，可以用嵌套的 if-else 语句实现。先用 if 处理 x 小于或等于 1 的情况，再用 else 处理其他两种情况，对于其他两种情况，再用一条 if-else 语句处理，具体代码如下。

```
#include<stdio.h>
int main(void)
{
    float x,y;            // x 接收输入值，y 为根据公式计算的结果
    scanf("%f",&x);       // 从键盘接收 x 的值
    if(x<=1)              // 如果输入值小于或等于 1，则只执行 y=x;语句，else 后的复合
                         // 语句都不执行

      y=x;
    else                  // 如果 x 大于 1，不执行 y=x;语句，只执行下面的复合语句
    {                     // 能执行到此处，x 一定大于 1
      if(x<10)           // 如果大于 1 且小于 10，执行下面的这条语句
        y=x*2.0f-1;      // 此语句也可以写成 y=x*2-1;，但不要写成 y=x*2.0-1
      else                // 如果大于或等于 10，执行下面的这条语句
        y=3*x-11;
    }
    printf("%5.2f",y);
    return 0;
}
```

当然，也可用三条 if 语句处理完成。代码如下：

```
#include<stdio.h>
int main(void)
```

```
{
    float x,y;
    scanf("%f",&x);      // 从键盘接收 x 的值
    if(x<=1)
        y=x;
    if(x>1 && x<10)      // 逻辑表达式值为 1 时，执行下面这条语句
        y=x*2.0f-1;
    if(x>=10)
        y=3*x-11;
    printf("%5.2f",y);
    return 0;
}
```

从这个实例中可以看出，对于同一任务，可以有多种编程实现方法，读者可以分析一下，哪种代码相对较好。提示，这里三条 if 语句均要执行。

例4-5 　输入一个分数，根据分数输出评定的等级。90 分以上输出优，80~89 分输出良，70~79 分输出中，60~69 分输出及格，60 分以下输出不及格。

分析：可以采用 if-else 语句完成。把 90 以上的作为一类进行输出，其余各类放在 else 后的语句中进行输出。在 else 后面的语句中，再用 if-else 语句进行分类。

```
#include<stdio.h>
int main(void)
{
    int score;              // 这里只考虑分数为整数的情况，可以换类型
    scanf("%d ",&score);
    if(score>=90)           // 处理 90 分及以上的情况
        printf(" 优 \n");
    else                    // 处理 90 以下的情况
    {
        if(score>=80)       // 为什么没有写 <90 呢？如果代码能执行到此处，score 肯定小于 90
            printf(" 良 \n");
        else
        {
            if(score>=70)
                printf(" 中 \n");
            else
            {
                if(score>=60)
                    printf(" 及格 \n");
                else
                    printf(" 不及格 \n");
            }
        }
    }
    printf(" 处理结果 \n");
    return 0;
}
```

这段代码看起来较复杂，但 main() 函数体中只有 3 条语句。它们是

```
scanf("%d ",&score);
一条嵌套的 if-else 语句
printf(" 处理结束 \n");
```

4.2 switch 语句

如果要处理的问题选择分支比较多，编程时就要用到多层的 if-else 语句嵌套，代码显得复杂，不便分析和理解代码。例如例 4-5 中就是如此，if-else 中嵌套了多个 if-else 语句。为此，C 语言提供了另一种用于多分支选择的 switch 语句，可以方便地实现多层嵌套的 if-else 逻辑，且形式简单。其常用格式为：

```
switch( 表达式)
{
    case   常量表达式 1:  语句 1;[break;]
    case   常量表达式 2:  语句 2; [break;]
    …
    case   常量表达式 n:  语句 n ;[break;]
    [default: 语句 n+1;[ break;]]
}
```

上述格式描述的就是一条 switch 语句。之所以说是常用格式，是因为它还有特殊格式，本章后面部分有阐述。switch() 中的表达式称为控制表达式（Controlling Expression）。控制表达式和常量表达式的结果应该是一个整数类型（包括字符类型、布尔型和枚举类型等）。

{} 部分是 switch 语句块，是一条复合语句。语句块中用 [] 括起来的部分，表示可以有，也可以没有，且写代码时每一行的顺序可以不按上述列出来的顺序，如 default: 一行语句可以放在 {} 中其他任何一行的位置。

特别强调的是"语句 1"到"语句 n+1"代表的并不只是一条语句，可以是多条语句，也可以没有语句。这里把 case 和后面常量表达式的值合起来看成是一个标签，且称常量表达式的值为标签值。

switch 语句的执行规则有以下三条。

（1）计算控制表达式的值，然后在语句块中找与控制表达式值相同的标签值，如果找到，就开始执行这个标签后面的语句，逐条语句顺序往下执行，一直执行到最后的语句 n+1，结束整个 switch 语句。

（2）如果在执行语句的过程中，执行到 break; 就结束整个 switch 语句，去执行 switch 语句后面的语句。

（3）如果没有找到与控制表达式值相同的标签值，则执行 default 后面的语句，一直执行到最后一条语句，或执行到 break 语句结束 switch 语句。如果没有找到与控制表达式相同的标

签值，也没有 default，则直接结束 switch 语句。

例4-6 输入 1~7 中的一个整数，将数值转换成英文的星期输出（如输入 7，则输出 Sunday ）。

分析：如果此问题应用 if-else 语句实现，需要嵌套多层 if-else 语句，代码显得很不简洁。因此，采用 switch 语句实现，首先用 scanf() 函数获得用户输入的数据，并把存放数据的变量作为 switch 语句中的控制表达式，然后在 switch 的语句块中，指定 1~7 七个整型常量作为标签值，并在每个标签后面输出对应的星期几，同时考虑到，如果用户输入的数据不是 1~7 这七个数据，程序做其他处理。先看如下代码：

```c
#include <stdio.h>
int main(void)
{
    int num;
    printf("input a integer number: ");
    scanf("%d",&num);
    switch (num)
    {
    case 1:printf("Monday\n");
    case 2:printf("Tuesday\n");
    case 3:printf("Wednesday\n");
    case 4:printf("Thursday\n");
    case 5:printf("Friday\n");
    case 6:printf("Saturday\n");
    case 7:printf("Sunday\n");
    default:printf("error\n");
    }
    return 0;
}
```

执行时，如果输入 5，switch 语句首先计算 switch 语句中控制表达式的值，这里控制表达式只有一个变量 num，其值为 5，根据 switch 语句的执行规则，找 case 后面与控制表达式值 5 相同的标签值，显然找到了 switch 语句块中的第五行，所以就从这里开始执行语句，根据 switch 语句执行规则，一直要执行 switch 语句块的最后一条语句。因此代码执行的结果为：

```
input a integer number: 5↵
Friday
Saturday
Sunday
error↙
```

这个输出结果显然不符合题目要求，输入 5 时只输出对应的 Friday，不应该输出其他结果，也就是说，这里只能执行对应 case 5 后的那条语句，然后结束 switch 语句。如何使程序执行时达到这一要求呢？前面讲过，switch 语句在执行时，如果遇到 break; 就结束 switch 语句，利用这一点，可以在每一个输出星期几的语句后面加上 break;，让程序执行完一条输出语句后结束 switch 语句。修改的代码如下：

```
#include <stdio.h>
int main(void)
{
    int a;
    printf("input integer number: ");
    scanf("%d",&a);
    switch(a)
    {
        case 1:printf("Monday\n"); break;
        case 2:printf("Tuesday\n"); break;
        case 3:printf("Wednesday\n"); break;
        case 4:printf("Thursday\n"); break;
        case 5:printf("Friday\n"); break;
        case 6:printf("Saturday\n"); break;
        case 7:printf("Sunday\n"); break;
        default:printf("error\n");
    }
    return 0;
}
```

再输入 5，执行结果为：

```
input integer number: 5↵
Friday↙
```

🔔 **思考：**

如果在这个程序代码中，把 switch 语句块的最后一行移到语句块的第一行，执行时输入 10，会输出什么结果？

例 4-7　输入一个课程成绩（整型），如果成绩在 90~100 分，输出"优"，80~89 分，输出"良"，60~79 分，输出"及格"，60 分以下输出"不及格"，用 switch 语句实现编程（假设成绩是区间 [0,100] 上的整数）。

分析：如果直接把输入的成绩变量作为控制表达式，根据这个成绩找对应 case 后面的标签值，然后输出相应的等级，那么就要写 101 个标签。显然，这样编程语句块中语句太多。注意到 score 在 80~89 的分数有一共同特点，就是 score/10 的结果都是 8（两整数相除得整数），score 在 90~99 时，score/10 都是 9，其他分数除以 10 都有相应的数据，所以如果把 score/10 作为 switch 中的控制表达式，就可以把 101 种情况缩减为 11 种情况。

```
switch(score/10)
{
    case 10: printf(" 优 \n");break;
    case 9: printf(" 优 \n");break;
    case 8: printf(" 良 \n");break;
        ...
```

```
        case 1: printf(" 不及格 \n");break;
        case 0: printf(" 不及格 \n");break;
    }
```

进一步地，注意到标签值 0~5 后都是输出"不及格"，所以可以进一步缩减代码，统一用 default 处理。代码如下：

```
switch(score/10)
{
    case 10: printf(" 优 \n");break;
    case 9: printf(" 优 \n");break;
    case 8: printf(" 良 \n");break;
    case 7: printf(" 及格 \n");break;
    case 6: printf(" 及格 \n");break;
    default: printf(" 不及格 \n");
}
```

这里还可以进一步优化，注意到标签值 10、9 后面都是输出"优"，7、6 后面都是输出"及格"，那么利用 case 标签后可以没有语句和遇到 break; 结束的规则，可以写成如下代码：

```
#include<stdio.h>
int main(void)
{
    int score;
    scanf("%d",&score);
    switch(score/10)
    {
        case 10:
        case 9: printf(" 优 \n");break;
        case 8: printf(" 良 \n");break;
        case 7:
        case 6: printf(" 及格 \n");break;
        default: printf(" 不及格 \n");
    }
    return 0;
}
```

假设输入的 score 为 76，那么 score/10 为 7，此时程序找到标签值为 7，执行它后面的语句，但它后面没有语句，也没有 break;，所以继续执行后面的语句，即 case 6: 后面的语句，输出"及格"，然后执行 break;，结束 switch 语句，也达到题目的要求。

🔔 考虑：

    如果用户输入的不是 0~100 的整数，比如大于 100 的整数，那么代码也输出不及格。因此，这个程序实用性差，读者可自行修改。

例4-8　从键盘输入 '+'、'-'、'*'、'/' 中的任意一个字符和两个 float 型数据，然后把这两个数做相应的算术操作，并输出结果。

分析：这里可用 switch 语句进行处理。首先用变量 op 存放输入的字符，用 var_1 和 var_2 存放输入的两个数；然后在 switch 语句中，用 op 作为控制表达式，并建立四个 case 标签语句，标签值分别设定为 '+'、'−'、'*'、'/'，其后编写两个变量进行对应运算的语句，例如，case '*': 后，就计算 var_1*var_2 并输出其结果。注意 op 只是一个字符数据，不能写成 "var_1 op var_2;" 形式。具体代码如下：

```c
#include<stdio.h>
int main(void)
{
    float var_1,var_2;
    printf("please input two numbers:\n");
    scanf("%f%f",&var_1,&var_2);
    // 下面输入一个字符，用 getchar(); 语句把上面输入的仍在缓冲区的换行符取走
    // 以免影响 op 的接收。因为 scanf() 函数接收数值时，换行符会放在缓冲区
    getchar();
    printf("please input a operator(+-*/):\n");
    char op=getchar();
    switch(op)
    {
        case '+': printf("%.2f+%.2f=%.2f\n",var_1,var_2,var_1+var_2);break;
        case '-': printf("%.2f-%.2f=%.2f\n",var_1,var_2,var_1-var_2);break;
        case '*': printf("%.2f*%.2f=%.2f\n",var_1,var_2,var_1*var_2);break;
        case '/': printf("%.2f/%.2f=%.2f\n",var_1,var_2,var_1/var_2);
    }
    return 0;
}
```

程序运行结果如下：

```
please input two numbers:
5.2 6.9↵
please input the operator(+-*/):
-↵
5.20-6.90=-1.70 ✓
```

在这个例子中，如果 op 接收到 '−'，那么执行 switch 语句时找与 op 值一致的标签值，即第二个 case 后是 '−'，因此，执行第二个 case 后面的输出语句，输出计算结果，再执行 break;，结束整个 switch 语句。

对于 switch 语句有 5 点需要说明。

①在 switch 语句块中可以放其他语句或声明对象，如果这些语句不在 case 或 default 的后面，则不会被执行，因为 switch 语句只执行 case 或 default 后面的语句，因此不建议 switch 语句块在 case 或 default 之外使用其他语句。

例4-9　在 switch 语句块中放入语句或声明实例。

```c
#include <stdio.h>
int main(void)
```

```
{
    int a=2;
    switch(a)
    {
        a++;
        int b=3;
        printf("a=%d,b=%d\n", a,b);
        case 1:printf("one, a=%d,b=%d\n", a,b); break;
        case 2:printf("two, a=%d,b=%d\n", a,b); break;
        case 3:printf("three, a=%d,b=%d\n", a,b); break;
        default:printf("error\n");
    }
    return 0;
}
```

输出结果是 two,a=2,b=16✓，这里 16 是一个垃圾值（执行时可不同）。可见 switch 语句块中前 2 条语句并没有执行，但有一点要清楚，执行了 b 的声明，b 虽然没有执行初始化赋值，但编译器为它分配了存放数据的内存空间。

② switch 语句中语句块部分的 {} 不是必需的，{} 可以看成是一条复合语句，即可以认为 switch() 之后只有一条语句，这与 if-else 类似。下面这样写也符合语法。

```
#include <stdio.h>
int main(void)
{
    int a=2;
    switch(a)
        case 2:printf("two\n");        // 只有一条语句且没有 {}
    return 0;
}
```

甚至可以写成 "switch (a) case 0: case 1: case 2:printf("two\n");"，这条语句相当于 "if(a==0 || a==1 || a==2) printf("two\n");"。

但不能写成：

```
switch(a)
    case 2:printf("two\n");
    case 3:printf("three\n");        // 非法
```

这里编译系统认为 case 3 部分不是 switch 语句块中的内容。

在实际中并不经常用这种写法，这里只是强调复合语句在 C 语言中的重要作用。

③ "case 常量表达式 :" 后面可以有多条语句，包括 switch 语句本身，且不必有 {}。

例4-10　编程输出界面，如图 4-3 所示。根据界面操作，使程序根据用户选择运行。按 1 时退出，程序结束；按 2 时计算，当选择计算后，显示图 4-4 所示界面，提示按键选择计算平方还是立方，用户按键选择后，提示用户输入计算数据，并给出结果，如图 4-5 所示。

```
********************************
         按 1 退出   按 2 计算
********************************
```

图 4-3 开始界面

```
********************************
         按 1 退出   按 2 计算
********************************
    按 1 计算平方   按 2 计算立方
```

图 4-4 按数字键 2 后的界面

```
********************************
         按 1 退出   按 2 计算
********************************
    按 1 计算平方   按 2 计算立方
请输入要计算的整数：5
```

图 4-5 按数字键 1 并输入 5 后的结果界面

这里先给出代码，然后进行分析。

```c
#include<stdio.h>
#include<conio.h>
int main(void)
{
    char select=0;   //选择项
    int x=0;
    printf("********************************\n\n");
    printf("    按1 退出   按2 计算 \n\n");
    printf("********************************\n");
    select=getch();            //getch()接收字符但不显示字符，在conio.h中声明
    setbuf(stdin, NULL);       //清空输入后的缓冲区，避免对后面输入产生影响
    switch(select)
    {
    case '1': break;       //当select为1时，退出整个switch语句
    case '2':              //当select为2时，进行计算处理，执行下列语句
      printf("  按1 计算平方   按2 计算立方 \n\n");
      select=getch(); setbuf(stdin, NULL);   //再输入选择的数据
      printf("请输入要计算的整数：");
      scanf("%d",&x);    //接收用户输入的数据
      switch(select)     //根据刚才输入的选择决定执行的方式
      {
        case '1': printf("x 的平方 =%d\n",x*x);  break;
        case '2': printf("x 的立方 =%d\n",x*x*x); break;
        default: printf(" 选择错误 \n");
      }
      break;             // 这个break;语句的作用是退出第一层switch
    default: printf("error\n");
    }
```

```
    return 0;
}
```

这段代码中，外层 switch 语句中的 case '2': 后面有很多语句，甚至还有 switch 语句。当第一次选择 1 时，外层 switch 语句直接执行 case '1' 后面的 break; 语句，此时整个 switch 语句就执行完毕，直接到 return 0; 语句处执行。当第一次选择 2 时，进入外层 switch 语句块第二行 case '2' 后面的语句，这部分语句一直到最后的 default 前面结束。根据规则，逐条语句执行，当执行到用户输入 x 的值后，执行内层的 switch 语句，此时，同样按照 switch 语句的执行规则把这条 switch 语句执行完，然后执行其后面的 break; 语句，到此，外层 switch 语句执行完毕。

④在 GNU 语法扩展中允许 case 后面使用数据范围作为标签值，而不是一个常量表达式，但这并不是 C11 标准所规定的。在目前支持 GNU 语法库的编译器（如 VS Code 编译环境）中使用，这种语法扩展使得 switch 语句变得更加灵活。如例 4-7 就可以直接写成如下代码。

```
#include<stdio.h>
int main(void)
{
    int score;
    scanf("%d",&score);
    switch(score)
    {
        case 90 ... 100: printf(" 优 \n");break;
        case 80 ... 89:printf(" 良 \n");break;
        case 60 ... 79:printf(" 及格 \n");break;
        case 0 ... 59:printf(" 不及格 \n");
    }
    return 0;
}
```

这里 case 后面用的是一个范围，范围之间用 " ... " 隔开，... 两边有空格，表示大于或等于范围的左边数据且小于或等于范围的右边数据。如果表达式的值在这个范围内，就执行它后面的语句。

⑤ case 标签后只能接语句，不能定义变量，因为变量定义不是语句，如果在 case 标签后面必须定义变量，要把它们用 {} 括起来，构成一条复合语句。例如 case 2: int b=8; printf("%d\n",b);break; 是不对的，应该是 case 2: {int b=8; printf("%d\n",b);} break;。

switch 语句是一个非常有特色的语句，可以理解为 switch 的控制表达式指定从哪里开始执行，"case 常量表达式 :" 实质上是给 switch 标记下一步执行语句的位置。

■ 小结

本章重点介绍了 C 程序设计中的两种选择结构，介绍了它们的语法结构、执行规则和应用。选择结构是高级编程语言中普遍存在的一种程序设计结构，只是写法有差异，如果把 C 中的用法理清楚，学习其他编程语言相对容易很多。对于语法规则有些细节问题并不需要刻意去记，重要的是利用它锻炼解决问题的能力。用韩愈《师说》中的话讲，语法是 "小学"，解决问题的思路才是"大学"，如果学习时只记语法，而不应用它去解决问题，就是"小学而大遗"。

习题

1. 编写程序，输入 x 的值，按公式 $y=\begin{cases} x+5 & \text{if } x \leqslant 0 \\ 2x-1 & \text{if } 0 < x < 7 \\ 2x-\sqrt{x} & \text{if } x \geqslant 7 \end{cases}$，计算 y 的值并输出。

2. 某公司依据业绩发放不同比例的奖金。业绩达不到 10 万元的奖金数为业绩的 1%；达到 10 万元但少于 20 万元的奖金数为业绩的 1.5%；达到 20 万元但少于 40 万元的奖金数为业绩的 2%；达到 40 万元但少于 60 万元的奖金数为业绩的 2.5%；60 万元以上的奖金数为业绩的 3%，编程实现输入一个员工的业绩，输出奖金数。要求用 if-else 和 switch 两种语句编写两个不同的程序。

3. 输入三个 double 型的数，把它们由小到大输出。

4. 用 if-else 语句的嵌套实现下面的分类输出，x、y、z 值由键盘输入。

当 $x>y$，$z>0$，则输出"A 类"；

当 $x>y$，$z<=0$，则输出"B 类"；

当 $x<y$，$z>0$，则输出"C 类"；

当 $x<y$，$z<=0$，则输出"D 类"。

5. 输入 A~Z、a~z 或 0~9 当中的任一个字符，判断它是大写字母、小写字母还是数字。

6. 从键盘输入月份，然后根据月份用 switch 语句输出季节名。

7. 输入一个 1~10 的整数，输出一个以这个数字开始的成语，如果输入的数超出 1~10 的范围，则输出"输入数据错误！"。要求用 switch 语句实现。

8. 输入一个年份，判断它是不是闰年。符合下列两个条件之一的为闰年：（1）年份能被 4 整除，且不能被 100 整除；（2）能被 400 整除。

9. 输入年、月、日三个数据，用 switch 语句输出该日期是该年的第几天。

10. 有一个奖励分配，分为 A、B、C、D 四个等级。其中 B 等级又分三个等级：1、2、3。A 等级奖励为 10 万元，B 等级 1、2、3 分别为 8 万元、7.5 万元、6.5 万元，C 等级为 6 万元，D 等级为 3 万元。编程输入等级后，输出相应等级的奖励数。

循环结构程序设计

在实际问题中，经常要反复执行某一系列语句以完成某种功能，比如，计算 $\sum_{i=1}^{100} i$ 的值。所有高级编程语言都提供一种循环执行代码的程序设计结构，这就是循环结构。循环是指在满足一定条件下重复执行某段代码的一种执行方式，它根据循环中的条件，判断是否继续执行某段代码。循环结构程序设计是结构化程序设计的三个基本结构（顺序结构、选择结构和循环结构）之一。

C 语言用于实现循环的有 while 语句、do 语句、for 语句以及 goto 语句，其中 goto 语句在实际中较少使用。前三种语句称为迭代语句，通常称为循环语句。goto 语句是一种跳转语句，它指定代码下一步执行的地方，因为应用 goto 语句，也可以实现循环执行一段程序代码，所以把它列入本章进行简单阐述。

5.1 while 语句

while 语句的格式如下：

```
while(控制表达式)
    一条语句
```

语句部分称为循环体，控制表达式的结果应是一个标量。while 语句的执行规则是：首先计算控制表达式，如果其值为非 0，则执行语句，再计算控制表达式的值，不断重复；否则整个 while 语句执行完毕。

while 语句的执行流程如图 5-1 所示。

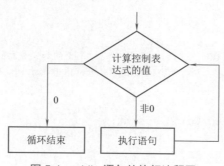

图 5-1　while 语句的执行流程图

若控制表达式的值为非 0 时，要执行多条语句，则需要把这些语句用 {} 括起来，形成一条复合语句。

例5-1 求 1+2+3+…+100 的值。

分析：为了做加法 sum=sum+i（i 从 1 变化到 100），每做完一次加法，让 i 的值加 1，重复做 100 次, 也就可以求出 1+2+3+…+100 的值。这里利用 while 语句的执行规则解决这个问题，代码如下：

```c
#include<stdio.h>
int main(void)
{
    int i=1,sum=0,n=100;   //sum 存放 1+2+…+i 的和，先初始化为 0
    while(i<=n)
      sum+=i++;                  //做完加法后，把 i 的值加 1
    printf("1+2+3+…+%d=%d\n",n,sum);
    return 0;
}
```

代码执行过程：在进入 while 语句之前，i 的值初始化为 1、sum 的值初始化为 0。进入循环后，先计算控制表达式 i<=n 的值，为非 0，根据 while 语句的执行规则，执行循环体语句 sum+=i++;。i++ 是后缀表达式，先用 i 的值，若 i 为 1，执行 sum=sum+1，sum 变为 1。接着 i 自增 1 变为 2，这样就执行完一轮循环，按照 while 语句的执行规则，回到计算控制表达式的值，此时控制表达式 i<=n 的值仍然为 1，因此继续执行循环体语句。

每执行一轮循环，i 增加 1，sum 也增加 i。直到 i 为 100 时，i<=n 的值仍然为 1，sum 继续增加 i，并自加 1，i 变为 101，回到控制表达式，发现此时 i<=n 的值变为 0，所以 while 语句执行完毕，到此为止，sum 的值就是 1+2+…+100 的值。

根据程序执行规则，继续执行 while 语句后面的语句，这里就是执行 printf 语句，输出结果，整个 main() 函数执行完毕，程序结束。上述代码的执行结果是：

```
1+2+3+…+100=5050↙
```

🔔 思考：

如果把 sum+=i++; 拆开写成两条语句, 程序代码写成下面这样, 执行会出现什么样的情况?

```c
#include<stdio.h>
int main(void)
{
    int i=1,sum=0,n=100;   //sum 存放 1+2+…+i 的和，先初始化为 0
    while(i<=n)                  //while 后只有一条语句属于 while 语句
      sum+=i;
      i++;
    printf("1+2+3+…+%d=%d\n",n,sum);
    return 0;
}
```

很容易看出来，因为 while 只把它下面紧连的那条语句作为循环体，所以控制表达式值为非 0 时，只执行 sum+=i; 这条语句，然后就去计算控制表达式的值。这样的循环，i 始终为 1，控制表达式 i<=n 的值就始终是非 0，这意味着循环会一直执行下去。这种在编程中，无法靠自身控制终止的循环称为"死循环"。上述代码也无法完成计算 1~100 相加的任务。

如果让 sum+=i; 和 i++; 作为循环体语句，就要在 while() 后面加上 {}，写成如下形式，使得它们构成一条复合语句。

```
while(i<=n)
{
    sum+=i;
    i++;
}
```

从例 5-1 中可以看出，如果要让循环体执行有限次数，就要在循环过程中改变某些值，使得控制表达式的值有机会变成 0 以便结束循环。例 5-1 就是在循环体中改变了 i 的值，使得控制表达式的值在 i 为 101 时变为 0。

例 5-2 统计从键盘输入的一行字符的个数。

分析：前面学习过，从键盘上输入一行字符，按【Enter】键结束，这些字符就以按键的顺序存放在缓冲区中。getchar 每次可以从缓冲区中取一个字符，所以，可以用 while 语句让 getchar 不断地从缓冲区中获取字符，如果这个字符不是换行符，则把一个统计字符个数的变量值加 1。如果是换行符 '\n' 则循环结束，所以 while 中的控制表达式可以写成 '\n'!=getchar()。具体代码如下：

```
#include<stdio.h>
int main(void)
{
    unsigned charNum=0;       // 用于统计字符的个数，初始化为 0
    printf("Input a string:");
    while('\n'!=getchar())    // 把获取的字符与 '\n' 比较形成控制表达式
        charNum ++;
    printf("Number of characters: %u\n", charNum);
    return 0;
}
```

程序运行的一种实例结果如下：

```
Input a string:chinese people↵
Number of characters: 14
```

特别提醒，while(控制表达式) 后不加 ";"，看下面的代码。

```
#include<stdio.h>
int main(void)
{
    unsigned charNum=0;
    printf("Input a string:");
    while(getchar()!='\n');   // 注意与例 5-2 相比，最后多了 ";"
```

```
            charNum ++;
    printf("Number of characters: %u\n", charNum);
    return 0;
}
```

同样输入 Input a string:chinese people，代码执行后输出结果不是 14，而是 1。为什么会是这样呢？因为 while(getchar()!='\n') 后加了一个 ";"，而分号也是语句，根据 while 语句的语法规则（其后只能接一条语句），此时这条空语句就成了 while 语句当中的循环体，而 charNum ++; 就不属于 while 语句。

所以，当控制表达式的值为非 0 时，执行这条空语句，执行完成后要再回到控制表达式计算其值，直到控制表达式的值为 0 时才结束 while 语句，只有 while 语句全部执行完，才能执行 charNum++;，所以 charNum 的值为 1。

"while 只与它后面紧邻的一条语句构成 while 语句"。换句话说，控制表达式的值为非 0，执行 while() 后面的一条语句（{} 是一条复合语句），否则，while 语句执行完毕。

5.2 do 语句

除了 while 语句，在 C 语言中，do 语句也能用于循环执行过程。其一般形式为：

```
do
    一条语句
while( 控制表达式 );
```

需要注意的是，while(控制表达式) 后面必须有 ";"，控制表达式的结果必须是标量。do 和 while 之间的那条语句就是 do 语句的循环体。

do 语句的执行规则为：先执行语句，再计算控制表达式的值，如果控制表达式的值非 0，再次执行循环体语句，直到控制表达式的值为 0，结束 do 语句。其执行流程如图 5-2 所示。

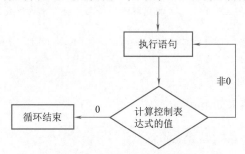

图 5-2　do 语句的执行流程图

do 语句的循环体也只能有一条语句，如果要执行多条语句，必须把它们用 {} 括起来，形成一条复合语句。如果 do 和 while 之间有多条语句，且没有用 {} 括起来，就会出现错误。

例 5-3　用 do 语句求 1+2+3+…+100 的值。

分析：先定义一个变量 sum，赋初始值为 0，用于存放和值，再定义一个变量，让它从 1 变到 100，循环体用一条复合语句，首先把 i 加到 sum 中，接着把 i 加 1，接着用控制表达式 i<=100 判断 i 是否小于或等于 100，如果 i<=100 的值为非 0，继续执行循环体语句，否则结束

do 语句。具体代码如下：

```c
#include<stdio.h>
int main(void)
{
    int i=1,sum=0;              //sum 存放 1+2+…+i 的和，初始化为 0
    do
    {                          // 这里的循环体是一条复合语句
        sum+=i;
        i++;
    } while(i<=100);           // 注意最后加 ";"
    printf("1+2+3+…+100=%d\n",sum);
    return 0;
}
```

这个程序代码执行的结果是"1+2+3+…+100=5050 ↙"，与例 5-1 的结果一样。do 到 while(); 整个被认为是一条 do 语句。

do 语句和 while 语句的一个区别是 do 语句先执行一次循环体，执行完后再计算控制表达式的值，然后决定是否继续执行循环体，而 while 语句是先计算控制表达式的值再决定是否执行循环体。

如果把例 5-1 和例 5-3 中的 int i=1; 都改成 int i=101;，再次分别执行各代码，则例 5-1 执行后 sum 的值为 0，而例 5-3 执行后 sum 的值为 101。

这是因为例 5-3 中是先执行一次循环体，因为 i=101，所以 sum 被赋成 101，然后计算控制表达式的值，计算结果为非 0，结束循环。而例 5-1 中是首先计算控制表达式的值，因为 i 值为 101，所以控制表达式的值为 0，不执行循环体中的语句，while 语句结束，因此，sum 还是初始值 0。

下面使用 do 语句求 1+2+…+100 的值，加深读者对该结构本质的理解。

> 🔔 **注意：**
>
> 控制表达式只规定结果是标量，并没有规定只能是关系表达式，因此，只要结果为标量的表达式均可作为控制表达式。这里用逗号表达式 sum+=i,i=i+1,i<=100 作为控制表达式，把计算过程分散到它的三个子表达式中，同时，循环体只有一条空语句。

例5-4 使用 do 语句求 1+2+3+…+100 的值。

```c
#include<stdio.h>
int main(void)
{
    int i=1,sum=0;                    // sum 存放 1+2+…+i 的和，初始化为 0
    do
        ;                            // 这里的循环体是空语句
    while(sum+=i,i=i+1,i<=100);      // 控制表达式为逗号表达式
    printf("1+2+3+…+100=%d\n",sum);
    return 0;
}
```

当进入循环体时，首先执行空语句，然后计算控制表达式的值。第一个子表达式 sum+=i 实现 sum 加 i，第二个子表达式 i=i+1 实现 i 增 1，第三个子表达式 i<=100 实现结束循环的控制。因为整个逗号表达式的值就是最后一个子表达式的值，所以，整个逗号表达式可以有效实现 sum 和 i 求和、i 递增 1 以及循环结束的控制。

需要说明的是，这种语句在实际编程时尽量不要使用，阅读起来比较困难，因为在实际问题中代码易于阅读是比较重要的。举这个例子的目的是，让读者了解 while 语句和 do 语句循环体是否执行，是由控制表达式的值是 0 或非 0 决定的。

某些编译器不要求 do 语句的循环体中有语句，甚至空语句都可以没有，如 VC++ 编译器，但有些编译器，如 gcc 就要求循环体必须有语句，至少要有一条空语句。

5.3 for 语句

除了上面讲的两种循环语句，C 语言还提供了一种非常重要且应用广泛的循环语句，这就是 for 语句。

5.3.1 for 语句的基本格式

for 语句的基本格式为：

```
for(子句1; 表达式2; 表达式3)
    一条语句
```

for 与 while 一样，只把与 for(…) 直接后续的一条语句当成是它的循环体，且循环体可以是一条空语句 ";"。子句 1（Clause 1）有两种，一种是表达式，一种是声明。如果子句 1 是声明，它的变量作用范围只在整个 for 语句中有效（在例 5-5 中说明）；表达式 2 称为控制表达式，其结果必须是一个标量。表达式 3 通常用于改变某些值，如循环次数的值。

for 语句的执行规则是：首先执行子句 1，然后计算表达式 2 的值，如果这个值为非 0，执行循环体，执行完后，计算表达式 3 的值，再计算表达式 2 的值，如果为非 0，继续执行循环体，如此循环，直到表达式 2 的值为 0，结束整个 for 语句。

for 语句的计算流程如图 5-3 所示。

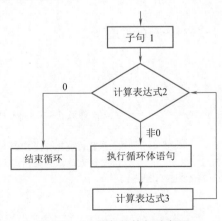

图 5-3 for 语句的执行流程图

> **注意：**
> 　　子句 1 只在开始执行 for 语句时执行一次，后面就不再执行。如果循环体要执行多条语句，也必须用 {} 括起来形成一条复合语句，这与前面 if 语句、if-else 语句、switch 语句、while 语句和 do 语句一样。

例5-5　用 for 语句求 1+2+…+100 的值。

```c
#include<stdio.h>
int main(void)
{
    int sum=0,i;
    for(i=1;i<=100;i++) // 子句 1: i=1，表达式 2: i<=100，表达式 3: i++
        sum=sum+i;      // 这条语句是 for 语句的循环体
    printf("sum=%d\n",sum);
    return 0;
}
```

　　对照上述 for 语句的执行过程，先计算子句 1，这个子句是一个表达式，执行它后，i 被赋值为 1，再计算表达式 2 "i<=100"，值为非 0，根据规则，执行循环体，sum 被赋值为 1。再计算表达式 3 "i++"，i 变成了 2，再计算表达式 2 的值，仍为非 0，再执行循环体，反复进行。

　　当 i 为 100 时，表达式 2 的值仍为非 0，进入循环体并执行，最后再计算表达式 3，i 的值为 101，再计算表达式 2，此时其值为 0，for 语句执行完毕。sum 也就得到了 1+2+…+100 的值，执行结果为 sum=5050 ✓。

　　如果 for(i=1;i<=100;i++) 写成 for(int i=1; i<=100;i++) 也能实现相应的功能，这里子句 1 就是 "int i=1;"，它是一个声明，并对 i 进行了初始化，这种写法与前面代码的区别是变量 i 只能在 for 语句中起作用，离开了 for 语句，变量 i 失去作用。看下面两段代码。

```c
#include<stdio.h>
int main(void)
{
    int sum=0,i;
    for(i=1;i<=100;i++)
        sum=sum+i;
    printf("i=%d,sum=%d\n",i,m);
    return 0;
}
```

```c
#include<stdio.h>
int main(void)
{
    int sum=0;   // 这里没有定义 i
    for(int i=1;i<=100;i++)
        sum=sum+i;
    printf("i=%d,sum=%d\n",i,m);
    return 0;
}
```

　　左侧的代码是完全正确的，这里的变量 i 在整个 main() 函数中有效，所以 printf() 函数中用到 i 时，i 是合法的。但右侧代码中，i 是在 for 语句内部声明的，它在此条 for 语句以外不可见，所以 for 语句执行结束后，printf 语句中用到的 i 变量被认定为非法，编译时报错。关于变量作用域的知识将在 7.7 节详细阐述。

　　从表面上看，循环语句的形式很简单，但应用却非常广泛，它蕴含了我国古代先贤"大道至简"的智慧。下面两个例子通过在循环体中加入不同的语句，完成更复杂的功能。

例5-6　用 for 语句输出斐波那契数列（Fibonacci Sequence）的前 10 个数。斐波那契数列的开始两个数为 1、1，以后每个数都是它前面两个数的和，如 1、1、2、3、5、8、13……

分析：因为要输出前 10 个数，所以首先定义两个变量 preData、nextData，初始化为数列开始的两个值。因为数列的规律是前面两个数加起来等于后面一个数，是一个重复性的工作，可以用循环来处理，这里使用 for 语句。题目要求输出前 10 项，有了初始的两个数据，就只要做 8 次前项加后项的工作，所以 for 语句中的子句 1 写为 "i=3;"，表达式 2 写为 "i<=10"，表达 3 写为 "i++"。有人可能认为，先输出一、二两项，然后在循环体中用 nextData=preData + nextData; 计算新项，并输出新值即可，所以写成如下代码：

```
printf("%d,%d",preData,nextData);      // 输出开始两个数 1、1
for(i=3;i<=10;i++)
{
    nextData=preData+nextData;         // 把前面两项相加，得到新项
    printf(",%d ",nextData);
}
```

但这段代码输出是 1,1,2,3,4,5,6,7,8,9，并不是斐波那契数列的值。为什么是这样呢？这是因为循环中 preData 的值一直为 1，这就导致算新项 nextData 时，前一项的值一直为 1，而斐波那契数列要求的是紧邻的前两项相加。

所以在循环体中，如果用 nextData=nextData+preData 计算数列的新项，那么左值 nextData 应该是下一轮计算新项时的 preData。而随着赋值的进行，nextData 的值被改变，因此，在用加法计算新项前，用一个变量把 nextData 的值先保留下来，等计算完本次的新项 nextData 后，再把它赋给 preData，这样再次执行循环体时，就正好又可用 nextData=nextData+preData 计算下一个新项。具体代码如下：

```
#include<stdio.h>
int main(void)
{
    int i,preData=1,nextData=1,tempData=0;
    printf("%d,%d",preData,nextData);      // 输出开始两个数 1、1
    for(i=3;i<=10;i++)
    {
        tempData=nextData;                 // 暂存当前的 nextData
        nextData=preData+nextData;         // 计算新的 nextData
        printf(",%d",nextData);            // 把本轮计算的新项输出
        preData=tempData;                  // 把相加前的 nextData 作为下一次的 preData
    }
    return 0;
}
```

例如，当计算项 "5" 时，preData 是 2，nextData 是 3，此时把 3 放在变量 tempData 中，然后用 nextData=nextData+preData; 语句计算新项，nextData 的值就变成 5，而这个 5 正好是循环下一轮计算新项 8 的 nextData，而计算 8 的 preData 是 3，所以保存的 tempData 值赋给 preData，则 preData 的值变为 3，这样进入下一轮循环时，正好用语句 nextData=nextData+preData; 计算出新的一项 8。程序执行结果为：

```
1,1,2,3,5,8,13,21,34,55
```

还有一种更巧妙的方法能把计算某项的前两项换成计算后一项的前两项，不需要定义临时变量 tempData。循环体的代码如下。

```
nextData=preData+nextData;
preData=nextData-preData;
printf(",%d",nextData);
```

例如计算新项 5 时，preData 是 2，nextData 是 3；执行第一句 nextData 变成 5，执行第二句，preData 变成 3，这正好是计算下一项 8 所需要的前两项。

补充一点，斐波那契数列是一个非常神奇的数列，如果你计算出更多的项，会发现越往后，前一项除以后一项的值越接近 0.618 这个黄金分割比例。更加神奇的是，自然界还有很多植物和现象与斐波那契数列相吻合，例如许多花朵有 1、2、3、5、8 等花瓣数量，向日葵的籽数、树干的分支数都与数列高度契合。有兴趣的读者可以进一步查找相关资料。

例 5-7　用 for 语句求 π 的近似值。其中：$\frac{\pi}{4} = 1 - \frac{1}{3} + \frac{1}{5} - \frac{1}{7} + \frac{1}{9} - \cdots$

分析：观察计算 $\frac{\pi}{4}$ 的式子，如果把减法看成负数相加，则计算 $\frac{\pi}{4}$ 的项是无穷多个项相加，所以编程时只能假设计算到一定精度，如计算前 20 000 项。注意到每项相加是一个重复性工作，可以用 for 语句完成，每一次加数不同可以在循环体中用语句调整。

假设用 double 型变量 pi 来存放 $\frac{\pi}{4}$ 的值，通过观察发现前一项的分母比后一项小 2。如果用 "int i=1" 作为 for 语句的子句 1，用 "i<40000" 作为表达式 2，用 "i=i+2" 作为表达式 3，那么如果不考虑正负，每一项就可以用 1.0/i（1.0 不能写成 1）表示，用循环求值就似乎可以用如下代码完成。

```
for(int i=1; i<40000;i=i+2)
    pi=pi+1.0/i;
```

很明显，上述的 1.0/i 始终为正数，没有符号的变化，不能正确求出 $\frac{\pi}{4}$。但是上式各项的正负号是交叉变换的，所以在循环体加一条语句，使 1.0 和 -1.0 交叉变换。要达到这一目标，可以通过加一个 double 型变量 sign，使其初始值为 1.0，把项写成 sign/i，当执行完 pi=pi+sign/i; 后，再把 sign 乘以 -1，这样进入下一轮循环后，项的符号就变了。具体代码如下：

```
#include<stdio.h>
int main(void)
{
    double pi=0,sign=1.0;
    for(int i=1; i<40000;i=i+2)      // 这里定义并初始化 i，i 只在 for 语句内有效
    {
        pi=pi+sign/i;                // 把第 i 项加到 pi 中
        sign=-sign;                  // 为下一轮循环变化符号
    }
    printf("pi=%10.9f\n",pi*4);
    return 0;
}
```

根据 for 语句的执行规则，i 先被初始化为 1，表达式 2 的值为非 0，则执行循环体中的语句，所以 pi 的值被赋成 sign/i，即 1.0，sign 由原来的 1.0 变成了 -1.0，回到表达式 3，i 变成了 3，此时表达式 2 的值为非 0，再次执行循环体，此时 sign/i 变为 -1.0/3，正好是整个和式的第二项，依此类推。

最后的输出结果是 pi=3.141542654↙。如果考虑到逗号表达式的用法，上述代码中的整个 for 语句换成以下代码，其余不变，也可以得到正确的结果值。

```
for(int i=1;i<40000;i=i+2,sign=-sign)    // 把逗号表达式作为 for 中的表达式 3
    pi=pi+1.0*sign/i;
```

总之，C 语言的写法非常灵活，多多实践，熟能生巧。

5.3.2　for 语句的特殊格式

前面讲述了 for 语句的一般格式，for() 中的子句和两个表达式是齐全的，但 C 语言中允许出现一些特殊形式，即子句和两个表达式可以部分有或都没有，但不管是哪种情况，两个 ";" 不能省略。例如，for(;i<=100;i++)、for(;;)、for(i=1;;i++) 等都符合语法结构。如果没有表达式 2，其值被默认为是非 0 常量。

虽然可以省略，但整个 for 语句的执行规则是不变的，就是先执行子语句 1，如果没有，不处理；然后执行计算表达式 2，如果值是 0，for 语句执行完毕；如果值是非 0，执行循环体（如果没有表达式 2，按非 0 处理），最后执行表达式 3（没有则不执行），再回到表达式 2，依次重复执行。

例5-8　用 for 语句实现从键盘输入一组字符，并输出。

分析：可以不断地用 getchar() 函数接收字符，同时用 putchar() 函数输出，这是一个重复的过程，应用 for 语句能够实现。问题是不能要求用户必须输入几个字符，所以不能用 "i< 某个值" 之类的表达式来决定是否继续接收和输出字符。当用户输入结束时，getchar() 函数接收到的字符是 '\n'，所以表达式 2 可以写为 (c=getchar())!='\n'。如果其值为非 0，则输出字符，否则循环结束。这样 for() 中只需要用到表达式 2，无须子句 1 和表达式 3。代码如下：

```
#include<stdio.h>
int main(void)
{
    char c;
    for(;(c=getchar())!='\n';)   // 这里只存在表达式 2
        putchar(c);
    putchar('\n');
    return 0;
}
```

程序运行的一种实例结果如下：

```
zhongguo↵
zhongguo↙
```

本例与例 5-2 比较，while 语句和 for 语句都可以方便地实现同样的功能，一般来说，while 语句能实现的 for 语句都能实现，for 语句是循环结构中最强大、最灵活的语句。

例 5-9　输入一个 long 型数据，计算它各位上数字的和并输出。例如输入 102，则输出 3。

分析：解决这个问题的关键是如何获取一个整数各位上的数字。假设输入的数为 N，则它的个位数就是 $N\%10$，把它加到一个初始化为 0 的变量 sum 中，接下来要考虑的问题是如何得到十位上的数呢？很简单，先把 $N=N/10$（整数除以整数得整数），然后再执行 $N\%10$ 就可以得到十位上的数字，以后各位上的数字依照此方法获取，所以可以利用循环处理。循环什么情况下结束呢？只要 $N=N/10$ 为 0，表明 N 此时已经是个位数，即可结束。代码如下：

```
#include<stdio.h>
int main(void)
{
    long N;
    int sum=0;
    scanf("%ld",&N);
    for(;N;)                 // 这里的表达式 2 只有一个 N
    {
        sum+=N%10;           // N%10 得到 N 个位上的数字值
        N=N/10;              // "/10" 使 N 去掉个位数
    }
    printf("sum=%d\n",sum);
    return 0;
}
```

程序运行的一种实例结果如下：

```
12345↵
sum=15↙
```

5.4　循环的嵌套

一条循环语句的循环体内包含另一个或多个完整的循环语句，称为循环的嵌套。外层的循环称为外层循环，外层循环的循环体内包含的循环称为内层循环。如果内层循环的循环体中不再嵌套另外的循环，则称这种结构为两层循环或两重循环。如果内层循环的循环体中，还嵌套另外的循环，称为多层循环（或多重循环）。

简单讲，循环嵌套就是循环语句的循环体中包含了另外的循环语句。本章所讲的三种语句（while 语句、do 语句和 for 语句）可以彼此嵌套。图 5-4 显示了 6 个两层循环的例子。

这种结构看似复杂，只要采用以下规则，就能轻松分析它的执行过程。

即：C 语言中代码的执行规则是，执行完一条语句，依次执行下一条语句，执行到哪条语句就根据其执行规则把它执行完。

图 5-4 所示的 6 种循环总体上都只是一条循环语句，执行这样的语句时根据其本身的执行规则执行完即可。也就是说，当外层循环的控制表达式为非 0 时，执行外层循环循环体中的语

句。当执行到循环体内的循环语句时，也按照该循环语句的规则把它执行完，然后执行它后面的语句，直到外层循环的循环体语句执行完后，再回到外层循环去计算它的控制表达式的值。

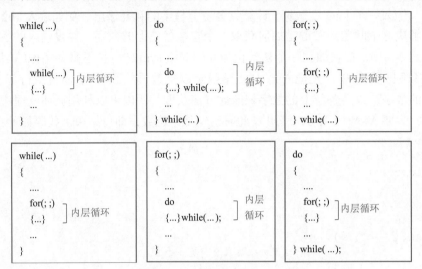

图 5-4　两层循环的例子

看下面的循环嵌套（假设所有变量先前已定义成 int 型，并初始化）：

```
while(i>1)
{
    printf("%d ",i);
    for(j=1;j<i;j++)
    {
        jc=jc*j;
    }
    do
        jc=jc+5;
    while(a--);
    i++;
}
t++;
```

这段代码中有一个两重循环，外层循环是 while 语句，内层循环有两个，分别由 for 语句和 do 语句构成。从外层循环来看，如果把 while 语句循环体内的所有语句看成是一条复合语句的话，则整个双层循环就是一条简单的 while 语句，简化一下就是：

```
while 语句
t++;
```

现在分析 while 语句循环体中的复合语句。这里一个循环就是一个循环语句，所以 while 语句的循环体内就有如下 4 条语句，它们共同形成一条复合语句。

```
printf("%d ",i);
for 语句
```

```
do 语句
i++;
```

当 while 中的控制表达式值为非 0 时，就顺序执行这 4 条语句，即先执行 printf 语句，再执行 for 语句，接下来执行 do 语句，最后执行 i++; 语句。至此，while 语句循环体就执行完一轮。按照 while 语句的规则，执行完循环体以后，计算 while 控制表达式的值，当控制表达式的值为非 0 时，再次执行其循环体，即把上述 4 条语句再重新执行一遍，直到 while 的控制表达式值为 0。当每次执行到 while 循环体中的 for 语句或 do 语句时，按照它们各自的规则把它执行完，再去执行其后的语句。

例 5-10 输出九九乘法表。

```
1*1=1
1*2=2   2*2=4
1*3=3   2*3=6    3*3=9
1*4=4   2*4=8    3*4=12   4*4=16
1*5=5   2*5=10   3*5=15   4*5=20   5*5=25
1*6=6   2*6=12   3*6=18   4*6=24   5*6=30   6*6=36
1*7=7   2 *7=14  3*7=21   4*7=28   5*7=35   6*7=42   7*7=49
1*8=8   2 *8=16  3*8=24   4*8=32   5*8=40   6*8=48   7*8=56   8*8=64
1*9=9   2 *9=18  3*9=27   4*9=36   5*9=45   6*9=54   7*9=63   8*9=72   9*9=81
```

分析：若用 for 语句输出一行，例如输出第 5 行，代码如下：

```
#include<stdio.h>
int main(void)
{
    int i,j=5;
    for(i=1;i<=j;i++)   // 注意这里的 j 值为 5
        printf("%d*%d=%d  ", i,j,i*j);
    printf("\n");
    return 0;
}
```

程序运行结果如下：

```
1*5=5  2*5=10  3*5=15  4*5=20  5*5=25
```

如果把 int i,j=5 中的 5 换成 7，再执行一次，输出结果为：

```
1*7=7  2*7=14  3*7=21  4*7=28  5*7=35  6*7=42  7*7=49
```

也就是说，j 的值为 m，for 语句就输出第 m 行。如果能让 j 的值在执行过程中自动从 1 递增到 9，每增 1 就执行一次上述循环，就可以正确输出乘法表。

因此，把 for 语句和 printf("\n"); 用 {} 括起来，作为另一条 for 语句的循环体，形成一个两层循环，用外层循环调整 j 值，j 值依次从 1 递增到 9，每递增一次，就完整地输出第 j 行，这样，用两层循环就能输出整个乘法表。代码如下：

```
#include<stdio.h>
int main(void)
{
    int i,j;
    for(j=1;j<=9;j++)              // 用循环调整 j 的值，循环体输出乘法表的第 j 行
    {
        for(i=1;i<=j;i++)          // 此 for 语句输出 j 行
            printf("%d*%d=%d ",i,j,i*j);
        printf("\n");
    }
    return 0;
}
```

先看外层循环，进入时，j 为 1，表达式 2:j<=9 的值为非 0，那么执行外层循环的循环体内的语句。首先执行内层循环 for 语句，此时 j 为 1，则内层循环执行后输出"1*1=1"；for 语句执行完毕，然后执行语句 printf("\n");，到此，外层 for 语句的循环体执行完毕，回到外层循环计算表达式 3，j 变为 2，然后计算外层循环表达式 2，其值为非 0，再次进入外层循环的循环体，仍然是先把内层循环的 for 语句执行完毕，输出"1*2=2 2*2=4"，再执行 printf("\n"); 语句，到此，外层循环再次把它的循环体执行完毕；再次回到外层循环计算表达式 3 的值，这样一直重复进行，直到外层循环表达式 2 的值为 0 时，外层 for 语句执行完毕。

总而言之，在执行外层循环的循环体时，按规则执行完循环体中的语句，当循环体中有循环语句时，也要把这条循环语句执行完，再执行它的下一条语句。

例5-11　将 100 元换成 50 元、20 元和 10 元零钱，有几种换法？

分析：用这三种纸币去换 100 元的所有方式中，50 元只可能有 3 种情况，0 张、1 张或 2 张。20 元只可能有 0 张到 5 张，共 6 种情况，10 元的只可能有 0 张到 10 张，共 11 种情况。

设在某种换成 100 元的方式中，50 元为 a 张，20 元为 b 张，10 元为 c 张，则 a、b、c 应满足表达式 100 ==50*a+20*b+10*c 的值为非 0。可以用一个三层循环一一去试，先执行 a=0,b=0; 时，c 从 0 试到 10，满足条件的记录下来，然后，让 a=0,b=1，再让 c 从 0 试到 10，如此重复，直到把所有 a、b、c 值可能组合都试完，并把满足条件的 a、b、c 输出。代码如下：

```
# include<stdio.h>
int main(void)
{
    int a,b,c;                    //a 代表 50 元的张数，b 代表 20 元的张数，c 代表 10 元的张数
    printf("50 元张数 20 元张数 10 元张数 \n");
    for(a=0;a<=2;++a)
        for(b=0;b<=5; ++b)
            for(c=0;c<=10;++c)
            {
                if(100==50*a+20*b+10*c)           // 表达式的值非 0，满足条件输出
                    printf("   %-5d%5d%10d\n", a,b,c);
            }
    return 0;
}
```

分析这段代码，最外层循环的循环体实质上只有一条语句，就是第二层的那条 for 语句。第二层循环的循环体也是一条 for 语句，这条 for 语句就是第三层循环。最外层循环的表达式 2 "a<=2" 的值如果是非 0，就执行第二层的 for 语句，直到把这条语句执行完，再回到最外层 for 的表达式 3 "++a"，再计算它的表达式 2，如果非 0，继续执行第二层的 for 语句，再一次把它执行完毕，再回到最外层 for 的表达式 3，直到它的表达式 2 的值为 0，这条三层循环的 for 语句就执行完毕。同样，在最外层 for 的表达式 2 为非 0 时，执行第二层 for 语句也是按 for 语句本身规则，把它执行完。代码最后输出的结果如下。

```
50 元张数   20 元张数   10 元张数
   0           0          10
   0           1           8
   0           2           6
   0           3           4
   0           4           2
   0           5           0
   1           0           5
   1           1           3
   1           2           1
   2           0           0
```

解决上述问题的思路是，将所有可能的情况全部试一下，将满足要求的组合列出来，这种算法称为穷举法。循环嵌套是实现穷举法的一种有效手段。

读者可以用类似的算法思路解决"百钱买百鸡"问题，这个问题是我国古代一个著名的数学问题。假设公鸡 5 钱一只，母鸡 3 钱一只，小鸡 1 钱 3 只，现在有 100 钱，要买回 100 只鸡，问公鸡、母鸡、小鸡分别买多少只？这个问题的扩展问题是 "n 钱买 n 只鸡"问题。

5.5 break 语句和 continue 语句

C 语言中提供了 break 语句和 continue 语句两条跳转语句来增强循环语句的灵活性。这两条语句的写法是 "break;" 和 "continue;"。

当执行循环时，如果在循环体中执行到 break 语句，就结束当前循环语句。就像在 switch 语句中一样，执行到 break; 结束 switch 语句。

如果在循环体中执行到 continue 语句，则不执行循环体中 continue; 后面的所有语句，强行执行下一轮循环，如果是 for 语句就是直接去计算表达式 3，如果是 do 语句和 while 语句就直接执行它们的控制表达式。

简单来讲，break 语句中止当前循环，而 continue 语句中断当前循环。

例5-12 找出一个比 100 大且能被 47 整除的整数，并输出。

分析：在比 100 大的数中去找能被 47 整除的整数，可以用循环从 101 开始往上，一个一个数地进行测试，看哪个数能被 47 整除，如果能被 47 整除，就输出这个数，然后用 break; 结束循环语句，如果不能整除，不执行输出，用 continue; 继续测试下一个数。本例用 for 语句实现，因为并不能确定到底到哪个数结束，所以很难写出其表达式 2 的具体形式，因此，for 语句表达式 2 省略，即它的值一直认定为非 0。程序代码如下。

```
#include<stdio.h>
int main(void)
{
    int i=0;
    for(i=101;;i++)            // 没有控制表达式，也就是表达式 2，默认其值为非 0
    {
        if(i%47!=0)            // 不能被 47 整除
            continue;          // 直接到下一轮循环，下面两条语句不执行
        printf("%d\n",i);      // 能执行到这条语句，则表明 i 一定能被 47 整除
                               // 否则就执行了 continue;而进入下一轮循环
        break;
    }
    return 0;
}
```

分析此代码，如果 i 不能被 47 整除，则执行 continue;，此时，回到 for 语句的表达式 3，把 i 加 1，因为表达式 2 的值始终是非 0，所以再次执行循环体中的语句。如果 i 能被 47 整除，则不执行 continue;，而是执行 printf("%d\n",i); 语句，输出能被 47 整除的数 i，然后执行 break;跳出循环，整个 for 语句执行完毕。

循环语句的注意事项如下：

（1）在 for 语句中，表达式 2 的值非 0 时执行循环体，循环体只能是一条语句，如果要执行多条语句，则必须用 {} 括起来，使它变成一条复合语句。

（2）结束执行循环语句有两种方式：一是控制表达式的值为 0；二是执行了 break;。

（3）整个程序代码的执行原则是按规则顺序执行语句（有跳转语句按跳转语句规则执行），对于循环语句本身，按照其执行规则，将其执行完后，再执行其后面的语句。

（4）循环体中的语句，可以是空语句，如 while(控制表达式) ;、for(子句 1; 表达式 2; 表达式 3);、do ; while(控制表达式)。

（5）多重循环从整体上看只是一条循环语句，不管它的循环体内有多少语句，嵌套几层，执行时逐条语句（包括循环语句）按各自的规则执行。

因为循环结构较为重要，下面再举几个关于循环语句的实例。

例 5-13 从键盘输入一个整数，判断是否为素数，是就输出 Y，不是就输出 N。

分析：素数是一个只能被 1 和它本身整除的整数。让程序判断一个整数 m 是不是素数，只需要用一个循环，让 m 除以从 2 到 $m-1$ 之间的每一个整数，如果有一个数能整除 m，则 m 就不是素数，否则 m 是素数。从数学上推理，判断一个数是不是素数，只要把 m 除以 2 到 $\sqrt{m}$ 之间的每一个整数，而不用从 2 开始一直判断到 $m-1$。因此，可用一个循环判断 m 是否能被 2 到 $\sqrt{m}$ 之间的一个整数整除，只要有一个整数能整除 m，说明 m 不是素数，就用 break; 语句退出循环，具体代码如下。

```
#include<stdio.h>
#include<math.h>
int main(void)
{
    int m,i,k;
```

```
    scanf("%d",&m);
    k=(int)sqrt(m);          // 这里把 √m 强制转换为 int 型
    for(i=2;i<=k;i++)
        if(0 == m%i)          // 如果有一个数可以整除 m, 则结束循环
            break;
    if(i>k)                   // 这里如果 i>k 的值为非 0, 则 m 就是素数
        putchar('Y');
    else
        putchar('N');
    putchar('\n');
    return 0;
}
```

这段代码中，为什么 i>k 的值为非 0 时就能认定 m 是素数呢？这是因为如果 i 从 2 到 k，有一个 i 值可以整除 m，则一定执行了 break;，根据规则，不再执行 for 中表达式 3，即 i++ 的运算，for 语句结束，此时 i 的值最大也就是 k，不可能比 k 更大，因此 m 不是素数。如果 i 从 2 到 k，没有一个 i 可以整除 m，则循环是根据表达式 2 "i<=k" 的值为 0 退出循环的，所以 for 语句执行完后 i 的值必定大于 k，也就表示 m 是素数。

判断素数的代码，还有一种方法，就是先定义一个变量 flag，把它初始化为 0，然后在 for 循环体中这样处理：如果 0 == m%i 的值是非 0，表明 m 是素数，执行 flag=1;，并用 break; 退出循环，然后根据 flag 值进行判断，当 flag 为 1 时，则 m 不是素数，为 0 则是素数。

```
#include<stdio.h>
#include<math.h>
int main(void)
{
    int m,i,k, flag=0;
    scanf("%d",&m);
    k=(int)sqrt(m);
    for(i=2;i<=k;i++)
        if(m%i==0)              // 这是一条 if 语句, 是 for 语句的循环体
        {
            flag=1;             // 不是素数就把 flag 赋为 1
            break;
        }
    if(!flag)                   // 当 flag 为 0 时是素数, 则 !flag 为 1, 正好输出 Y
        putchar('Y');
    else
        putchar('N');
    putchar('\n');
    return 0;
}
```

例5-14 找出 100 到 200 之间的素数，并输出。

分析：这个问题只需用一个循环改变 m 的值，然后在循环体内部，用例 5-13 的方法判断 m 是不是素数，是素数就把这个数输出，不是就继续判断下一个 m，程序代码如下：

```
#include<stdio.h>
#include<math.h>
```

```
int main(void)
{
    int m,i,k, flag=0;
    for(m=100;m<=200;m++)        // 用循环改变 m 的值
    {
        flag=0;
        k=(int)sqrt(m);
        for(i=2;i<=k;i++)
            if(m%i==0)
            {
                flag=1;          // 不是素数就把 flag 赋为 1
                break;
            }
        if(!flag)
            printf("%d ",m);
    }
    printf("\n\n");
    return 0;
}
```

在这个程序代码中，考虑到偶数一定不是素数，外层循环中的 for(m=100; m<=200 ;m++) 可以改成 for(m=101;m<200;m=m+2)，这样计算量少。

例5-15　求 1!+2!+…+8! 的值。

分析：先看如何求 n!。因为 n!=1*2*3*…*n，所以可以依照计算 1 加到 100 的算法，先定义 int factorial =1;，然后用一个 for 语句，在循环体中执行语句 factorial *=i;，i 从 1 变化到 n。当循环执行完后，factorial 的值就是 n!，for 语句如下：

```
for(i=1;i<=n;i++)        // 求 n!
    factorial *=i;
```

现要求计算 1!+2!+…+8! 的值，可在其外层，套一个循环，把 n 从 1 变化到 8，使内层循环计算 8 次阶乘。考虑到需求是要给出每一个数阶乘的和，所以再定义一个 sum=0，以存放和值。整个代码如下：

```
#include<stdio.h>
int main(void)
{
    int factorial=1, sum=0;
    for(int n=1; n<=8; n++)
    {
        factorial=1;                   // 每次计算 n! 之前，把 factorial 赋成 1
        for(int i=1; i<=n; i++)        // 此循环计算 n!
            factorial*=i;
        sum=sum+factorial;             // 把 n! 加到 sum 中
    }
    printf("1!+2!+…+8!=%d", sum);
    return 0;
}
```

程序运行结果如下：

```
1!+2!+...+8!=46233
```

再考虑一下，这个代码的计算过程存在大量重复。例如计算 5! 时，内层循环计算了
1*2*3*4*5，接下来计算 6! 时，内层循环又一次从 1 开始计算 1*2*3*4*5，这种重复的计算是
否可以省略，以减少计算量呢？考虑到当求得 n! 后（此时的结果为 factorial），计算 (n+1)! 只
要 factorial*(n+1)，也就是说，计算 (n+1)! 时直接利用 n! 的结果，而不再从 1 开始计算，这样
就避免了重复计算问题。修改的代码如下：

```
#include <stdio.h>
int main(void)
{
    int factorial=1, sum=0;
    for (int n=1; n<=8; n++)
    {
        factorial=factorial*n;    // 注意这里，计算后的 factorial 就是 n!
        sum=sum+factorial;        // 把 n! 加到 sum 中
    }
    printf("1!+2!+…+8!=%d", sum);
    return 0;
}
```

可以看到，这个代码比前一种算法节省了很多计算量。所以同一个问题有多种算法，好的
算法可以以更少的计算量、更短的时间解决问题。

例5-16　求两个正整数的最大公约数和最小公倍数。

分析：给定两个正整数 *m* 和 *n*，最大公约数不可能比 *m* 和 *n* 中的最小者大，所以可以从 *m*
和 *n* 的最小者开始，递减 1，逐个整数试验，直到递减到 1，第一个能同时整除 *m* 和 *n* 的数就
是它们的最大公约数，将其输出，并用 break; 退出循环。

最小公倍数不可能比 *m* 和 *n* 中的最大者小，所以可以从 *m* 和 *n* 的最大者开始，用循环向
上递增 1，逐个整数试验，第一个能同时被 *m* 和 *n* 整除的数就是它们的最小公倍数，将其输出，
并用 break; 退出循环。具体代码如下：

```
#include <stdio.h>
int main(void)
{
    int m,n;
    printf("please input m(m>0) and n(n>0):\n");
    scanf("%d%d",&m,&n);
    // 求最大公约数
    int gcd=(m<n?m:n);          // 求 m 和 n 中的最小者
    while(gcd>=1)
    {
        if(0==m%gcd&&0==n%gcd)  // 表达式值为 1 表示找到，输出并退出循环。
        {
            printf("Greatest common divisor:%d\n", gcd);
```

```
        break;                  // 退出循环
    }
    gcd --;                     // 减 1 后继续试验
}
// 求最小公倍数
int lcm=(m>n?m:n);              // 求 m 和 n 中的最大者
while(1)                        // 这里表达式为 1，表示一直循环，要用 break; 强制退出
{
    if(0==lcm%m&&0==lcm%n)      // 表达式值为 1 表示找到，输出并退出循环
    {
        printf("Least common multiple:%d\n", lcm);
        break;
    }
    lcm ++;                     // 向上试验
}
return 0;
}
```

程序运行的一种实例结果如下：

```
please input m(m>0) and n(n>0):
12 15↵
Greatest common divisor:3
Least common multiple:60✎
```

例5-17 从键盘输入一个奇数 row，在界面上输出一个由 * 组成的菱形，* 之间空一个空格，最长一行 * 数量为 row，比如 row=7，则输出图案如图 5-5 所示。

图 5-5 一个 7 行的菱形图

分析：对于这样的菱形，共有 row 行，每一行由两个部分组成，前一部分是空格，后一部分是 *。但每一行空格和 * 的数量不同，但根据图形发现数量的变化是有规律的，第一行空格的个数（用 m 表示）是 row，* 个数（用 n 表示）为 1，此后每行空格个数比前一行少 2，* 个数比前一行多 2，到 row/2+1 行时 m 为 0，n 为 row。此后每行空格个数 m 加 2，* 个数减 2。因此，可以用两层循环输出这个菱形，外层循环控制行数，循环体中首先用一个循环输出 m 个空格，然后再用一个循环输出 n 个 *，输出一行后，按上述规律调整 m 和 n 的值。注意输出 * 时，因为题目要求 * 之间有一个空格，所以输出一个 * 时，直接输出 * 加一个空格。代码如下：

```
#include<stdio.h>
int main(void)
{
```

```
    int row;                        // 存放菱形的行数
    int m=row,i,j,n=1;              // m 表示空格的个数，n 表示 * 的个数
    printf("Please enter a value for row:");
    scanf(" %d",&row);
    for(i=1;i<=row;i++)
    {
        for(j=1;j<m;j++)            // 输出第 i 行前面的空格，个数由 m 决定
            printf(" ");
        for(j=1;j<=n;j++)           // 输出第 i 行的 *
            printf("* ");           // * 后有一个空格
        printf("\n");               // 输出一行后换行
        if(i<row/2+1)               // 根据 * 最多的一行来确定下一行的空格和 * 个数
        {   // 在 * 最多一行的前面，空格和 * 的个数按下两行改变
            m=m-2;
            n=n+2;
        }
        else
        {   // 在 * 最多的一行及其后面，空格和 * 的个数按下两行改变
            m=m+2;
            n=n-2;
        }
    }
    return 0;
}
```

5.6 goto 语句

goto 语句是一种跳转语句，控制程序跳转至指定的标签语句处继续执行，格式如下：

```
goto lable;         // 这是 goto 语句，其中 label 为标签名，由用户定义
    …
label: 语句         // 这是一条标签语句
```

冒号 ":" 分隔标签名和语句，标签名 label 用合法的标识符命名且在函数中唯一。标签语句可以在 goto 语句的前面或后面。当执行到 goto lable 时，直接到 label: 处执行其后的语句。例如：

```
L1: ch=getchar();                   // 标签语句
if(ch!='y')
    goto L1;
```

这里的 goto L1 的作用是直接跳转到带 L1 标签的语句处执行。这个代码段的作用是从键盘接收字符，直至接收到字符 'y' 结束，这样的方式也可以循环执行一段代码。

原则上讲 C 语言中不需要使用 goto 语句，保留它主要是考虑学习过 BASIC 和 FORTRAN 语言用户的习惯，goto 语句在一些公司内部规则中禁止使用，编者建议尽量不用。

5.7 循环语句和 switch 语句

前面阐述的三种循环语句，都是非常正规地从开始处执行，例如 for 语句从子句 1 处进入、while 语句先执行控制表达式、do 语句从 do 后面执行。现在利用 goto 语句来试验一下，直接转到循环体中的某条语句执行，这些循环语句是否可以执行并正常结束。

例5-18　用 goto 语句直接跳至循环体内的某条语句。

```
#include<stdio.h>
int main(void)
{
    int y=5,i=-3;
    goto label;    //用goto语句直接跳到label指向的标签语句执行
    for(i=8;i<0;i++)
    {
        y=20;
        label:printf("i=%d,y=%d\n",i,y);    //标签语句
    }
    return 0;
}
```

代码编译无错误，运行结果如下：

```
i=-3,y=5
i=-2,y=20
i=-1,y=20
```

这表明，可以用 goto 语句让 for 语句直接从其循环体中的某一语句开始执行。例 5-18 中，通过 goto 语句直接转到 printf 语句执行，输出 i=-3,y=5，表明并没有执行 for 语句中的子句 1，也没有执行 y=20;，但后面还是根据 for 语句的执行规则，把 for 语句执行完毕。同样，应用 goto 语句也可以使 while 语句和 do 语句从它们的循环体中间某条语句开始执行，并随后按循环语句本身的执行规则把整条循环语句执行完。

联想到第 4 章中的 switch 语句规范，可以把"case 常量表达式 :"看作 switch 语句中的标签，从"goto label"的跳转来看，switch 中的控制表达式就是 goto 处的标签，"case 常量表达式 : 语句"就是一个个不同的标签语句。因此，可以把"case 常量表达式 :"用于循环体中某语句的前面，作为标签，使用 switch 语句实现一些有趣的实例。

例5-19　分析下列代码的输出结果。

```
#include<stdio.h>
int main(void)
{
    int i=-5;
    int y=1;
    switch(y)
    {
        for(i=8;i<0;i++)
```

```
    {
        case 0: y+=2;
        case 1: y+=3;
            printf("y=%d ",y);
    }
        case 2: printf("y=%d ",y+100);
    }
    return 0;
}
```

上述程序代码看起来复杂，实质上很简单。switch 后的复合语句中，如果把 case 0: 和 case 1: 中的 0，1 看成是标签的话，就是下面这段代码

```
for(i=8;i<0;i++)
{
    case 0: y+=2;
    case 1:y+=3;
    printf("y=%d",y);
}
```

去掉标签就是：

```
for(i=8;i<0;i++)
{
    y+=2;
    y+=3;
    printf("y=%d",y);
}
```

可以看到，这是一条完整的 for 语句。

在例 5-19 中，当执行 switch 语句时，y 值为 1，找到 case 1: 后面的语句执行，就相当于前面用 goto 语句跳转到标签语句处的方式，这时，执行 y+=3;，y 为 4，并输出 4。因为此时执行的是 for 语句循环体中的语句，因此，要把这个 for 语句执行完，所以程序再到 for() 中的 i++ 部分，继续按 for 语句的执行规则执行完 for 语句，注意到 for 语句并没有执行子句 1。for 语句执行结果如下：

```
y=9 y=14 y=19 y=24
```

当 for 语句执行完后，并没有执行到 switch 语句块中的 break;，因此，还要继续执行后面的语句，也就是 case 2: 后面的语句，此时输出 "y=124"。所以例 5-19 最终的运行结果如下：

```
y=4 y=9 y=14 y=19 y=24 y=124
```

在某些情况下，这样的用法可以带来处理上的方便，例如，当有 k 个数据要处理，每次只能处理 m 个，最后还要剩余 n 个。在一般情况下，先写一个循环，每轮循环处理 m 个数据，循环结束后再处理剩下的 n 个数据，但当应用 switch 技巧后，就可以用 switch 语句，利

用 case 从循环体中某一特定位置开始执行，然后再正式执行完整循环。例如，要对某设备发送 26 条数据，但由于硬件原因每次最多只能发送 3 条，可用 switch 语句和循环语句编写如下代码。

```
int i=0;
switch(1) %              // 注意常量为1，直接执行 for 循环体中的第二条语句
{
    for(;i<=26/3;i++)       // 26/3 的值为 8
    {
        case 0:send(data);
        case 1:send(data);    //switch 语句执行时，从这条语句开始执行
        case 2:send(data);
    }
}
```

此代码先按 switch 语句处理，先执行 for 语句循环体中的 case 1 后面的两条语句发送两条数据，然后执行循环语句，发送 24 次数据。这个方法的一个经典例子就是编写串口通信程序时发明的一个设备，这个设备后来称为"达夫设备"，有兴趣的读者可以查找相关资料进行详细了解。

小结

本章讲述了 C 中三个重要的循环语句以及其用法和应用实例，并且简单介绍了 goto 语句。本章知识结构如图 5-6 所示。

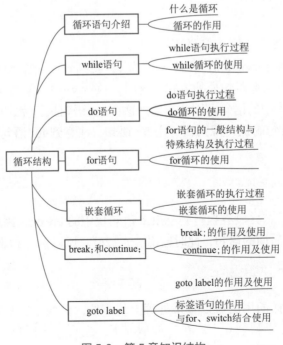

图 5-6　第 5 章知识结构

习题

1. 编写程序，计算 1~1 000 中（不含 1 000）能被 5 整除的整数之和以及个数。

2. 一个数列样式如 2/1，3/2，5/3，8/5，13/8，21/13，…，编写程序，计算前 20 项的和。

3. 从键盘中输入 4 行字符，统计这些字符中小写字母的个数。

4. 找出 10 000 之内的数，它们均满足加 100 后是一个完全平方数或加 168 后是一个完全立方数。

5. 数学上的定积分近似值可以用求和的方式计算，试用循环语句求定积分 $\int_0^1 x^2 \mathrm{d}x$ 的近似值（用离散求和的方式进行）。

6. 用循环结构编程，输出如下形式的图形。

```
*
***
*****
*******
```

7. 输入一行字符，分别统计出其中英文字母、空格、数字和其他字符的个数。

8. 输入一行英语语句，统计其中单词的个数并输出。

9. 将一个正整数分解质因数。例如，输入 90，输出 90=2*3*3*5。

10. 输入 20 个 '0' 到 '9' 的字符，如果把它们看成一个整数，判断这个整数是否可以被 3 整除。（提示：整数的各位数字加起来的和能被 3 整除，这个数就能被 3 整除。把接收到的某个位上的字符 -'0'，就是整数在这个位上的数字。）

11. 找出 1~1 000 中，能被 3 整除，且至少有一个数字是 5 的所有整数。（提示：定义一个循环变量 i，遍历 1~1 000，在循环体内首先判断这个 i 是不是能被 3 整除，然后用一个循环判断它是否包含数字 5，如果两者都满足，则输出 i。）

12. 已知 a，b，c 均为大于 0 的整数，且 $a > b$，$b > c$，$a+b+c<100$，输出满足条件 $\frac{1}{a^2}+\frac{1}{b^2}=\frac{1}{c^2}$ 的所有 a，b，c。

13. 计算 e = $1+\frac{1}{1!}+\frac{1}{2!}+\frac{1}{3!}+\cdots$ ，要求精确到 10^{-6}。

14. 用牛顿迭代法求 $f(x)=2x^3-4x^2+3x-7=0$ 在 2.5 附近的近似实根。（提示：牛顿迭代法的迭代公式为 $x_{n+1}=x_n-\frac{f(x_n)}{f'(x_n)}$，当 x_{n+1} 与 x_n 接近时，x_{n+1} 就是方程的根，所以解本问题时，先令 $x_0=2.5$，然后用循环求解。）

15. 设 i，j，k 均为 int 型变量，则执行完 for(i=0,j=10;i<=j;i++,j--)k=i + j; 语句后，k 的值为多少？分析其执行过程。

16. 先给定头文件代码，然后分析下面代码的执行过程，并给出结果。

```
int main(void)
```

```
{
    int y=9;
    for(;y>0;y--)
        if(0==y%3)
        {
            printf("%d", --y);
            continue;
        }
    return 0;
}
```

数组

在实际应用中，通常一次要处理非常多的同类型数据，例如某个班级的某门课成绩，要对这些成绩进行排名、计算平均值；一个部门的所有人员工资数据，要对它们进行统计；一个矩阵、行列式的数据等。显然，按照前面章节的知识，要处理这些数据的话，只能为每一个数据定义一个变量，显然不现实。更困难的是，在实际编程中，编程人员事先并不知道待处理数据的具体数量，也就不明确定义变量个数。为解决这类问题，C 语言等高级语言都派生出了一种数据类型，这种数据类型就是数组。

数组是一组具有相同类型数据的有序集合，这个有序集合用一个名称表示，称为数组名，数组名的命名规则与变量命名的规则一样。在 C 语言中可利用数组名、[] 和下标的方式表示数组中的不同变量。这样，虽然只使用了一个数组名，但利用一个数组名可表示许多不同变量。

数组中变量的值均存放在内存中，且从逻辑上讲它们的地址是连续的，这样的特性给处理数组中的数据带来了方便。

在 C 语言中，可以把数组分为一维数组、二维数组和多维数组（三维以上），实际应用最多的是一维数组和二维数组，因此，本章主要讲述这两种数组。

数组是一种派生类型，如一维数组是可由算术类型、结构体类型等数据元素派生，二维数组由一维数组作为元素派生，因此，从这个意义上讲，所有数组都是一维数组。

6.1 一维数组

6.1.1 一维数组的定义及存储

定义一个一维数组的一般格式为：

```
数据类型  数组名 [元素个数];
```

该格式指定一维数组中数据对象个数以及每个数据对象的数据类型。在一维数组中，习惯称一个数据对象就是数组的一个元素，每个元素均可以作为一个变量。在 C99 标准以前，元素个数必须是常量表达式，之后的标准（包括 C99、C11 和 C17 标准）可以是结果大于 0 的整数表达式（在 GNU C 语法中，元素个数可以定义为 0，表示空数组），表达式中可以有变量，只要表达式的结果是整数类型数据即可。

例如，int a[10]; 定义了一个数组名为 a 的一维数组，它有 10 个元素，每个元素均是一个数据对象，可以用作变量，每个元素的类型都是 int 型，其中 [] 是下标运算符。"元素个数"指的是数组能存放的数据对象个数，也就是变量的个数。定义一维数组时，元素个数也可以是结果为整数的变量表达式，但在定义数组之前，这个表达式必须有确定的值，例如：

```
int n=10;
int a[n+2];
```

第二行中的 int a[n+2]; 就定义了一个有 12 个元素的一维数组。在定义数组时，当元素个数为变量表达式时，称其为变长数组（Variable Length Array）。

定义一维数组后，每个元素可用"数组名 [下标]"表示，下标值从 0 开始，最大到定义时的元素个数减 1。例如，float a[5] 元素就从 a[0] 到 a[4]，均可以作为变量使用。

在定义一维数组后，编译系统会申请一组逻辑上连续的内存空间，用于存放各元素的数据，每一个内存空间的数据类型都是定义数组时的数据类型。例如，float a[5];，申请的内存空间如图 6-1 所示。

图 6-1　一维数组的内存空间示意图

内存空间地址从小到大（图中的内存地址是为了说明问题假设的，它由编译器给定），下标小的元素地址编码小，每个空间放一个元素数据，大小由定义的数据类型决定，这里假设一个 float 数据占 4 字节，则每个元素就占 4 字节。每个元素的地址可以用 & 获取，例如，&a[2] 得到下标为 2 的元素地址，在图 6-1 中，这个地址值就是 2012。

定义一维数组后，数组名本身也是有值的，这个值就是其元素所分配空间中最小的那个地址编号。在图 6-1 中，a 的值是 2004。

作为数组对象的数组名，其数据类型为整个数组，在图 6-1 中，a 的数据类型就是 float[5]，因此，sizeof(a) 的结果为 20（即 4*5）。特别强调的是元素类型不同或元素个数不同均属于不同的数据类型，例如 int b[5]，则 a 和 b 的数据类型是不同的。

数组名可以作为表达式中操作数参与加、减运算，例如，在 float a[5] 中，表达式 a+1 符合 C 语言语法规则。这些特殊的计算规则，将在第 9 章指针中阐述。

6.1.2　一维数组的引用与初始化

一维数组定义后，就可以引用它定义的变量。例如，定义一维数组 Type arr[N];(Type 为某种数据类型)，就一次性定义了 N 个变量：arr[0]，arr[1]，...，arr[N-1]。注意到引用其变量时，最大的可用下标是定义的数组元素个数减 1，这个很好理解，数组定义了 N 个变量，变量的最小下标是 0，最大下标就是 N-1，引用时变量前面不写类型。

例6-1　定义一个有 10 个元素的一维数组，数据类型为 float 型，把 10, 20, …, 100 分别赋给其元素，然后输出它们。

```
#include<stdio.h>
```

```
int main(void)
{
    float arr[10];            // 定义一个 float 型一维数组，元素个数为 10，数组名为 arr
    int i;
    for(i=0;i<10;i++)
    {
        arr[i]=(i+1)*10.0f;       // 这里的 arr[i] 就是引用
        printf("%-4.0f",arr[i]);  // 这里的 arr[i] 也是引用
    }
    return 0;
}
```

例 6-1 中，float arr[10]; 定义了一个有 10 个元素的一维数组。for 语句循环体中的两个 arr[i] 都是引用，此时 arr[i] 指的是数组中第 i 个元素（从 0 算起），i 只能是 0~9 中的某个整数。for 语句循环体中，前一条语句把右边表达式的值赋给 arr[i] 变量，后一条语句中的 arr[i] 是第 i 个元素的值。

和定义基本类型变量一样，定义后，如果没有初始化，每个元素的值不可预知。

例 6-2 没有初始化的一维数组元素值实例。

```
#include<stdio.h>
int main(void)
{
    int d[3];
    printf("%d,%d,%d\n",d[0],d[1],d[2]);
    return 0;
}
```

可能的结果是：14,0,1 ✔。这些数据是随机的，随着执行时间和系统不同均可能不同，所以这样定义的一维数组，要尽量避免在没有初始化时，直接使用数组变量进行运算，造成不可预知的错误值。

一维数组的初始化有三种常用方式：顺序下标初始化器、受指定的初始化器以及两者混合使用。还有一种不常见的方式是应用匿名数组初始化。

1. 顺序下标初始化器

顺序下标初始化器包括以下 3 种。

（1）数据类型 数组名 [N]={ 数据 0，数据 1，…，数据 N-1};

把 {} 中的数据顺序赋给数组的每一个元素。例如：

```
float arr[10]={1,2,3,4,5,6,7,8,9,10};
```

把 1~10 分别赋给变量 arr[0]~arr[9]。

（2）数据类型 数组名 [N]={ 数据 0，数据 1，…，数据 i};

这里 i 大于或等于 0 小于 N。这种初始化方式把 {} 中的数据顺序赋给数组中下标从 0 到 i 的元素，其余元素均赋值为 0（字符类型的赋成 '\0'，实质也是 0）。例如：

```
float arr[10]={1,2,3,4,5};
```

这里把 {} 中的 5 个值顺序赋给元素 arr[0]~arr[4]，元素 arr[5]~arr[9] 自动赋为 0。

（3）数据类型 数组名 []={ 数据 0，数据 1，…，数据 i}

这是一个特殊形式，[] 中没有指定数组元素个数，元素个数由 {} 中给定的数据个数决定，给定多少个数据，数组元素个数就是多少，同时把每个数据顺序赋给数组的每个元素，可以看成是一种特殊的数组定义及初始化方式。

例如，float arr[]={1,2,3,4,5};，arr 数组有 5 个元素，所以它的元素下标只能是 0~4，各元素初始值分别赋值为 1~5。

2. 受指定的初始化器

可以通过指定数组下标为数组对应元素进行初始化，这种方式称为受指定的初始化器。它在 {} 中通过指定下标给对应元素赋值，没有指定下标的元素自动赋值为 0。

例如，float f[5] = { [1] = 0.5f, [3] = −3.1f };，定义了 float 型的一维数组，有 5 个元素，并把下标为 1 的元素初始化为 0.5f，下标为 3 的元素初始化为 −3.1f，其余没有指定下标的元素均为 0.0f。

但如果是变长数组，不能用这种方法进行初始化。例如：

```
int n=5;
int arr[n]={[1]=5};            // 此处编译不能通过
```

3. 受指定的初始化器与顺序下标初始化器的混合

这种方式如果没有指定元素个数，则根据初始化列表中指定下标的最大值确定数组元素个数，即最大下标值加 1 作为数组元素的个数。如果指定了元素个数，则以指定的为准。一个指定了下标的元素后面的元素，如果没有指定下标，则下标顺序加 1。如果第一个数据没有指定下标，则下标为 0；没有指定的元素值均初始化为 0。

例6-3　受指定的初始化器与顺序下标初始化器混合对数组初始化的实例。

```
#include<stdio.h>
int main(void)
{
    int s[]={-1,2,[3]=10,[6]=5,[4]=1,20 };   // 定义并初始化 s
    printf("s[0]=%d,s[1]=%d,s[2]=%d,s[3]=%d\n",s[0],s[1],s[2],s[3]);
    printf("s[4]=%d,s[5]=%d,s[6]=%d\n",s[4],s[5],s[6]);
    return 0;
}
```

此例在定义并初始化 s 时，指定下标初始化器的下标最大值为 6，所以把一维数组定义成 7 个元素。[4] =1 后面的元素没有指定下标，则它的下标为前一个元素下标加 1，即 20 这个值用于初始化下标为 5 的元素，实例输出结果如下。

```
s[0]=-1,s[1]=2,s[2]=0,s[3]=10
s[4]=1,s[5]=20,s[6]=5
```

在定义一个数组时，如果没有对其初始化，则必须指定元素的个数。如果后续用代码对其部分元素进行赋值，则没有被赋值的元素其值均不确定，如例 6-4 所示。

例6-4 一维数组定义后，分别给其部分元素赋值。

```
#include<stdio.h>
int main(void)
{
    int d[4];                    // 这里要指定元素个数 4, 不能写成 int d[];
    d[0]=5;d[1]=9;d[2]=7;        // 分别给指定元素赋值
    return 0;
}
```

此例中，d[0]、d[1]、d[2] 的值被确定，但 d[3] 的值是一个不可预知的值。

4. 匿名数组初始化

一维数组可以用匿名数组的形式对其进行初始化，在使用匿名数组给一个数组进行初始化时，数据类型必须匹配。

```
int c[10]=(int[10]){[0]=1,[2]=-1,-2};
```

(int[10]){ [0] = 1, [2] = −1,−2 } 就是一个匿名数组，没有数组名，共含有 10 个 int 型的数据，其中下标为 0 的元素值为 1；下标为 2 的元素值为 −1；下标为 3 的元素值为 −2,其余元素值均为 0。

用匿名数组给一维数组初始化时，两个数组的类型必须一致，这里均为 int[10]。如果匿名数组的元素个数不是 10，就会引发编译报错。

不能用一个数组名给另一个数组赋值，即使它们的数据类型一致也不行。例如 int a[5]={1,2}; int b[5]=a; 会产生错误。

6.1.3 一维数组的应用实例

一维数组是非常重要的数据类型，应用非常广泛，下面给出几个应用一维数组的实例。

例6-5 编程从键盘输入 10 个学生的某门课成绩，并输出最高分。

分析：要用到 10 个成绩并要对它们进行处理，所以采用一维数组存储，定义 float score[10]，然后给数组中的每一个元素输入一个成绩值，可以利用循环语句进行赋值。

```
for(i=0;i<10;i++)
{
    printf("请输入第 %d 个成绩: ",i+1);    // 提示用户输入
    scanf("%f",&score[i]);                 // &score[i] 得到数组第 i 个元素的地址
}
```

通过输入，一维数组各元素得到成绩值，接下来，是找到最大值。首先定义一个变量 max，把它赋值为 score[0]，然后用循环把 max 顺序与每个元素比较，如果某个元素的值比 max 大，则把这个元素值赋给 max，所有元素与 max 比较完成，max 的值即为所有元素中的最大值。代码如下：

```
#include<stdio.h>
```

```
int main(void)
{
    int i;
    float score[10];
    /* 输入成绩 */
    for(i=0;i<10;i++)
    {
        printf("请输入第 %d 个成绩: ",i+1);
        scanf("%f",&score[i]);
    }
    float max =score[0];     // 把第 0 个元素的值赋给 max
    /* 下面的循环找出最大值 */
    for(i=1;i<10;i++)
    {
        if(max<score[i])
            max=score[i];
    }
    printf("最高成绩是 %5.1f\n",max);
    return 0;
}
```

运行这样的程序，要求输入的数据较多，每调试程序一次就要重新输入数据，过于麻烦。初学者可以学习节省调试时间的小策略。如图 6-2 所示，在左边代码中，数组的值是从键盘输入的，调试之前，先把输入数据的代码注释掉，直接初始化数组，见图 6-2 右边的代码。调试成功后，再还原成输入数据的代码。

```
float max,score[10];
for(i=0;i<10;i++)
{
  printf("请输入第 %d 个成绩: ",i+1);
  scanf("%f",&score[i]);
}
```
⇒
```
float max, score[10] ={1,2,3,4,5,6,7,8, 9,10};
/*for(i=0;i<10;i++)
{
  printf("请输入第 %d 个成绩: ",i+1);
  scanf("%f",&score[i]);
}
```

图 6-2　注释输入数据代码示意图

例 6-6　定义两个数据类型、元素个数一致的一维数组，把其中一个初始化，然后将其所有元素值赋给另一个数组对应元素，并输出。

分析：这个问题比较简单，首先定义两个一维数组，并对其中一个进行初始化，再用循环把初始化数组的所有元素值顺序赋给另一个数组对应元素，并且输出该元素值。代码如下。

```
#include<stdio.h>
int main(void)
{
    // 定义两个一维数组，并对其中一个进行初始化
    int arr_source[10]={14,22,43,[5]=5},arr_dst[10];
    for(int i=0;i<10;i++)
    {
        arr_dst[i]=arr_source[i]; // 把元素值赋给另一个数组对应的元素
```

```
        printf("%3d",arr_dst[i]);
    }
    return 0;
}
```

程序运行结果如下：

```
14 22 43 0 0 5 0 0 0 0
```

这里补充一个在实际中常用的复制数据的方法，就是利用库函数 memcpy（函数原型在头文件 string.h 中）用字节复制的形式复制值。该个函数的语法格式如下：

```
memcpy(内存地址 a, 内存地址 b, 字节大小 n);
```

功能是把从地址 b 开始向后的 n 个字节数据，复制到地址 a 开始的空间中。

因为定义了一维数组，它的元素内存地址就确定了，并且数组名的值就是存放元素内存空间的首地址，所以，只要确定数组 b 的全部元素占字节数，就可以利用 memcpy 把数组 b 的全部元素值复制给数组 a。前面讲过，运算符 sizeof 可以返回一个一维数组所占的字节数。代码如下。

```
#include<stdio.h>
#include<string.h>
int main(void)
{
    int arr_source[10]={14,22,43,[5]=5};
    int arr_dest[10];
    // 把从 arr_source 地址开始的 sizeof(arr_source) 字节复制到从 arr_dest 地址开始的内存空间中
    memcpy(arr_dest,arr_source,sizeof(arr_source)); /* 复制字节数据 */
    for(int i=0;i<10;i++)                          /* 输出复制的目标数组元素值 */
        printf("%d ",arr_dest[i]);
    return 0;
}
```

程序运行结果如下：

```
14 22 43 0 0 5 0 0 0 0
```

例6-7　把 Fibonacci 数列的前 n 项由大到小输出，n 由用户输入。

分析：第 5 章讲过 Fibonacci 数列，数列的前两项为 1，以后各项的值是它前面两项的和。这里用一维数组实现，因为数组元素个数未知，要用到变长数组。代码先输入 n，待接收到 n 的值后，再定义一个长度为 n 的一维变长数组 Fib[n]。用语句 Fib[0]=Fib[1]=1; 把数组的前两个元素赋成 1；然后利用循环，在循环体中应用语句 Fib[i]=Fib[i-2]+Fib[i-1];（i 从 2 到 n-1）计算出各项值；最后再利用循环把数组 Fib 中的各元素值逆序输出。代码如下：

```
#include<stdio.h>
```

```
int main(void)
{
    int i=0,n;
    printf("请输入数组的元素个数：\n");
    scanf("%d",&n);
    int Fib[n];              // 定义一个变长数组，此时要求 n 有一个确定的整数值
    Fib[0]=Fib[1]=1;         // 开始两项元素赋 1
    for(i=2;i<n;i++)         // 循环算出其余 n-2 项，放在相应数组元素中
    {
        Fib[i]=Fib[i-2]+Fib[i-1];
    }
    for(i=n-1;i>=0;i--)      // 这个循环把前 n 项逆序输出
    {
        printf("%-6d",Fib[i]); // 左对齐格式输出一个元素值
        if(i%5==0)           // 输出 5 个数换一行
            printf("\n");
    }
    return 0;
}
```

程序运行结果如下：

```
请输入数组的元素个数：
20↵
6765   4181   2584   1597   987
610    377    233    144    89
55     34     21     13     8
5      3      2      1      1
```

6.1.4 冒泡算法

数据排序是程序员经常要处理的问题之一。数据排序是按某种规则把一组数再重新排列，例如，给定一组考试分数，按由大到小的顺序排列，就是一种排序，再例如，给定 n 个学生，每个学生有多门课的成绩，需要按学生总分排序，这些都是实际中经常遇到的问题。

目前，有很多算法能实现数据排序，其中冒泡算法就是排序算法之一。下面以一个简单的实例来说明冒泡算法实现过程。

假设一组无序数据存放在一个一维数组中，如 int a[10]={1,0,4,8,123,65,-76,100,-45,12};，现在要将其各元素从小到大排序，最终 a 中各元素值变成 {-76,-45,0,1,4,8,12,65,100,123}。如何编程实现？

先考虑，如果用循环从下标 1 开始，一直到最后，把当前元素值与其前一个元素值比较大小，如果前一个元素值比当前的大，则两者互换数据。这样循环执行完后，最后一个元素的值就一定是整个数组的最大值。代码如下：

```
#include<stdio.h>
int main(void)
{
```

```
        int a[10]={1,0,4,8,123,65,-76,100,-45,12},t,i,j=10;
        for(i=1;i<j;i++)        // 注意 j 的值为 10，因为此时是把最大值放在最后
            if(a[i]<a[i-1])     // 如果当前元素值比前一个元素值小，则两者互换
            {
             t=a[i-1];
             a[i-1]=a[i];
             a[i]=t;
            }
        for(i=0;i<10;i++)       // 输出全部元素
            printf("%d ",a[i]);
        printf("\n");
        return 0;
}
```

上述代码执行后，数组各元素的值为：0 1 4 8 65 -76 100 -45 12 123。

可以看到，数组中的最大值移到了最后，也就是说，前面再也没有比最后一个数更大的，但这并没有完成整个数组元素从小到大的排序。

如果在上述执行结果的基础之上，再从下标为 1 的元素开始，一直到数组倒数第二个元素，进行同样的操作，也就是，上述代码中 j 的值改成 9，就可以把 a 中前 9 个元素的最大值移到 a 中的倒数第二个位置，此时，数组各元素的值为：0 1 4 8 -76 65 -45 12 100 123。

按照这样的过程，继续把 j 的值减 1，执行循环语句，直到 j 值为 1，则整个数组就从小到大排序。代码如下：

```
#include<stdio.h>
int main(void)
{
    int a[10]={1,0,4,8,123,65,-76,100,-45,12},t,i,j;
    for(j=10;j>=1;j--)          // 这里用外循环调整 j 的值
    {
        /* 此内循环把前 j 个元素的最大值调整到数组的第 j 个位置 */
        for(i=1;i<j;i++)
            if(a[i]<a[i-1])
            {
                t=a[i-1];
                a[i-1]=a[i];
                a[i]=t;
            }
    }
    for(i=0;i<10;i++)           // 此时数组排序，并输出各元素的值
        printf("%d ",a[i]);
    return 0;
}
```

代码执行结果为：

```
-76 -45 0 1 4 8 12 65 100 123
```

上述排序算法称为冒泡算法。如果你把数组竖着放且第 0 个元素放在下面，那么，当第一次循环即 j 为 10 时，移动最大值，随着前后两个数据的不断互换，较大的值就会往上升，最大值升到最高处；当第二次循环移动次大的数据时也是这样，整个过程与气泡向上冒相似，因此而得名。

6.1.5　折半算法

　　折半算法通常用于在一组有序数据中查找某一个数据是否存在。该算法所花费的计算时间非常少，仅从算法本身来考虑，该算法可以在巨量的数据中快速确定是否存在某个数。

　　假设数组中的数据是从小到大排序的，并存放在一个一维数组中，现在要从最小下标为 low，最大下标为 high 之间的元素中查找是否存在数值 x，折半算法首先提取下标 low 到 high 之间的中间元素值，即下标为 med=(low+high)/2 处的元素值，把它与 x 进行比较。如果这个值与 x 相等，则表示找到，结束；如果这个值比 x 大，则 x 只可能存在于下标 low 到 med-1 的元素中，下一步就只在这个范围内查找，放弃下标从 med 到 high 的所有元素，于是把 high 设置成 med-1，继续前面的过程；如果下标为 med 处的元素值比 x 小，则 x 只可能存在于下标 med+1 到 high 的数据中，下一步只在这个范围内查找，放弃下标从 low 到 med 的所有数据，于是把 low 设置成 med+1。这一过程反复进行，可以想到，如果所查范围内的中间元素值与 x 一直不等，则 low 和 high 会不断接近，当 low>high 时，就表明 x 不存在。

　　代码可以用循环来处理这一查找过程，首先把 low 初始化为 0，high 初始化为数组的最大下标值，令 med=(low+high)/2，如果下标为 med 处的值与 x 相等，则找到并退出循环；如果小于 x，则把 low 改成 med+1，大于 x 则把 high 改成 med-1，继续查找，如果 low 大于 high，则 x 不存在，循环结束。代码如下：

```
#include <stdio.h>
int main(void)
{
    int arr[10]={-76,-45,0,1,4,8,12,65,100,123};
    int low=0,high=9,x;        // x 为要查找的数据
    printf("Enter the data you want to find: ");
    scanf("%d",&x);
    while(high>=low)           // 当 high>=low 值为非 0 时，进行查找
    {
        int med=(high+low)/2;
        if(arr[med]==x)        // 中间元素值与 x 相等，表示找到，输出后结束
        {
            printf("found!pos is %d\n",med);
            break;             // 退出循环
        }
        else                   // 与 x 不等，有两种情况
        {
            if(arr[med]<x)
                low=med+1;      // 下一次循环在右边查找
            else
                high=med-1;     // 下一次循环在左边查找
        }
    }
    if(low>high)
        printf("No found!\n");
    return 0;
}
```

程序运行的一种实例结果如下：

```
Enter the data you want to find :8↵
found!pos is 5↙
```

折半算法之所以非常快速，是因为数据已完成排序，使得算法在比较一次后，就可以放弃一半的数据不予处理。

6.2 二维数组与多维数组

二维数组在科学计算中用得特别多，如果一维数组能表示一个向量的话，那么二维数组就能表示一个 $M \times N$ 的矩阵，它一次性可以定义 $M \times N$ 个变量。

6.2.1 二维数组的定义与引用

定义一个二维数组的一般形式为：

```
数据类型 数组名 [ 行数 ][ 列数 ];
```

行数和列数均可以设置为结果是非负整数的表达式，通常就是两个非负整数。GNU 库标准中行数和列数可以为 0。

例如，float arr[3][4]; 定义一个名为 arr，且有 3 行 4 列的二维数组。这个二维数组一次性定义了 3×4 个 float 型的变量，这些变量用数组名加下标操作符引用，下标从 0 开始，例如 arr[i][j] 表示第 i 行第 j 列的变量。引用二维数组中的数据变量时，行下标只能是 0 到"行数 -1"中的一个整数，列下标也只能是从 0 到"列数 -1"中的一个整数。

一个形如 Type array[M][N] 的二维数组（Type 表示某种数据类型，如 int 等），它的元素是 N 个 Type 类型数据的一维数组，若以这样的一维数组作为一个单元，则 array 包括了 M 个这样的一维数组，因此，二维数组就是特殊的一维数组，它的元素仍是一维数组。也就是说，二维数组是由一维数组的元素派生出来的。

二维数组 array[M][N] 可以用 array[0]，array[1]，…，array[M-1] 作为每个一维数组的数组名，其值为各行首个变量的地址值。

二维数组名作为数据对象，它的类型是整个二维数组，sizeof(array) 得到的结果是整个二维数组分配空间的字节数，同样，sizeof(array[i]) 得到一行的字节数。整个二维数组的数据类型可以用"数据类型 [行数][列数]"表示。需要特别注意的是，只有数据类型、行数和列数均相同才是同一种数据类型。

例如，int student[10][5];，此二维数组 student 的数据类型用 int[10][5] 表示，共有 10 个元素，即 student[0] 一直到 student[9]。每个元素是一个含 5 个 int 型数据的一维数组，数据类型用 int [5] 表示。可以把 student[i]（i 从 0 到 9）当成一维数组的数组名来使用，引用第 i 行这个一维数组中第 j 个元素就是"student[i][j]"。

与一维数组一样，在 C99 标准以后，二维数组也可以定义成变长数组，例如：

```
int m=6,n=3;
int array[m][n+2];
```

指定行数和列数的表达式值必须是非负整数（有些编译系统不支持 0），二维数组才可以定义成功。

6.2.2　二维数组的存储方式

当定义一个类型为 Type，*M* 行 *N* 列的二维数组时，编译系统会申请 $M \times N \times$ sizeof(Type) 个字节的连续空间存放 $M \times N$ 个数据变量。

申请到空间后，数组名的值就是该空间的首地址。存储一个二维数组中的变量是行优先存储，即先顺序存第 0 行，再从后面存第 1 行，最后存第 *M*−1 行。

假设有二维数组 int a[4][3]，则编译系统为其分配能存放 12 个 int 型数据的连续内存空间。假设其第 0 行到最后一行各变量的值分别为 1~12，空间的首地址是 6000（实际地址由编译系统分配），则 a 的值为 6000。整个数组的数据存储格式如图 6-3 所示。

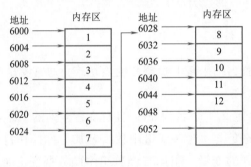

图 6-3　二维数组各变量存储示意图

数组 a 的每个元素是一个一维数组，数组名可分别用 a[0]、a[1]、a[2]、a[3] 表示。它们的值分别是对应一维数组首个元素的地址值，这里就分别是 6000、6012、6024 和 6036。可以看出，a 与 a[0] 的值一样，但是作为一个对象，它们的数据类型是不一样的，a 的数据类型是整个二维数组，表示为 int [4][3]，而 a[i] 表示第 i 行的一维数组，其数据类型为 int [3]。在图 6-3 中，sizeof(a) 的值为 48，而 sizeof(a[0]) 的值为 12。

6.2.3　二维数组初始化

对二维数组进行初始化的方法有以下几种。

（1）分行给二维数组所有变量赋初值，以行优先的顺序，对每一个变量进行初始化。例如：

```
int a[3][4]={{1,2,3,4},{5,6,7,8},{9,10,11,12}};
```

（2）所有变量数据在一个 {} 内，按数组变量的存储顺序对各变量赋初值。例如：

```
int a[2][4]={1,2,3,4,5,6,7,8};
```

此时，变量 a[0][0]、a[0][1]、a[0][2]、a[0][3] 的值分别 1，2，3，4;a[1][0]、a[1][1]、a[1][2]、a[1][3] 的值分别 5，6，7，8。

（3）对部分数据变量赋初值。例如：

```
int a[3][4]={{1},{5},{9}};
```

内部 {} 指定某一行的元素值，一行没有满的数据，自动赋成 0。此例中，定义并初始化二维数组 a 后，二维数组中各变量的数据值如下：

$$1\ 0\ 0\ 0$$
$$5\ 0\ 0\ 0$$
$$9\ 0\ 0\ 0$$

也可以只对几行赋值，没有给定值的变量，均赋成 0。如 int a[3][4]={{1},{5}};，只赋两行，那么最后一行全部为 0。如果第 1 行不赋值，而要对第 2 行赋值，要写成 int a[3][4]={{1},{},{9}};，第 0、2 行的第一个变量分别初始化为 1 和 9，第 1 行数据全部为 0。

（4）若对全部变量都赋初值，则定义数组时对第一维的长度可以不指定，但第二维的长度不能省。例如：

```
int a[3][4]={1,2,3,4,5,6,7,8,9,10,11,12};
```

可以写成：

```
int a[][4]={1,2,3,4,5,6,7,8,9,10,11,12};
```

（5）在定义一个二维数组时，可以用指定元素的初始化器进行初始化。其行数可以不指明，但列数必须明确指定，定义的二维数组的行数为指定最大行下标数加 1。例如：

```
int c[][3]={
    [0]={ 1, 2, 3 },          // 对第 0 行进行初始化
    [2]={4,5},                // 对第 2 行进行初始化，第 2 行的最后一个数据为 0
    [3][0]=9, [3][2]=7        //c[3][1] 的值为 0
};
```

因为这里指定的最大行下标为 3，所以 int c[][3] 实质上是定义了一个 int c[4][3] 的二维数组，初始化的结果如下：

$$1\ 2\ 3$$
$$0\ 0\ 0$$
$$4\ 5\ 0$$
$$9\ 0\ 7$$

例6-8　定义一个二维数组并对其进行初始化，然后求出整个二维数组各数据的和。

分析：本例应用指定元素的初始化器对二维数组进行初始化，然后应用二重循环将其所有变量数据相加并输出。代码如下：

```
#include<stdio.h>
int main(void)
{
    int sum=0;
```

```
int arr[4][3]={
    [0]={2,7,3},
    [2]={4},
    [3][0]=4,
    [3][2]=6
};                              // 初始化一个二维数组
for(int i=0;i<4;i++)
    for(int j=0;j<3;j++)
        sum+=arr[i][j];         // 引用数组的变量数据并相加
printf("sum=%d \n",sum);
return 0;
}
```

程序运行结果如下：

```
sum=26 ↙
```

例6-9　把二维数组 int a[4][3]={1,2,3,4,5,6,7,8,9,10,11,12} 的相邻奇数行与偶数行互换，并输出。

分析：本例主要是巩固二维数组各变量的存储知识，方法如下：因为二维数组变量在内存中是以行优先顺序存储的。所以要把第 i 行与 i+1 行互换，可以先声明一维数组 temp，长度与二维数组的一行相同，且变量类型一致，互换相邻两行时，首先把第 i+1 行内存空间的字节数据复制到 temp 数组的内存空间，然后把第 i 行内存空间字节数据复制到第 i+1 行的内存空间，最后把 temp 数组内存空间的字节数据复制到第 i 行的内存空间。

因为 memcpy(b,a,n) 函数的作用是把从地址 a 开始的 n 个字节复制到以地址 b 开始的空间中，因为第 i 行、第 i+1 行的首地址分别为 a[i]、a[i+1]，且每一行的字节数相同，可用 sizeof(a[0]) 统一表示，所以用 memcpy(a[i+1],a[i],sizeof(a[0])); 就可以把第 i 行的数据复制到第 i+1 行。代码如下：

```
#include<string.h>
#include<stdio.h>
int main(void)
{
    int a[4][3]={1,2,3,4,5,6,7,8,9,10,11,12};
    int i,byteNum;
    int temp[3];                        // 定义一个临时数组
    byteNum=sizeof(a[0]);               // 得到一行的字节数
    for(i=0;i<4;i=i+2)
    {
        memcpy(temp,a[i], byteNum);     // 把第 i 行复制到临时数组
        memcpy(a[i],a[i+1], byteNum);   // 把第 i+1 行复制到第 i 行
        memcpy(a[i+1],temp, byteNum);   // 把临时数组的数据复制到第 i+1 行
    }
    for(int i=0;i<4;i++)                // 分行输出互换后的各变量
    {
        for(int j=0;j<3;j++)            // 输出一行的变量
            printf("%d ",a[i][j]);
```

```
        printf("\n");
    }
    printf("\n");
    return 0;
}
```

此例中 a[i]、a[i+1] 是二维数组元素的一种引用。

6.2.4 二维数组的应用举例

例6-10   把矩阵 $\begin{pmatrix} 1 & 2 & 3 \\ 4 & 5 & 6 \end{pmatrix}$ 转置，放入另一个矩阵，并输出转置矩阵。

分析：首先定义一个数据类型为 int，2 行 3 列的二维数组 a 存放矩阵的数据，矩阵转置就是把原来第 i 行第 j 列的数据，放到第 j 行第 i 列的位置上，所以要再定义一个 3 行 2 列的二维数组 b 存放转置矩阵。

接下来，用二重循环把原数组中的变量 a[i][j] 赋值给 b[j][i] 就能实现转置，最后，输出 b 数组中的各数据。程序代码如下：

```
#include<stdio.h>
int main(void)
{
    int a[2][3]={{1,2,3},{4,5,6}};      // 二维数组的定义和初始化
    int b[3][2],i,j;                    // 定义了二维数组b[3][2]，并没有初始化
    for(i=0;i<2;i++)
    {
        for(j=0;j<3;j++)
        {
            b[j][i]=a[i][j];            // 把a[i][j]赋给b[j][i]
            printf("%5d",a[i][j]);      // 输出原数组
        }
        printf("\n");                   // 输出一行后换一行
    }
    printf("\n\n转置后的矩阵:\n");
    for(i=0;i<3;i++)                    // 输出转置后的矩阵
    {
        for(j=0;j<2;j++)
            printf("%5d",b[i][j]);
        printf("\n");
    }
    return 0;
}
```

例6-11   有一个 $m \times n$ 的矩阵，m 和 n 由键盘输入，要求编程给每一个变量赋值并找出其中的最大值，并输出最大值以及其所在的行下标和列下标。

分析：首先，用 scanf() 函数接收从键盘输入的 m 和 n 的值，再定义一个 $m \times n$ 大小的二维数组（这里的顺序不能颠倒，用变量定义变长数组时，变量必须先有确定的值），再用二重循环从键盘输入数组的各数据。

然后，定义一个变量 max 记录最大值，并初始化成二维数组第 0 个变量的值，再定义两

个变量 row 和 col 存放 max 所在的行下标和列下标，都初始化为 0。此时，max 的值及行下标和列下标只是第 0 个数据的信息，不是整个二维数组中最大值数据的信息。

完成这些准备工作后，用二重循环遍历二维数组中的每个变量，如果这个变量比 max 大，则将其赋给 max，并将其所在行下标和列下标分别赋给 row 和 col，这样二重循环运行完后，max 就是二维数组中变量的最大值，row 和 col 是最大值所在下标。代码如下：

```
#include<stdio.h>
int main(void)
{
    int i,j, m,n;
    printf(" 请输入行数和列数: ");
    scanf("%d%d",&m,&n);
    int a[m][n];                        // 要在 m 和 n 确定以后定义
    printf(" 请以先行后列方式输入 %d 个数据: \n",m*n);
    for(i=0;i<m;i++)
        for(j=0;j<n;j++)
            scanf("%d",&a[i][j]);
    int row=0,col=0,max=a[0][0];        // 定义并初始化三个变量
    for(i=0;i<m;i++)                    // 二重循环遍历二维数组的每一个变量
    {
        for(j=0;j<n;j++)
            if (a[i][j]>max)            // 如果有变量值大于 max，记录该值及下标
            {
                max=a[i][j];
                row=i;
                col=j;
            }
    }
    printf("max=%d,row=%d,col=%d\n",max,row,col);
    return 0;
}
```

程序运行结果如下：

```
请输入行数和列数 :3    4↵
请以先行后列方式输入 12 个数据:
11 23 4 5 24 65 43 52 23 75 61 29↵
max=75,row=2,col=1✓
```

例 6-12　有一个 3×4 的二维数组，已赋初值，要求输出每一行第 0 个数据地址值和每一行中数据的最大值。

分析：首先，定义一个 3×4 的二维数组存放数据，并初始化。因为"二维数组名 [i]"可看成是第 i 行构成的一维数组的数组名，所以"二维数组名 [i]"就是第 i 行的第 0 个变量的地址值，可用 printf() 函数输出，地址值用格式控制符 %ld 输出。

对于第 i 行的最大值，参考例 6-11 的思路，只需要先定义一个变量，把第 i 行的第 0 个变量的值赋给它，然后用一个循环遍历第 i 行各变量值，即可得到第 i 行的最大值，循环完成后，输出该最大值。因为有多行需要处理，所以给这一过程在外层加一层循环，让 i 从 0 循环到 2。

具体代码如下：

```c
#include<stdio.h>
int main(void)
{
    int arr[3][4]={1,2,3,4,5,6,7,8,9,10,11,12};
    for(int i=0; i<3;i++)
    {
        printf("row %d:address is %ld,", i,arr[i]); // 输出第 i 行第 0 个变量地址
        int max=arr[i][0];   // 把第 i 行的第 0 个变量赋给 max
        /* 这个循环找出第 i 行的最大值 */
        for(int j=0;j<4;j++)
            if(max<arr[i][j])
                max=arr[i][j];
        printf("max value is %d\n",max);
    }
    return 0;
}
```

程序运行的一个实例结果如下：

```
row 0:address is 6421984,max value is 4
row 1:address is 6422000,max value is 8
row 2:address is 6422016,max value is 12
```

这里的地址值在不同条件下运行的结果可能不一样，但地址值的差值是一样的。根据二维数组的性质，如果有语句 printf(" %ld,",arr);，则输出的值也为 6421984，这与第 0 行的初始地址一样，但 arr 是二维数组名，arr[0] 是一维数组名，以其值为地址的内存空间中存放的数据类型是各自元素的类型，前者存放的是一维数组，数据类型是 int[3]，后者存放的是 int 型数据。这里要特别注意，数组名的数据类型与以其值为地址的内存空间中存放的数据类型是两回事。

6.2.5　多维数组

多维数组是指二维以上的数组，即三维、四维甚至于更高维度的数组。多维数组与二维数组类似。如 int a[2][3][4]; 就定义了一个三维数组 a，a 的数据类型为 int[2][3][4]，a 的值是分配给变量空间的首地址，三维数组的元素是一个二维数组，元素的数据类型是 int [3][4]。

多维数组也类似，例如 int b[2][3][4][5]; 定义了一个四维数组 b，b 的数据类型是 int [2][3][4][5]。b 的值是变量空间的首地址，它的元素是一个三维数组，元素的数据类型是 int [3][4][5]。

多维数组中的变量存储策略与一维、二维数组一样，都是从低地址到高地址依次顺序存放数据的，如果是三维数组，先存储第一个二维数组，再存储第二个二维数组，依此类推。四维数组同样，先存储第一个三维数组，然后存储第二个三维数组，依此类推。

同样的，多维数组的初始化也遵循顺序下标初始化器、受指定的初始化器以及两者混合的方式进行初始化。这里不再详细举例，读者可根据前面所学的知识自己去探索。

6.3 字符数组

如果定义数组时用的基本数据类型为 char 型，则称这样的数组为字符数组。字符数组也分为一维、二维和多维。例如，char c[10]、char ch[3][5] 均是字符数组，数组中各变量是 char 型。

6.3.1 字符数组的初始化

前面讲述的一维、二维和多维数组的初始化方法均适用于字符数组，可以用受指定的初始化器、顺序下标初始化器或者两者的混合方式进行初始化，也可以用匿名数组初始化。例如，下面是对一维和二维字符数组用顺序下标初始化器进行初始化的两个例子。

（1）char ch[10]={ 'I', ' ' , 'a' , 'm' , ' ', 'h', 'a', 'p', 'p', 'y'};，没有初始化的变量自动赋成 '\0'。

（2）char diamond[3][5]= {{' ',' ','*'},{' ','*',' ','*'}};，没有初始化的变量自动赋成 '\0'。

以上是逐个字符输入初始化，非常麻烦。因此，C 语言提供了一种友好的初始化方法，就是用字符串的方式对字符数组初始化。例如：

```
char name[20]={"zhongguo"};
```

或者

```
char name[20]="zhongguo";
```

这种初始化方法是把字符串中的每个字符顺序赋给一维数组的每个变量。因为字符串除了它本身外，在结尾有字符 '\0'，所以定义时指定的元素个数至少要比字符串的字面量个数多 1。

像 char name[4]={"hong"}; 就会产生问题，因为存放这个字符串时需要占 5 个字符空间。

对于一维字符数组，一般一个元素占一个字节，且顺序存储，下标小的地址小。例如，一维字符数组 char ch[6]= "abcd" 在内存中的存储如图 6-4 所示。

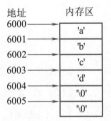

图 6-4　字符数组存储实例

图 6-4 中左边的内存编号是为方便讲解假设的。与其他一维数组一样，数组名 ch 的值为字符数组第 0 个字符所在地址的编号。图 6-4 中，ch 的值是 6000，ch 值所在地址存储的数据类型是 char 型，ch 的数据类型是有 6 个字符元素的一维数组，即 char[6]。

对于二维字符数组，也可用字符串的方式进行初始化。例如：

```
char name[10][8]={ "hong","wang","liu"};
```

当然，也可以用指定下标初始化器进行初始化，例如：

```
char ch[3][8]={[0]="abc",[2]="abcdd"};
```

如果是二维数组，则"数组名 [下标]"也是一个地址值，可以用作下标指定行的一维字符数组名。

6.3.2　字符数组的输入和输出

定义了字符数组，可以通过键盘输入字符串，下面介绍两种方法。

（1）使用 scanf() 函数。其格式控制符为 %s，在 scanf() 函数的地址列表中，直接用一维字符数组的数组名。例如：

```
char name[20];
scanf("%s",name);            // 地址列表不要写成 &name，直接用数组名 name
```

因为一维数组名的值就是地址，且该地址中存放的是字符，这与 scanf() 函数要求用地址列表是一致的，%s 格式控制符把输入的内容解释成字符串，顺序存放在以数组名的值为地址的内存空间中。上述代码在执行时可以从键盘接收一串字符，但输入的字符个数不能超过 19 个，因为这里的一维字符数组只定义了 20 个字符空间，而接收串后还要加上 '\0'。如果超出给定空间，可能占用别的内存空间，使程序运行时产生意想不到的错误。字符数组可以 printf("%s"，一维字符数组名); 形式输出。

例 6-13　从键盘输入字符串给一个一维字符数组，并输出。

```
#include <stdio.h>
int main(void)
{
    char name[20];        // 定义一个一维字符数组
    scanf("%s",name);     // 接收字符串，存放在以 name 值开始的内存空间中
    printf("%s\n",name);  // 输出字符串
    return 0;
}
```

程序运行结果如下：

```
zhongguo↵
zhongguo↙
```

值得注意的是，scanf() 函数接收字符串时有一不足之处，是从非空格处开始接收字符，遇到空格就结束。如输入 " ␣ zhongguo cheng↵"，'z' 前面有空格 ␣，scanf() 函数忽略这些空格，从 'z' 处接收字符，到 'c' 字符前的空格结束，所以，如果是这种输入，例 6-13 的输出为 "zhongguo"。也就是说 name 只接收了 "zhongguo"，其后的空格和字符都没有被接收。要用多个字符数组接收多个串，输入时中间可用空格隔开，但这种输入方式需要每个串本身不能有空格。例如：

```
scanf("%s%s%s",str_1,str_2,str_3);  // str_1、str_2、str_3 为一维字符数组名
```

（2）使用 gets() 函数。在实际中，经常要输入中间有空格的字符串，例如英文姓名，姓和名之间通常有空格，这时用 scanf() 函数的 %s 的形式就比较烦琐，所以 C 库中提供了 gets() 函数用来接收字符串数据，其格式为：

```
gets(一维字符数组名);
```

gets() 函数将输入的字符（包括空格字符）全部取出，去掉回车符，在输入字符后加上 '\0'，然后存到以一维字符数组名值为首地址的内存空间中，各字符顺序存放。

其实，在 gets(一维字符数组名) 中，一维字符数组名使用的是其表达的地址，以指定字符串从哪里开始存放，重点在地址，而不在数组名。

例 6-14　用 gets() 函数获取通过键盘输入的字符串，并输出。

```
#include<stdio.h>
int main(void)
{
    char name[20];
    gets(name);          // 接收到的字符从 name 表示的地址处开始顺序存放
    printf("%s\n",name);
    return 0;
}
```

程序运行的一种实例结果如下：

```
⊔⊔zhongguo↵        // ⊔⊔表示空格
⊔⊔zhongguo↙        // 输出的串，⊔⊔表示空格
```

应用 gets() 函数接收输入串时，如果输入的字符个数超过了一维字符数组指定的大小，结果会怎样？ gets() 函数还是可以获取所有输入字符，但多出的字符有可能挤占其他变量的内存空间，覆盖其他变量值，因此，使用 gets() 函数时要特别注意。例如，有 char ch[5];int x;，假设数组变量的空间和 x 的空间在内存中的位置是相邻的。现有语句 gets(ch);，假设用户输入 6 个字符 abcdef，则输入的最后一个字符 f 和字符 '\0' 就会占用变量 x 两个字节的空间，这样就覆盖了 x 的值，如图 6-5 所示。具体实例见例 6-15。

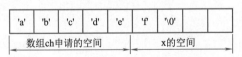

图 6-5　gets() 函数多获取字符的问题示意图

例 6-15　使用 gets() 函数造成问题的实例。

```
#include<stdio.h>
int main(void)
{
    int x=10; char ch[5];
    printf("%ld,%ld\n",ch,&x);   // 输出 ch 和存放 x 的空间地址
    gets(ch);
```

```
        printf("x=%d\n",x);
        return 0;
}
```

程序运行的一种实例结果如下：

```
6422039,6422044
abcdef↵
x=102 ✓
```

注意到 x 的值已被覆盖。x 本来是 10，但因为输入串使得 x 变成了 102（这里 x 以小端字节序存储），所以 C11 标准以后删除了 gets() 函数，使用一个新的更安全的 gets_s() 函数替代，但许多编译器（如 gcc）没有很好地支持这一新的函数，而且仍保留了 gets() 函数，但 VS 2015、VS 2019 等系统能支持 gets_s() 函数。

下面介绍字符串输出函数 puts()。使用方法为 puts(一维字符数组名)，它的作用是从一维数组名的值开始，把内存中的字符逐一输出，直至遇到 '\0' 为止，然后换行。例如，输出一维字符数组 name，可写成 puts(name);，这里的 name 实质上也是指定一个输出字符的开始地址，puts() 函数从该地址开始输出字符直至遇到 '\0' 结束，并换行。

显然，根据这种输出方式，如果自定义一个一维字符数组，它本身没有包括 '\0'，用 printf() 函数和 puts() 函数输出就会出现问题，因为找不到字符串结束标识。

例 6-16   输出串的几个实例。

```
#include<stdio.h>
int main(void)
{
    char partment[]="school";
    puts(partment);                   // 输出 school，并换行
    char name[5]={'a','b','d','h','d'};       // 注意，空间均被指定字符初始化
    printf("%s",name);                //name 没有字符串结束标识，不能正确结束输出
    puts(name);                       //name 也不能正确输出
    char addr[5]={'a','b','\0','h','d'};   // 注意到中间的 '\0'，它是串结束标识
    printf("%s", addr);        // 只输出 ab
    puts(addr);                // 只输出 ab，并换行
    return 0;
}
```

6.4 字符串处理函数及其应用

标准头文件 string.h 中列出了丰富的字符串操作函数，例如字符串比较、获取字符串长度、字符串复制等。在实际应用中，这些函数使用非常广泛。下面先介绍几个常用的串函数，然后阐述它们在实际中的一些应用。

1.strcat() 函数

strcat() 函数的一般语法格式为：

```
strcat(字符串1, 字符串2)
```

其功能是把字符串 2 连接到字符串 1 的后面，形成一个串。

这里要注意的是字符串 1 必须存放在一个可修改值的内存空间中，比如用一般形式定义的一维字符数组中，且两个字符串应有 '\0' 结尾。如果字符串 1 是常量串，则执行失败。

例 6-17 实现两个字符串的连接

```c
#include <stdio.h>
#include <string.h>          // 引入头文件，否则不能识别 strcat() 函数
int main(void)
{
    char name[20]={'A','B','\0'};        // 注意最后一个字符 '\0' 不能丢
    char ch[]="abc";
    strcat(name,ch);         // 把 ch 串接到 name 串字符 'B' 后面
    printf("%s\n",name);
    char str[]="AB";         // 注意这里的 str 串只有 3 个字节的内存空间
    strcat(str,ch);          // 把 ch 串接到 str 串字符 'B' 后面
    printf("%s\n",str);
    return 0;
}
```

程序运行结果如下：

```
ABabc↙
ABabc↙
```

程序的运行结果看起来是正确的，但仔细分析一下，strcat() 函数的作用是连接两个串并存放在第一个字符数组中。但在上述代码中，数组 str 存放字符的空间只有 3 字节，也就是说这个空间装不下连接后的字符串。因为 str 以后的第 4 个字节不属于 str 数组，但 strcat() 函数可以直接使用 str 空间后的内存，这就造成了所谓内存泄露问题，这种隐性的问题在实际应用中常常可能更改其他变量的数据，造成程序崩溃。

那么这里为什么又可以正确输出结果呢？这是因为 printf()、puts() 等函数输出字符串时，从指定的地址开始一直输出字符，直至遇到 '\0' 为止。由于这里的输出是从 str 的第一个字符开始，输出过程中并没有涉及其他变量利用已超越的内存空间。

因此，在进行字符连接时，要考虑第一个字符串的大小，它的空间要能存放下连接后的字符串。从这个实例可以看出，C 语言虽有很强的灵活性，但使用时必须掌握其内涵本质。

2. strcpy() 函数

strcpy() 函数的一般语法格式为：

```
strcpy(字符串1,字符串2,n)
```

其功能是将字符串 2 的前 *n* 个字符复制到字符串 1 中，并在其后加上 '\0'。如果字符串 2 不足 *n* 个字符或没有写 n，则把字符串 2 全部复制给字符串 1。这里字符串 1 必须放在可修改值的内存空间中。例如，char str2[]="math",str1[10]; 则执行 strcpy(str1,str2); 后，str1 串变成了

"math"。执行 strcpy(str1,str2,2); 后，将 str2 串的前面 2 个字符复制到 str1 中，然后再加一个 '\0'，所以 str1 串就是 "ma"。

字符串之间不能直接用 "=" 赋值，即不能写成 str1=str2; 进行字符串的赋值，这样写是把 str2 一维数组的首地址赋给 str1，而 str1 作为数组名不允许被赋值。使用 strcpy() 函数时，要注意存放字符串 1 的一维数组内存空间要大于或等于字符串 2 的字符数量（即不包括 '\0' 的字符个数）加 1。

3.strcmp() 函数

strcmp() 函数的一般语法格式为：

```
strcmp( 字符串 1, 字符串 2)
```

其功能是比较两个字符串的大小。

比较的规则是对两个字符串自左至右逐个字符比较（包括串结尾字符 '\0'），直到出现不同的字符或遇到 '\0' 为止。如全部字符相同，则认为两个串相等；否则字符 ASCII 码值大的所在串大。

比较结果由函数返回，当字符串 1 与字符串 2 相等时，函数返回值为 0；当字符串 1 大于字符串 2 时，函数返回值为正整数；当字符串 1 小于字符串 2 时，函数返回值为负整数。例如：

```
x=strcmp("A","B");          //x 是一个负整数，注意 A、B 不能用单引号引起
x=strcmp("a","A");          //x 是一个正整数
x=strcmp("compare","computer");   //x 是一个负整数
x=strcmp("ab","a");          //x 是一个正整数
x=strcmp("ab","ab");         //x 为 0
```

4.strlen() 函数

strlen() 函数一般语法格式为：

```
strlen (字符串)
```

其功能是返回一个字符串的长度。这里长度值为字符串中字面字符的个数（不包括 '\0' 在内）。例如：

```
int x=strlen("abcd");        //x 的值为 4
int x=strlen("ab\025cd");    //x 的值为 5，转义字符 \025 算一个字符
int x=strlen("ab\0cd");      //x 的值为 2，字符串到 \0 处结束
```

5.strlwr() 函数

strlwr() 函数的一般语法格式为：

```
strlwr(字符串)
```

其功能是将字符串中大写字母转换成小写字母。这里的字符串必须存放在可修改的空间中。

例6-18 在 main() 函数中给定一个字符串,遍历每一个字符,把大写字母变成小写字母。并与 strlwr() 函数实现的结果进行对比。

分析:定义一个一维字符数组用于存放字符串,因为要与 strlwr() 函数比较,因此,再定义一个一维字符数组,其值与前一个一致。对于第一个字符数组,用一个循环提取数组中的每个字符,如果是大写字母就将其变成小写字母,直到数组中的字符为 '\0'。代码如下:

```
#include<stdio.h>
int main(void)
{
    char str1[10]="Zhong Guo";        // 定义两个元素值一样的一维字符数组
    char str2[10]="Zhong Guo";
    int i=0;
    while(str1[i]!='\0')              // 用循环遍历每一个字符
    {
        if(str1[i]>='A'&&str1[i]<='Z')  // 是大写字母就变成小写字母
            str1[i]=str1[i]+32;         // 变成小写字母
        i++;
    }
    puts(str1);                       // 输出 str1
    puts(strlwr(str2));               // 用 strlwr()函数把 str2 转换后输出结果
    return 0;
}
```

6.strupr() 函数

strupr() 函数的一般语法格式为:

```
strupr(字符串)
```

其功能是将字符串中小写字母转换成大写字母。这里的字符串必须存放在可修改的空间中。

本节所讲的字符串函数,其括号中的字符串本质上都是一个地址,这个地址所在内存空间中存放的是 char 型数据。

由于字符数组及字符串处理函数应用范围广,下面再举几个实例加以说明。

例6-19 从键盘输入 5 人的姓名,存入一个二维字符数组中,并输出。

分析:首先定义一个二维字符数组,每个一维数组存放一个人的姓名。因为姓名可能存在空格,所以输入一个人的姓名时用 gets() 函数。

当定义的字符数组是二维字符数组时,不能直接把二维数组名用于 gets() 函数中,因为 gets() 函数的 () 中应是一维字符串的首地址,更确切地说,是一个存放 char 型数据的地址,而二维数组名作为地址的内存空间存放的数据类型是一维数组,所以这里用 gets() 函数接收一个姓名时,其 () 中要用"二维数组名 [行下标]"。代码如下:

```
#include<string.h>
int main(void)
{
    int i;
    char name[5][20];
```

```
    for(i=0;i<5;i++)
        gets(name[i]);   //name[i] 的值是地址，可看成是第 i 行的一维数组名
    for(i=0;i<5;i++)
        printf("\n%s ",name[i]);
    return 0;
}
```

注意：

这里将 name[i] 应用于 gets() 函数和 printf() 函数中。因为 gets() 函数接收的是一个字符串，而 name 表示的是 5 个字符串，name[i] 才是存放第 i 个串的一维数组名，同样的，printf() 函数中的 %s 对应的也应是一维字符数组名。

例 6-20   在 main() 函数中比较两个字符串 str1 和 str2 的大小，并与 strcmp() 函数的结果对比。

分析：比较两个字符串的大小时要从开始逐个比较两个字符串中的对应字符，直到对应字符不相等或其中一个串结束。因此，可用一个循环来实现。这里用 while 语句，其控制表达式写为：

```
!(result=str1[i]-str2[i]) && str1[i]
```

在循环过程中，如果字符相等，但两个串都没有到达最后 '\0' 处，则 result 为 0，!result 为 1，且 str1[i] 的值非 0，所以整个控制表达式的值为 1，继续循环。

如果某处对应字符不等，result 为非 0 值，则 !result 为 0，控制表达式值为 0，循环结束。此时，result 的值就是正数或者负数，根据它就可以判断字符串的大小。

如果两个串 str1、str2 前面的字符都相等，此时有串 str1 到达了 '\0' 处，则 result 的值有两种情况：一是串 str2 没有达到 '\0' 处，则串 str2 大，此时，result 的值为非 0，!result 为 0，所以不管 str2[i] 的值是什么，整个控制表达式的值为 0，循环结束；二是串 str2 也达到 '\0' 处，则两串相等，此时 result 的值正好为 0，与字符串相等信息一致。这里，虽然 !result 为 1，但此时 str1[i] 的值为 0，所以整个控制表达式的值为 0，循环结束。

循环结束后，利用 result 值就能给出串比较的结果，下面是具体代码：

```
#include<stdio.h>
#include<string.h>
int main(void)
{
    char str1[20],str2[30];
    int i=0,result=0;
    printf(" 输入两个串，一个串输入结束后按 Enter 键 \n");
    gets(str1);
    gets(str2);
    while(!(result=str1[i]-str2[i]) && str1[i])     // 循环执行比较
        i++;
    if(result>0)          // 根据正负把结果值统一成 1、-1
        result=1;
    else
    {
```

```
        if(result<0)
            result=-1;
    }
    /* 输出结果，与 strcmp() 函数执行的结果一起输出，看结果是否一致 */
    printf("%d  %d\n",result,strcmp(str1,str2));
    return 0;
}
```

从本实例可以看出，要写出简单且满足复杂实际情况的程序，需要灵活地运用 C 语言的语法和长期的学习、思考、总结和实践。我国先哲们早就从不同的角度谈过学习、思考的意义与作用："业精于勤荒于嬉，行成于思毁于随。""学而不思则罔，思而不学则殆。""问渠那得清如许？为有源头活水来。"

例 6-21 编程实现某班学生的姓名以及 C_language、higher_mathematics 两门课的成绩输入，并按各学生总分从高到低进行排序后输出。

分析：首先定义两个一维数组存放两门课的成绩，然后定义一个二维字符数组存放班级学生姓名，每一行存放一个姓名。

本例通过冒泡排序算法进行排序，要把前一同学与后一个同学的总分进行比较，如果前者总分小则互换。这里有三个数组，互换时学生的信息，包括姓名、两门课的成绩，要同时互换。并且注意到姓名是字符串，它们之间不能用赋值符号进行赋值，互换时要用 strcpy() 函数。为此，先定义一个临时一维字符数组 tempName。整个程序代码如下：

```
#include<stdio.h>
#include<string.h>
#define LEN 20          // 一个学生姓名占用的长度
int main(void)
{
    int i,j,N;          //N 为学生人数
    float C_language[N], higher_mathematics[N], temp;
    printf(" 输入学生个数: ");
    scanf("%d", &N);
    char name[N][LEN], tempName[LEN];
    // 第一步，用一个循环输入班级学生的数据
    for(i=0; i<N;i++)
    {
        printf(" 请输入第 %d 个同学的姓名，输完按 Enter 键:\n", i+1);
        gets(name[i]);     // 接收姓名字符串
        printf(" 请输入第 %d 个同学的两门成绩，中间用空格隔开，\
                    输完按 Enter 键:\n", i+1);
        scanf("%f%f", &C_language[i], &higher_mathematics[i]);
    }
    // 第二步，用冒泡算法排序。
    for(j=N; j>=1; j--)
    {
        for(i=1; i<j;i++)
            /* 前一个学生的总分比后一个的小，互换成绩和姓名 */
            if(C_language[i] + higher_mathematics[i] >
                C_language[i-1]+higher_mathematics[i-1])
```

```
                    {
                       // 互换 C_language 中的成绩
                       temp=C_language[i-1];
                       C_language[i-1]=C_language[i];
                       C_language[i]=temp;
                       // 互换 higher_mathematics 中的成绩
                       temp=higher_mathematics[i-1];
                       higher_mathematics[i-1]=higher_mathematics[i];
                       higher_mathematics[i]=temp;
                       // 下面用 strcpy() 函数对姓名进行互换
                       strcpy(tempName,name[i-1]);      //name[i-1]看成一维数组名
                       strcpy(name[i-1],name[i]);
                       strcpy(name[i],tempName);
                    }
            } // 排序完毕
            printf("\n 按总分排序的结果：\n");
            for(i=0;i<N;i++)
               printf("%s,%3.0f,%3.0f\n",name[i],C_language[i],  \
                       higher_mathematics[i]);
            return 0;
}
```

小结

　　本章讲述了一维数组、二维数组的定义、引用、初始化方法、存储方式，介绍了 string.h 头文件中几个比较常用的库函数，重点介绍了一维数组和二维数组的应用。理解本章内容的关键是数组及其元素的数据类型。数组名作为地址时，地址中存放的数据类型就是其元素的数据类型。

习题

　　1. 输入 10 个数到数组 A 中，输出其最小值和最小值的下标。

　　2. 用受指定的初始化器给一个 int 型的一维数组输入 5 个数值，并倒序输出。

　　3. 用受指定的初始化器和顺序下标初始化器给一个大小为 $M \times N$ 的二维数组初始化值，然后用循环找出它的最大值并输出。M 和 N 自己确定为一个整数常量。

　　4. 有二维数组，int A[5][4]={1,2,3,4,5,6,7,8,9,10,11,12,13,14,15,16,17,18}; 试在计算机上输出 A 和 A[0] 到 A[4] 的值，并回答下列问题。

　　（1）A[i] 和 A[i+1]（i 为 0，1，2，3）的值相差多少，为什么是这样？

　　（2）A 和 A[0] 的值相同吗？A 和 A[0] 所在空间存放的数据类型相同吗？为什么？A[0] 可以看成是一个有 5 个 int 数据的一维数组名吗？

　　5. 自己定义两个矩阵，并给定元素值，输出它们的乘积，代码写清楚注释。

　　6. 有两个 $n \times n$ 的矩阵，赋予各数据初始值，分别把它们在水平方向上连接合并成一个 $n \times 2n$ 的矩阵，在垂直方向上连接合并成一个 $2n \times n$ 的矩阵，并输出。

7. 在 main() 函数中，把一个字符串复制到另一个字符串中（不能用 strcpy() 函数）。

8. 在 main() 函数中，把一个字符串的所有小写字母均变成大写字母（不能用 strupr() 函数），把空格变成 '_'。

9. 定义两个数组，分别存放某班学生的姓名、一门课程的成绩，并按成绩排序，然后用折半法找出成绩中是否存在某个分数，如果存在，输出这个分数的学生姓名和分数，分数相同的人要全部输出。

10. 有一个 float 型的 $M \times N$ 二维数组，输出它最外围的所有数据，以及这些数据的平均值。

11. 输入 6 个英文单词，按英文词典的排序方式输出。

12. 输入一个班级的学生学号、两门课成绩（人数不少于 5 个）。按成绩降序输出每个人的信息。输出时让用户指定按哪门课成绩排序或是按总分排序。

提示：用 printf(" 请选择排序的类型：输入 1 按课程 1 排序，输入 2 按课程 2 排序，输入 3 按总分排序。") 提示输入，然后用 if 语句或 switch 语句编写相应的排序代码。

函数

7.1 为什么要用函数

用 C 语言编写较大规模的程序时，往往将其分为若干个程序模块，每个模块包括一个或多个函数，每个函数实现一个特定的功能。这种模块化的方法使程序更加简洁，编程更加灵活、方便，且易于调试。例如，编写一个能输出图 7-1 所示结果的代码。

```
********************
How do you do!
********************
```
图 7-1　输出的结果

可以直接在主函数中实现此功能，代码如下：

```
#include<stdio.h>
int main(void)
{
    printf("********************\n");
    printf("How do you do!\n");
    printf("********************\n");
    return 0;
}
```

代码中，函数体的第一条语句和最后一条语句的功能一样，可以通过自定义函数，然后调用该函数，完成相同的功能。这样编写代码更加简洁、灵活，实现代码重用；更重要的是，把复杂的任务分解成简单任务，便于编程和调试。

例如，自定义 myPrint() 函数，用于输出一行 "*"。代码如下：

```
void myPrint(void)
{
    printf("********************\n");
}
```

这样，要输出图 7-1 所示的内容，只需编写例 7-1 所示的代码。

例 7-1　利用 myPrint() 函数输出图 7-1 所示的内容。

```
#include<stdio.h>
void myPrint(void)        // 实现特定功能的函数
{
    printf("******************\n");
}
int main(void)
{
    myPrint ();    /*程序执行到这个语句时,去执行myPrint()函数,完成输出一串*并换行的功能。
执行完成后,返回到此处继续执行 */
    printf("How do you do!\n");
    myPrint ();    // 再调用myPrint()函数,同样是输出一串*并换行。完成后,继续往下执行
    return 0;
}
```

可以看出,在 main() 函数中,分三步执行:第一步,输出一行"*";第二步,用 printf() 函数输出"How do you do!";第三步,输出一行"*"。这样在 main() 函数中就不需要追究细节,只需体现解决问题的框架。

再例如,要求 5!+8!+7!+10! 的值,如果在 main() 函数中实现它,就要用四个循环分别实现 5、8、7、10 的阶乘,最后把各自的结果加起来,代码就会显得很复杂。可以专门设计函数 fac(),求 n!。这样,在 main() 函数中实现整个问题只需要调用四次 fac() 函数,再把每次执行后的结果加起来。所以 main() 函数只要考虑如何利用 fac() 函数求出四个数的阶乘,并把结果相加输出即可。fac() 函数可以脱离 main() 函数,单独编程实现。

例 7-2　计算 5!+8!+7!+10! 的值,并输出结果

```
#include<stdio.h>
int fac(int n)                        // 定义求 n! 的函数
{
    int jc=1, i;
    for(i=1;i<=n;i++)
        jc=jc*i;
    return jc;
}
int main(void)
{
    int sum=0;
    sum=fac(5)+fac(8)+fac(7)+fac(10);     // 分别调用上述定义的函数并相加,
    printf("%d\n",sum);
    return 0;
}
```

在这个例子中,先不考虑 fac() 函数中的代码,从 main() 函数来看,仅考虑四个数的阶乘相加,不需要关心阶乘如何实现,使得 main() 函数的代码非常简洁,也易于理解。

其实,sqrt()、printf()、strlen() 等函数的功能由 C 语言的系统库提供,用户直接调用,这些函数称为库函数。下面介绍如何定义能完成特定功能的函数、如何调用这些函数以及被调用执行时的规则。

7.2 函数定义

将完成特定功能的代码段封装成函数的过程称为函数定义。定义函数的语法格式如下：

```
返回类型 函数名(数据类型 参数 1,数据类型 参数 2,…)
{
    // 完成相应功能的代码，总称为函数体，包括声明和语句
}
```

函数由函数首部和函数体组成，函数首部由返回类型、函数名和参数列表组成，说明如下：

（1）函数名是编程人员给函数确定的名称，其命名规则与变量命名规则一致。

（2）函数名后面 () 中的参数列表，称为形式参数列表，每个参数称为形式参数（简称形参），形参接收调用该函数时传来的数据，它的前面必须有数据类型。定义函数也可以没有形参。如果函数不需要形参，可以写成

```
返回类型 函数名 (){...}
```

或

```
返回类型 函数名 (void){...}
```

（3）函数 {} 内部的声明和语句统称为函数体，是函数完成特定功能的代码。形参变量不需要在函数体中再定义，可在函数体中直接应用。

（4）返回类型是指执行此函数后，能通过函数本身传回值的类型。值为执行到 return 语句中表达式的值。如例 7-2 中，fac() 函数体内 return 语句中的 jc 值。return 语句中表达式值的数据类型要与返回类型尽量一致。如果不一致，则当两者之间可以转换时，以函数返回类型为准（如 float 型与 int 型）；当两者之间不能转换时，编译就会给出错误（如 int 型与指针类型）。

（5）返回类型不能是数组类型和函数类型。

（6）如果返回类型是 void，表示此函数不返回数据，只执行函数体中的代码以完成相应的功能，因此，在函数体中不需要有 return 语句；如果返回类型省略，默认返回 int 型（有些编译器不支持）。

（7）函数名的值是函数指令的入口地址。

例7-3 定义一个函数，求两个 int 型数据的最大值，并返回这个最大值。

```
int max(int x,int y)        //int 是返回类型，max 是函数名，x,y 是形参
{
    int z;
    z=(x>y?x:y);            //x 和 y 是形参，不需要在函数体中再定义
    return z;              //z 是返回值，它的数据类型与返回类型一致
}
```

这里，定义了 max() 函数，其功能是求两个 int 型数据的最大值。它的返回类型是 int，即两个 int 型形式参数 x 和 y。函数体内有一个声明和两条语句，其功能是求 x 和 y 中的最大值，

并赋给变量 z，然后用 return z; 语句返回 z 的值。注意，z 的数据类型与返回类型要一致，都是 int 型。

例7-4 定义一个函数，输出固定界面。

```
void OutputInterface(void)
{
    printf("----- 欢迎使用本软件！-----\n");
    printf(" 输入 1 选择，输入 2 继续，输入 3 退出\n");
}
```

这个函数没有形参，在函数首部的 () 内直接写上 void，同时，函数也不需要返回数据，所以返回类型定义为 void，函数体中也不需要 return 语句。

7.3 函数调用

当定义完一个函数后，就可以在某个函数中调用此函数，并执行此函数。调用函数的函数，称为主调函数，被调用的函数称为被调函数。主调函数中传给被调函数形参的值称为实际参数，简称实参。在调用函数时，实参在形式上是一个表达式（包括一个常量或变量），最终必须是一个确定的值，并把这个值传给形参。

如例 7-2 中，main() 函数是主调函数，fac() 函数是被调函数，main() 函数中的 5、8、7、10 为实参，当调用时，程序控制权会转移给被调函数，并把实参值传递给（可理解为复制）形参。被调函数执行其函数体中的代码，当执行完 return 语句或函数体最后一条语句时，被调函数执行完毕，并把程序控制权交还给主调函数。也就是说，主调函数执行到被调函数时，把被调函数执行完后，再返回到主调函数部分，继续执行它后续部分的代码。

7.3.1 函数调用的形式

定义函数后，函数调用主要有如下三种形式：

（1）函数调用语句。把函数调用单独作为一条语句，如例 7-1 中的 printf_star();。

（2）作为函数表达式的一部分。此时函数调用出现在另一个表达式中，如例 7-2 中 sum=fac(5)+fac(8)+fac(7) +fac(10);。

（3）作为另一个函数的实参，例如输出 5！可以写成 printf("%d",fac(5));。后面两种形式要求函数返回一个确定的值。

例7-5 定义一个函数，返回两个 int 型数中的最大值，并在 main() 函数中调用它，求出四个 int 型数据的最大值。

分析：求四个数中的最大值，可先找到前两个数的最大值，再找到后两个值的最大值，然后再找到这两个最大值中的最大者，即为四个数的最大值。因此，定义一个函数 max()，功能是返回两数中的较大者，确定两个形参接收两个 int 数据，返回类型为 int 型。

在 main() 函数中，首先调用一次 max() 函数，把前两个数作为实参，返回它们的最大值，并存放在一个变量 a 中，再次调用 max() 函数，将后两个数作为实参，返回它们的最大值，并存放在变量 b 中，最后，把变量 a 和 b 作为实参第三次调用 max() 函数，返回的结果就是四个数据的最大值，具体代码如下：

```
#include<stdio.h>
int max(int x,int y)      // 定义函数，有两个形参，类型为 int
{
    return x>y?x:y;        // 条件表达式求出 x 和 y 的最大值，用 return 返回
}
int main(void)
{
    int a,b,c;
    a=max(10,20);         // 调用 max()函数，10、20 为实参
    b=max(15,19);         // 再次调用 max()函数，15、19 为实参
    c=max(a,b);           // 再次调用 max()函数，a、b 为实参
    printf("%d\n",c);
    return 0;
}
```

在此例中，main() 函数第一次调用 max() 函数时，实参分别为常量 10、20，分别传递给形参 x、y，执行 max() 函数，返回 return 后表达式的值（这里结果为 20），所以执行 max() 函数后的返回值为 20，并把 20 赋给变量 a；第二次调用 max() 函数时，实参分别为常量 15、19，调用 max() 函数后返回 19，并把它赋值给变量 b，第三次调用 max() 函数时实参分别为变量 a、b。执行后返回 a 和 b 中的最大值，并把这个最大值赋给 c。

当带返回值的函数调用返回后，该返回值被当成一个操作数，如执行 a=max(10,20); 时，先调用 max() 函数，调用结束后其返回值 20 就被当成是赋值表达式值的一个操作数，所以 a 最后的结果为 20。例 7-2 中的 sum=fac(5)+fac(8)+fac(7) +fac(10);，调用 fac(5) 后，返回值为 120，它作为赋值表达式的一个操作数，fac(8) 调用完成后返回的值也作为一个操作数，然后计算加法，继续调用 fac(7)，返回值作为操作数与前面的和值相加，最后调用 fac(10)，完成后返回值作为操作数，再与前面的和值相加，结果赋给变量 sum。

由于带返回值的函数调用返回后，可以作为一个表达式的操作数，因此，在例 7-5 中，三条调用函数的语句可以合并成 c=max(max(10,20), max(15,19));。

此时两个实参就是函数表达式，因为实参要计算出确定的值后再传给形参，因此，这里要先把 max(10,20) 和 max(15,19) 执行完，然后把它们的返回值作为实参值再传给 max() 函数的两个形参，继续调用 max() 函数并返回值给 c。

main() 函数体的前 5 行甚至可以合并成如下语句：

```
printf("%d\n", max(max(10,20), max(15,19)));
```

主调函数在调用一个函数前一般对其进行函数声明。函数声明是把函数的名称、函数返回类型以及形参类型、个数和顺序通知编译系统，以便在调用该函数时按此进行对照检查。例如：

```
int main(void);
{
    float fun(float a,float b);      // 声明函数 fun()
```

```
    ...
    float result=fun(3.1f,5.2f);  // 再调用
    ...
}
```

当然，如果定义的函数代码写在主调函数的前面，主调函数中也可以不进行函数声明而直接调用。前面的例 7-1 至例 7-5 定义函数的代码均写在了主调函数的前面。

7.3.2　调用函数的过程

当主调函数调用被调函数时，需要先把被调函数加载到内存中，在此过程中，首先给形参和其他变量分配具体内存空间，并将实参的值复制给对应的形参，并把被调函数的代码放在代码区，然后执行代码区的代码。当代码执行到 return 语句或函数体的末尾时，返回主调函数继续执行，并释放被调函数所用的相关内存，比如用"类型 变量名"的形式定义的变量（包括形参）。释放内存是把申请的内存空间收回，相关变量也不能再被使用。

在例 7-5 中，当主调函数调用 max() 函数时，系统为 max() 函数分配一块内存空间，也就是把 max() 函数载入到内存，代码指令载入代码区，并为其形参分配内存空间，然后把各实参复制给其对应的形参变量，图 7-2 所示，最后执行代码区中的指令。图 7-3 所示为执行 max(10,20) 时形成的内存空间示意图，图中 x 和 y 空间中的 10 和 20 就是从实参复制过来的。

这里说明一点，为便于读者形象理解，本书中的函数内存示意图只是一种比较形象的说明，实质上函数调用过程要用"栈"结构，而且代码区内存空间与变量空间一般是不连续的。

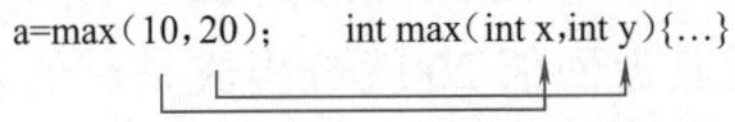

a=max(10,20);　　int max(int x,int y){...}

图 7-2　实参数据对应传给形参

图 7-3　函数调用后的示意图

> 🔔 注意:
>
> 主调函数中的实参与被调函数中的形参完全是两个不同的内存块，即使它们所用的变量名称一致，也是不同的变量，因此，形参值如果在代码执行过程中有变化，不影响其对应的实参。

被调函数执行完后返回到主调函数中，原来为 max() 函数分配的有关内存空间被释放，函数中的变量消失（注意，被调函数中特殊定义的变量在函数执行完成后是不消失的，这将在7.7 节讲述）。

由图 7-3 可以看出，在定义函数以后，形参有固定的数据类型，它的值由实参赋值，因此调用函数时，参数的数据类型与形参定义的数据类型要尽量一致，如果不一致，则根据形参类

型进行转换，如果两者不能转换就会出现错误。

例 7-6　令 $y=a*a+b*b$，a 和 b 是变量，定义一个函数，根据 a、b 值计算 y 的值，并在 main() 函数中输入两个值，调用该函数，输出计算结果。

分析：因为计算 y 时涉及两个变量 a、b，并要返回 y 的值，因此定义函数时，定义两个形参，在函数体部分，用 return 返回 $a*a+b*b$ 的值。这里假设形参的数据类型是 float 型，所以函数的返回类型也定义为 float 型。整个程序代码如下：

```
#include<stdio.h>
float fun(float a,float b)    // 定义函数
{
    return a*a+b*b;
}
int main(void)
{
    float a=0,b=0,c;          // 因为形参的数据类型是 float, 这里也定义成 float
    printf(" 请输入两个数 a,b, 中间用空格隔开 : ");
    scanf("%f%f",&a,&b);
    c=fun(a,b);               // 调用函数, 把 a、b 作为实参传值给形参
    printf("y=%-10.3f\n",c);
    return 0;
}
```

main() 函数的两个变量 a、b 与 fun() 函数中的形参 a、b 虽然名称一样，但所占内存空间不同，是完全不同的变量，它们之间只存在值传递关系。main() 函数调用 fun() 函数时，把 fun() 函数加载到内存，为形参 a、b 申请内存空间，并把 main() 函数中的 a、b 值复制给形参 a 和 b，然后执行 fun() 函数，当执行到 return 语句时，返回 return 后面的表达式的值，执行完毕后，回到 main() 函数中的赋值语句 c= fun (a,b);，fun() 函数的有关内存空间被释放，形参 a、b 消失，fun() 函数的返回值赋给 c，继续向后执行。

程序运行的一种实例结果如下：

```
请输入两个数 a,b, 中间用空格隔开 : 4.3 3.2↲
y=28.7300        ↙
```

此例中，若 main() 函数中把 a、b 定义成 int 型，则调用函数不存在问题。根据数据类型的提升规则，int 型数据可以无损失地赋给 float 型变量。如若把 main() 函数中的 a、b 定义成 double 型，则形参虽然可以得到实参的值，不过，此处会有精度上的损失。当然，在 C 语言中，存在不同的数据类型变量之间是不能赋值的情况，比如二维数组元素的数据类型与 int 型变量之间不能赋值，类似，若形参与实参存在不能赋值，调用函数就会出错。因此，在编写代码时，尽量做到实参与对应形参的数据类型一致。

例 7-7　定义一个函数 exchange()，完成互换两个 int 型数据，试分析在 main() 函数中被调用后，main() 函数中作为实参的两个值是否改变？

```
#include<stdio.h>
void exchange(int x,int y) // 定义函数, 形参为 x、y, 并实现 x、y 互换
```

```
{
    int temp;
    temp=x;                    // 先把 x 的值赋给 temp
    x=y;                       // 再把 y 的值赋给 x
    y=temp;                    // 最后把 temp 的值赋给 y
}
int main(void)
{
    int a=10,b=20;
    exchange(a,b);             // 调用函数，执行两数互换
    printf("a=%d,b=%d\n",a,b);
    return 0;
}
```

程序运行结果如下：

```
a=10,b=20↙
```

从运行结果可以看出，main() 函数中 a、b 的值并没有互换，还是原来的值。为什么会这样呢？先来看看 main() 函数和 exchange() 函数调用的内存空间示意图，如图 7-4 所示。

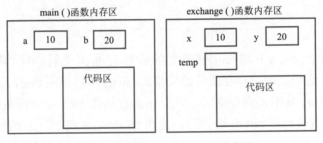

图 7-4　函数调用的内存空间示意图

main() 函数调用 exchange() 函数后，exchange() 函数加载到内存，此时，main() 函数中 a 和 b 的值被赋给 exchange() 函数中的形参 x 和 y，当执行 exchange() 函数后，exchange() 函数中的 x 和 y 进行了互换，x 的值变成了 20，y 的值变成了 10。当 exchange() 函数执行完毕后，返回到 main() 函数中，exchange() 函数的相关内存区释放，形参变量消失。请注意这种互换是在 exchange() 函数内存区中进行的，对 main() 函数中的变量 a、b 并无影响，因此在执行 printf("a=%d,b=%d\n",a,b); 时，输出的还是原来 a、b 的值。

因此，这样定义的函数并不能实现主调函数 main() 中 a、b 的互换，必须修改 exchange() 函数的代码，这将在下一节讲述。这个实例说明，掌握函数调用的过程是正确定义函数的关键，否则可能出现定义函数不能完成想要达到的功能。

7.4　数组作为函数参数传参

7.4.1　一维数组作为函数参数传参

一旦定义了一个一维数组，编译时就会分配一段连续的内存空间存放数组的变量，并且数

组名的值是其首元素的地址。例如：

```
int A[5]={1,2,3,4,5};
```

系统申请能存放 5 个 int 型数据的内存空间，此时 A 的值就是该空间首地址的值。这里假设系统分配存放数组元素空间的首地址为 8000，那么 A 的值就为 8000，如图 7-5 所示。

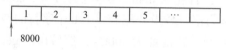

图 7-5　一维数组名作为地址的内存示意图

用 A[i] 引用数组的第 i 个元素，其实就是先根据 A 的值，得到第 i 个数据的地址，然后再获取该空间的值。之所以能得到第 i 个元素的地址，是根据数组定义时数据类型确定的。因为 C 语言编译系统为每种数据类型定义了固定的内存大小，同时，数组中的数据在内存中是顺序存放的，所以根据初始地址和下标值，就能计算出 A[i] 存放的地址。

基于上述分析，可用一维数组的样式表示一个变量。例如，有 int x=6;，那么 (&x)[0] 的值就是 x 的值。因为 &x 是 x 的地址，这个地址中存放的是 int 型数据，下标 0 表示从这个地址向后移动 0 个 int 型数据的位置，也就是 x 的地址，然后从这个地址中取出一个 int 数据，所以就是 x 的值。再如图 7-5 中，如果 A 的值是 8008，即数值 3 的地址，则 A[2] 从 8008 向右移动 2 个 int 型数据占用的空间，就是 5 存放的地址，所以此时 A[2] 的值就是 5。同理，如果想给 A[2] 赋值，如 A[2]= 值；语句也可先找到 A[2] 所在的内存空间，然后把值放入此空间中。

可以想到，如果要在被调函数中操作主调函数中的变量，只要把主调函数中该变量的地址传给形参，就可以利用形参操作主调函数中的变量。显然，如果被调函数得到了主调函数中一个数组的首地址，并且清楚其元素的类型，则被调函数就可以操作这个数组中的各变量。

那么接收一维数组首地址的形参如何定义呢？这里给一种方法是形参以"数据类型 变量名 []"方式定义。数据类型与实参的数组元素类型一致，[] 中可以无数值。[] 说明变量名是一个存放地址的变量，这个地址中存放的数据类型是指定的类型。注意，这里的变量名不是数组名，可以被赋值，而数组名则不行。

例 7-8　定义一个函数，求一个字符串的长度并返回其值，并在主函数中调用该函数。

分析：数组名的值是字符串的首地址，若将这个地址作为实参赋给定义函数的形参，则定义函数的形参就可以根据该地址获得主调函数中字符串的各个字符，从而在所定义的函数中计算主调函数中字符串的长度。代码如下：

```
#include<stdio.h>
/* 注意形参的形式，加 []，表明 mystr 是一个存放地址的变量，这个地址所在空间存放的是 char 型
的数据，char mystr[] 并没有定义一个数组，并不对数组元素申请内存空间 */
int MyStrlen(char mystr[])
{
    int len=0;                          //len 存放字符串的长度
    for(len=0; mystr[len]!='\0';len++); // 用循环求串长，注意最后是空语句
    return len;
}
int main(void)
{
```

```
    char str[100];
    gets(str);
    printf("%d\n",MyStrlen(str));        // 实参 str 的值所在地址存放 char 型数据
    return 0;
}
```

整个程序的执行过程如下：首先从 main() 函数执行，将 main() 函数引入内存区，它为字符数组分配变量空间，也就是为字符数组分配能装 100 个字符的空间，数组名的值就是这个空间的首地址（这里假设分配空间的首地址为 8000）；然后执行 gets(str)，将从键盘上获得的字符顺序放入 8000 开始的内存区，最后执行 printf 语句，此时先调用 MyStrlen() 函数，将其加载到内存区，并且把 str 的值，即 8000 赋给形参 mystr，如图 7-6 所示。注意到 mystr 并没有被分配能存放 100 个字符的内存空间，它的空间只是用于存放一个地址值。

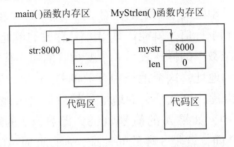

图 7-6　函数调用的内存空间示意图

在执行 MyStrlen() 函数过程中，当执行到 for(len=0;mystr[len]!='\0';len++); 时，mystr[len] 得到的字符是从地址为 8000 开始的第 len 个变量。可以看到，这个 8000 开始的地址实质上是 main() 函数中存放字符串空间的首地址。虽然执行 MyStrlen() 函数中的语句，但操纵的是 main() 函数内存空间中字符数组内的数据，随着 len 的不同，mystr[len] 表示的变量也不同。for 语句完成后，由 return 返回 len 的值，MyStrlen() 函数中的变量 mystr、len 所在的内存空间被释放。

程序回到 main() 函数的 printf 语句处继续执行，MyStrlen() 函数返回的值作为 printf() 函数中的实参，调用 printf() 函数并输出结果。

📌 注意：

　　因为 mystr 只接收地址值，所以调用此函数时，实参也要是地址，且两地址存放的数据类型要尽量一致。通常把这种形参接受实参地址值的过程称为地址传递。实质上，这与前面讲述的参数传值一样，就是把实参值赋给形参，只不过这里的值是地址而已。

C 语言编译器对形参和实参数据类型的一致性要求不是很严格，但实际编程时，最好做到两者的数据类型一致，尤其是地址数据，要求实参和形参地址中存放的数据类型一致，不然，在编译或运行过程中很容易出现问题。在此例中，实参是数组名，这个地址的内存中存放的是其元素的数据类型，即 char 型，形参定义的 char mystr[]，表示以 mystr 值为编号的内存中存放的数据也是 char 型。

例7-9　修改例 7-7 中 exchange() 函数的代码，使得调用 exchange() 函数后能把 main() 函数中的两个数互换。

分析：如果被调函数得到了主调函数中变量的地址，就可以对主调函数中的数据进行操作。

因为变量 x 可以写成一维数组元素的形式 (&x)[0]，所以把 exchange() 函数的形参定义成 int arr[],int brr[]，使 arr 和 brr 分别接收 main() 函数中变量 a、b 的地址 &a 和 &b，之后，在 exchange() 函数中互换 arr[0] 和 brr[0]，实质上就是互换 main() 函数中变量 a、b。代码如下：

```
#include<stdio.h>
void exchange(int arr[],int brr[])  //arr 接收 a 的地址，brr 接收 b 的地址
{
    int temp;
    temp=arr[0];          //arr[0] 就是从地址 arr 开始的第 0 个数据，即 main() 函数中的 a
    arr[0]=brr[0];        //brr[0] 就是从地址 brr 开始的第 0 个数据，即 main() 函数中的 b
    brr[0]=temp;
}
int main(void)
{
    int a=10,b=15;
    exchange (&a,&b);   // 把变量 a 和 b 所在地址值作为实参
    printf("a=%d,b=%d\n",a,b);
    return 0;
}
```

程序运行结果如下：

```
a=15,b=10✓
```

例7-10　编写一维 int 型数组的排序函数，在 main() 函数中调用，并输出排序后的数组各元素值。

分析：定义函数时，用一个形参接收一维数组的首地址，然后在函数中利用形参编写代码对主调函数中的数组进行排序。由于形参只接收数组的首地址，而对数组排序时，要用到一维数组的元素个数，而对定义函数来讲，并不知道 main() 函数中一维数组的元素个数，所以要再定义一个形参用于接收数组元素的个数。有了一维数组元素的首地址和其元素个数，就可以在定义的函数中对主调函数的数组数据排序。

下面的 sort() 函数应用冒泡排序算法将数据按升序排序，代码如下：

```
#include<stdio.h>
void sort(int a[],int len)       //a 接收一维数组的首地址，len 接收数组元素个数
{
    int i,j,temp;
    for(i=0;i<len-1;i++)
        for(j=0;j<len-1-i;j++)
        {
            if(a[j]>a[j+1])
            {
                temp=a[j];
                arr[j]=a[j+1];
                a[j+1]=temp;
            }
        }
```

```
    }
    int main(void)
    {
        int i;
        int arr[10]={45,65,34,35,25,39,54,59,16,48};
        sort(arr,10);  /* 实参arr的值是一维数组的首地址,调用时赋给形参变量a,10是数组元素的个数 */
        for(i=0;i<10;i++)
            printf("%d",arr[i]);
        printf("\n\n");
        return 0;
    }
```

调用 sort() 函数时，形参 a 接收到 main() 函数中 arr 的值。执行 sort() 函数时，a[i] 实质上就是 arr[i]。

例 7-11　char 型一维数组有 10 个元素，前 5 个元素已按从小到大排序，现在从键盘输入 5 个字符，插入到该一维数组中，使其仍保持原序。

分析：如果定义一个函数，能将一个字符插入到一维字符数组中，插入后的字符数组仍保持原序，调用该函数 5 次即可。

函数定义思路：设定三个形参，分别接收一维字符数组的首地址、现有元素个数、待插入数据，假设分别为 mystr[]、N 和 x。定义一个变量 i，采用循环使 i 从 N-1 到 0，逐个比较 mystr[i] 与 x 的大小。若 mystr[i] 比 x 大，则把 mystr[i] 的值向后挪一位，i 减 1 后，继续比较，否则把 x 插入到第 i+1 个位置，并退出循环。这样插入后，数组元素仍按从小到大排序。

如图 7-7（a）所示实例，假设要插入的 x 值为 'F'。从 mystr[4] 即 'Q' 开始与 x 比较，显然，'Q' 比 x 大，则把 'Q' 向后移动一个单元，随后 i 减 1，变成 3，同样比较 mystr[3] 与 x 的大小，'L' 也比 'F' 大，同样 'L' 后移一个单元，一直到 mystr[1] 即 'E'，它比 x 小，所以 x 即字符 'F' 放在 mystr[2] 中，并用 break; 退出循环。此时一维数组中的值如图 7-7（b）所示。可以看到，插入后，数组元素有序。

| C | E | H | L | Q | | C | E | F | H | L | Q |

（a）　　　　　　　　　　　　　　　　　（b）

图 7-7　插入前、后示意图

上述算法思路有一种情况没有考虑到，若插入的 x 值比原数组中所有元素都要小，则要把 x 插入到数组的第 0 个位置，但按照上述算法，i 已经为 0，循环已结束，不能执行把 x 插入到数组开始位置的语句，因为 x 要插入到比它小或相等数据的后一个位置。如果出现这种情况，循环结束后，循环变量一定是 -1，因此可以利用该信息将 x 插入到开始处。参考代码如下：

```
#include<stdio.h>
char insertX(char arr[],int N,char x)
{
    int i;
    for(i=N-1;i>=0;i--)
    {
        if(arr[i]>x)
            arr[i+1]=arr[i];          // 向后移动一个单元
        else
        {
```

```
            arr[i+1]=x;              // 把 x 移到 i 的后一个单元
            break;                   // 退出循环，只要能执行这一步，i 一定大于或等于 0
        }
    }
    if(-1==i)                        // x 比所有元素都要小
        arr[0]=x;
}
```

上述函数实现了插入一个字符到一维字符数组中，如果要插入多个字符，可以多次调用该函数。例如，从键盘输入 5 个字符，插入有序的字符数组中，代码如下：

```
int main(void)
{
    char ch[10]="CEHLQ",x;          //ch 中的字符已排好序
    printf(" 输入五个字符: \n");
    for(intj=0;j<5;j++)
    {
        x=getchar();
        insertX(ch,5+j,x);          // 调用函数，将 x 插入 ch 中，每次调用串长加 1
    }
    for(int j=0;j<10;j++)           // 插入全部 5 个字符后，输出数组元素值
        putchar(ch[j]);
    putchar('\n');
    return 0;
}
```

程序运行的一种实例结果如下：

```
输入五个字符:
KTABE↵
ABCEEHKLQT↙
```

🔔 **注意**：

　　调用 insertX() 函数时，形参 arr 得到的是主调函数中数组名的值，因此，在 insertX() 函数的执行过程中，arr[i] 实际上是主调函数中的 ch[i]。

7.4.2　二维数组作为函数参数

对于二维数组 Type Arr[M][N]，数组名的值为这个空间的首地址，此地址中存放的数据类型为该二维数组的元素类型，即一个一维数组，用 Type [N] 表示。如 Arr[i] 可作为一维数组（第 i 行）的数组名，其值为这个一维数组（第 i 行）的首个元素的地址，所以地址 Arr[i] 处存放的数据类型为 Type。特别注意的是，Arr 和 Arr[0] 的值虽然相同，但两者所在内存空间中存放的数据类型是不同的。

二维数组名作为实参传给形参，形参定义格式为：

```
据类型 变量名 [] [ 列数 ]
```

这里的数据类型要与主调函数定义的二维数组数据类型一致，变量名后的第一个 [] 中不填写整数，即使填写了整数，也会忽略。第二个 [] 中要标明列数，用于指定以变量值为地址的内存中存放多少个数据，以形成一个一维数组类型。列数一般要与实参的二维数组列数一样，否则很可能引起错误。

实参直接用二维数组名，传参过程就是把二维数组名表示的值赋给其对应的形参变量。注意，这里形参变量名并不是二维数组名，是一个只存放地址值的变量，以该变量值为地址的空间存放的是指定列数的一维数组，这个形参变量的值可以改变，而数组名的值不能改变。

例7-12　定义一函数，计算一个 4×3 的二维矩阵中所有数据的和，并在 main() 函数中调用，假设这个矩阵中的数据都是 int 型。

分析：函数的形参定义为可以接收二维数组名的值，且列数相同，如定义为 int A[][3]，在主调函数中，如果用二维数组名作为实参，A 得到了二维数组的首地址，再把二维数组的行大小信息用一个形参传过来，就可以在定义的函数中获取到主调函数二维数组的所有变量，从而可以用一个二重循环求出二维数组各数据的和。代码如下：

```
#include <stdio.h>
int arraySum(int A[][3],int row)
 //A 接收二维数组名表示的地址，此地址存放的数据类型为 int[3]
{
    int i,j,sum=0;
    for(i=0;i<row;i++)
       for(j=0;j<3;j++)
             sum+=A[i][j];        /*A[i][j] 得到第 i 行第 j 列的值，该值通过 A 数组元素的数
据类型以及下标得到 */
    return sum;
}
int main(void)
{
    int Arr[4][3]={1,2,3,4,5,6,7,8,9,10,11,12};
    printf("%d\n",arraySum (Arr,4));          // 注意二维数组作实参的写法
    return 0;
}
```

这里的实参 Arr 为二维数组名，形参为 int A[][3]，以这两个值为地址的内存中存放的数据类型都是 3 个 int 型数据的一维数组，因此可以进行传参。因为 A 得到了 Arr 的值，所以被调函数执行时 A[i][j] 实际上就是主调函数中的 Arr[i][j]。

如果形参指定的列数与主调函数中二维数组列数不一样，有的编译器可能报错，有的不报错，但程序执行时很可能得不到正确结果，甚至会崩溃。例如，例 7-12 中，如果形参定义为 int A[][5]，则 A[i] 的值就是 A+i*20（一行 5 个 int 数据，假设一个 int 数据占 4 字节），而主调函数中的 Arr[i] 的值为 Arr+i*12，这样就会导致执行被调函数时，如果 i>0，A[i][j] 与 Arr[i][j] 就不是同一个数据，甚至导致 A[i][j] 最后超出了 Arr 元素所在的数据空间。

形参中的列数也可以用变量指定，但必须提前定义该变量，例如：

```
int arraySum(int A[][3],int row)
```

可以写成

```
int arraySum(int col,int A[][col],int row)
```

在主调函数中，调用该函数时就要写成 arraySum (3,Arr,4);。

在例 7-12 中，若 arraySum() 函数的功能是只求一行的和，则其形参就可以定义为 int A[]。因此，在 main() 函数中就要多次调用此函数，每次调用时，把二维数组每一行的首地址传给 A，并把 arraySum() 函数返回的值相加。这样也可以得到整个二维数组中各数据的和。程序代码如下：

```
#include<stdio.h>
int arraySum (int A[],int col)  /* A是一个变量，接收一维数组的首个元素地址，此地址中
存放的数据类型是 int 型。col 是列数 */
{
    int i,sum=0;
    for(i=0;i<col;i++)
        sum+=A[i];
    return sum;
}
int main(void)
{
    int Arr[4][3]={1,2,3,4,5,6,7,8,9,10,11,12},sumv=0,i;
    for(i=0;i<4;i++)
        sumv+=arraySum(Arr[i],3); /* Arr[i] 的值是第 i 行的首地址，此地址中存放 int
型数据，可传给 A*/
    printf("%d\n",sumv);
    return 0;
}
```

> 注意：
>
> 　　此例中实参和形参的值都是地址，且地址处存放的数据类型都是 int 型。保证形参和实参数据类型的一致性，对程序运行的正确性非常重要。

总结如下：用数组名作为实参，其值（即地址）传给形参。定义形参时，其数据类型要尽量与实参一致。简单的办法是看以实参数组值为地址的空间中存放的数据类型与形参指定地址处存放的数据类型是不是一致。

例 7-13　主调函数中定义二维数组 char str[5][10]，左边为实参，右边为形参，它们对应的数据类型是否一致？

（1）str　　　　　char ch[][10]
（2）&str[0][0]　char ch[]
（3）str[1]　　　 char ch[]
（4）str　　　　　char ch
（5）str[0]　　　 char ch[]
（6）str[0][0]　　char ch
（7）str　　　　　char ch[][8]

对于（7），如果在被调函数中，输出了 ch[1][2]，它的值与 str[1][2] 是否一致，并且指出原因。

7.5 函数的嵌套调用

在定义一个函数时，函数体中调用了其他函数，称为函数的嵌套调用。

例7-14 用函数的嵌套调用求四个值中的最大值。

```
#include<stdio.h>
int max2(int a,int b)                  // 定义 max2() 函数
{
    return a>b?a:b;
}
int max4(int a,int b,int c,int d)    // 定义 max4() 函数
{
    int m;
    m=max2(a,b);    // 调用 max2() 函数，返回 a、b 中的最大者
    m=max2(m,c);    // 调用 max2() 函数，得到 a、b、c 中的最大者
    m=max2(m,d);    // 调用 max2() 函数，得到 a、b、c、d 中的最大者
    return m;       // 把 m 作为结果值返回到 main() 函数中
}
int main(void)
{
    int max;
    max=max4(45,87,64,66);
    // 调用 max4() 函数，得到四个数中的最大者
    printf("max=%d\n",max);             // 输出四个数中的最大者
    return 0;
}
```

在此例中，定义 max4() 函数时，调用了 max2() 函数，这就是函数嵌套调用。

程序执行时，从 main() 函数开始，首先调用 max4() 函数，为 max4() 函数分配空间，把四个实际参数值传给形参 a、b、c、d；然后执行 max4() 函数的语句，当执行到 max2() 函数时，把相应的实参 a、b（这时是 max4() 函数在调用 max2() 函数）传给 max2() 函数的形参，max2() 函数执行完成后返回值赋给 m，再执行其后面的语句 m=max2(m,c);，再调用 max2() 函数，一直到 max4() 函数执行完后，返回 main() 函数，把 max4() 函数返回的值赋给 max，最后执行 main() 函数中的 printf 语句。

由此可见，函数嵌套调用也要把被调函数执行完，然后返回到调用处继续执行。

例7-15 两门课程的成绩存放在两个一维数组中，编程计算两个班的平均成绩。

分析：先定义一个 sumScore() 函数，计算并返回一门课程的总分数，再定义 avgScore() 函数，计算并返回一门课程的平均分数。因为计算总分数和平均分数时要用到选修该课程的总人数和每个人的成绩，所以定义两个形参，一个接收存放成绩的首地址，另一个接收选修课程的人数，代码如下：

```
#include<stdio.h>
float sumScore(float array[],int n)    // 计算并返回总分，n 为班级人数
```

```
{
    float sum=0;
    for(int i=0;i<n;i++)
      sum=sum+array[i];               // 累加 n 个学生的成绩
    return sum;                       // 返回班级总分
}
float avgScore(float array[],int n)   // 计算并返回平均值
{
    int i;
    float aver=0;
    aver=sumScore(array,n)/n;         // 先调用 sumScore() 函数算总分，然后算平均成绩
    return aver;
}
int main(void)
{
    float score1[5]={98.5,97,91.5,60,55};
    float score2[10]={67.5,89.5,99,69.5,77,89.5,76.5,54,60,99.5};
    printf("The average of class A is %-6.2f\n", avgScore (score1,5));
    printf("The average of class B is %-6.2f\n", avgScore (score2,10));
}
```

程序运行时，在 main() 函数中调用 avgScore() 函数，avgScore() 函数加载到内存后执行，执行过程中，又调用 sumScore() 函数。程序运行结果如下：

```
The average of class A is 80.40
The average of class B is 78.20
```

7.6 函数的递归调用

7.6.1 函数递归调用及执行过程

一个函数如果直接或间接地调用了该函数本身，称为函数的递归调用。

例 7-16 一个简单的递归函数实例。

```
int f(int x)
{
    int z;
    z=f(x);              // 在执行 f() 函数的过程中又调用 f() 函数
    return 2*z;
}
```

执行过程中还是按照基本的函数调用方式进行，即调用一个函数时，先把被调函数执行完，接着回到主调函数处继续执行。

那么，当某个函数调用 f() 函数时，把 f() 函数调到内存中，为它们的形参和其他变量分配内存空间并开始执行，当它执行到 z=f(x); 语句时，再次调用 f() 函数，为其形参和变量分配空间，

然后开始执行，再次执行到 z=f(x) 时，再次调用 f() 函数，这样一直调用下去。调用过程如图 7-8 所示。

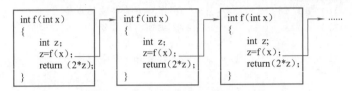

图 7-8　函数调用 f(x) 函数的过程

很明显，如果这样一直调用并执行下去，程序就没有办法结束运行，因为调用的规则是要把被调函数执行完，回到调用处继续执行，此例中，f() 函数不能执行到 return 语句，也就没有办法回到被调用处。因此，定义递归调用函数时要想办法使程序在某一次调用执行时，不再执行调用函数的语句，从而能结束本次调用。例如，如下定义 f() 函数：

```
int f(int x)
{
    int z;
    if(x<3&&x>-3)
        z=f(x+1); /*注意实参为x+1。当某次调用时，x传来的值使得x<3 && x>-3 的值为 0，就不
再调用函数 f*/
    return 2*z;
}
```

假设在 main() 函数中调用 f() 函数的语句为 m=f(1);，f() 函数的执行过程如图 7-9 所示，箭头表示调用和返回的过程。

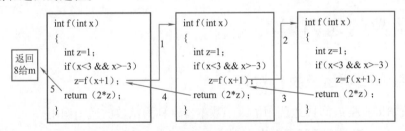

图 7-9　递归函数的调用与返回过程

当 main() 函数调用 f() 函数时，此函数调入内存并执行图 7-9 左侧部分代码，此时，x 为 1，调用 f(x+1)，图中标 1 的箭头，执行图 7-9 中间部分代码。注意，此时左侧部分的函数代码并没有执行完，它在 z=f(x+1) 处等待 f(x+1) 执行完。执行中间部分代码时，x 为 2，再次调用 f() 函数，图中标 2 的箭头，执行图 7-9 中右侧部分代码，此时中间部分代码还没执行完，也在其 z=f(x+1) 处等待 f(x+1) 执行完。当执行右侧部分代码时，因为 x 为 3，x<3 && x>-3 的值为 0，不再执行 z=f(x+1); 语句，而是直接执行 return; 语句。这样，第三次调用的 f() 函数全部执行完毕。

按照函数调用规则，返回数值 2 到第二次调用 f() 函数的位置，即中间部分代码处继续执行，如图中标 3 的箭头所示。把数值 2 赋给 z，中间部分代码的 z=f(x+1); 语句执行完毕，然后，执行中间部分中的 return 语句，此时中间部分的函数代码执行完毕，并把数值 4 返回左侧部分函数代码并赋给 z，如图中标 4 的箭头所示，最后执行其后的 return; 语句，到此时为止，所有左

侧部分的 f() 函数执行完毕，把数值 8 返回到 main() 函数的 m=f(1) 处，此时 m 得到 8，如图中标 5 的箭头所示。

递归是一种非常重要的算法思想，用递归解决一些问题，可以使程序代码特别简洁。下面举例演示用递归函数实现求 *n*! 的例子。

例 7-17　定义一个递归函数，返回 *n*! 的值。

```
#include<stdio.h>
int fac(int n)
{
    if(n==1)
        return 1;
    else
        return fac(n-1)*n;
}
```

在主调函数中，就可以调用这个递归函数，得到 *n*! 的值。例如，在 main() 函数中调用 fac() 函数输出 5! 的值。

```
int main(void)
{
    printf("%d\n\n",fac(5));   // 调用函数，输出 120
    return 0;
}
```

此递归函数调用时，从 main() 开始，运行步骤如下：

①调用 fac(5)，将 fac() 函数调入内存，分配存放 n 变量的空间，并接收实参值 5，然后执行 return fac(4)*5;。

②调用 fac(4)，要执行到 return fac(3)*4；依次调用下去，执行 return fac(2)*3;、return fac(1)*2;，最后，调用 fac(1)，此时 n 为 1，直接返回 1，而不执行 else 后面的语句，fac(1) 执行完毕。

③ fac(1) 返回 1 到调用 fac(1) 的位置，即 return fac(1)*2,继续运行,返回 2 ,fac(2) 执行完毕,返回 return fac(2)*3 处。

④依次执行，最后 fac(5) 返回 120 到 main() 函数中调用 fac(5) 的位置，main() 函数输出 120。

由此可以看出，递归执行过程是先递推，后回归。

7.6.2　如何定义递归函数

定义递归函数并不需要详细考虑具体如何执行,递归函数的执行指令由编译系统自动生成。编程人员重点要考虑的是，如何编写递归函数代码完成特定的功能。

下面讲解编写递归函数代码的一种基本方法：

（1）函数要解决什么问题，该问题能不能分解成一个或几个子问题，且子问题的解决步骤与总问题步骤一样，只是子问题的规模小。

（2）子问题解决后，如何解决总问题。

（3）最基础问题应给出一个直接答案。所谓最基础问题是指规模小到不能再小时的问题，此时这个问题通常有一个明确的答案，如 n!，当 n 为 0 时，很容易知道它的值为 1。

例如，求 n!，可先求子问题 (n-1)!，这个子问题与求 n! 问题的解决步骤一样，只是问题的规模小。如果把 (n-1)! 子问题解决了，即知道了 (n-1)! 的答案，就考虑如何解决总问题 n!。这里，n! 是 (n-1)! 的值乘以 n。用函数表述如下：

```
int fac(int n)            // 功能是完成n!，形参为n
{
    return n*(n-1)!;      // 返回总问题的答案
}
```

但在程序代码中不能直接写 (n-1)!，因为子问题的解决步骤与总问题一致，可以直接用调用函数的方式写代码，只要把参数调整一下，这里 (n-1)! 就可以写成 fac(n-1)，所以程序代码就变成：

```
int fac(int n)            // 功能是完成n!，参数是n
{
    return n*fac(n-1);
}
```

根据递归函数调用的规律，上述代码在执行时，会不断调用 fac() 函数，不能结束运行，因为代码中没有给出最基础问题的答案。对于求 n!，最基础问题是当 n 为 0 时，阶乘是 1，用 return 直接返回。最终代码如下：

```
int fac(int n)            // 功能是完成n!，参数是n
{
    if(0==n)  return 1;   // 直接给出答案，并返回，不再调用fac()函数
    return n*fac(n-1)!
}
```

例7-18 编写一递归函数，求一维数组中元素的最大值（元素类型为 int 型）。

分析：求数组中前 N-1 个元素的最大值应该与求 N 个元素的最大值解决方式一样，只是前者规模小一点。所以这里就把求前 N-1 个元素最大值作为一个子问题。如果找出数组中前 N-1 个元素的最大值 max，那么整个数组元素的最大值就是该数组最后一个元素与 max 两者中的最大者。该过程的递归函数样式如下：

```
int ArrayMax(int a[],N)    // 求数组a中前N个元素的最大值
{
    int max;
    max= 前N-1个元素的最大值
    if(max>a[N-1])          // 在子问题解决的基础上解决总问题
        return max;
    else
        return a[N-1];
}
```

求前 N-1 个元素的最大值与求前 N 个元素最大值的步骤一致，就可以用函数调整参数的方式，写成 ArrayMax(a,N-1)。该递归函数前两步实现的代码如下：

```
int ArrayMax(int a[],N)        // 求数组 a 中前 N 个元素的最大值
{
    int max;
    max= ArrayMax(a,N-1);      // 调整函数参数，求前 N-1 个元素的最大值
    if(max>a[N-1])             // 在子问题解决的基础上解决总问题
        return max;
    else
        return a[N-1];
}
```

这里最基础的问题是 N 为 1 时，即只有 a[0] 元素时，最大值就是 a[0] 本身，所以整个递归函数如下：

```
int ArrayMax(int a[],N)        // 求数组 a 中前 N 个元素的最大值
{
    int max;
    if(1==N)  return a[0];     // 最基础问题直接给出答案
    max= ArrayMax(a,N-1);      // 调整函数参数，求前 N-1 个元素中的最大值
    if(max>a[N-1])             // 在子问题解决的基础上解决总问题
        return max;
    else
        return a[N-1];
}
```

例7-19 Hanoi（汉诺）塔问题。古代有一个梵塔，塔内有 3 个座 A、B、C。A 座上有 64 个盘子，盘子大小不等，大的在下，小的在上。有一个老和尚想把这 64 个盘子借助 B 座从 A 座移动到 C 座，规定每次只允许移动一个盘子，且在移动过程中 3 个座上都始终保持大盘在下，小盘在上。要求编程输出移动盘子的过程。图 7-10 所示为 Hanoi 塔示意图。

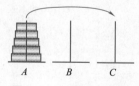

图 7-10　汉诺塔示意图

分析：最终要解决的问题是把 64 个盘子，借助 B 移到 C。现考虑如果能把 A 最上面的 63 个盘子借助 C 移到 B，然后把 A 最下面的那个盘子移动到 C，再把 B 上的 63 个盘子借助 A 移到 C，这样问题就解决了。

也就是说，把整个问题拆解成两个子问题，第一个是把 A 最上面的 63 个盘子借助 C 移到 B，第二个是把 B 上的 63 个盘子借助 A 移到 C。可以想到，解决这两个子问题与解决总问题的过程一致，只是借助的座和移动的目标座不同而已，可以调整参数解决。

如果定义一个函数能解决这个总问题，那么，整个问题的解决步骤分成三步，首先调用函数解决第一个子问题，然后把 A 座中最后一个盘移动到 C，最后再调用函数解决第二个子问题。

代码的样式如下：

```
void Hanoi(char A,char B,char C,int N)   // 把 N 个盘从 A 借助 B 移动到 C
{
    把 A 最上面的 N-1 个盘子借助 C 移动到 B；
    printf("%c-->%c\n",A,C);  // 用 --> 表示盘的移动方法，直接输出
    把 B 最上面的 N-1 个盘子借助 A 移动到 C；
}
```

这两个子问题用代码如何写呢？注意到 Hanoi() 函数的功能，只要简单地改一下参数，就完成了相应的代码：

```
void Hanoi(char A,char B,char C,int N)   // 把 N 个盘子从 A 借助 B 移动到 C
{
    Hanoi(A,C,B,N-1);             // 把 A 最上面的 N-1 个盘子借助 C 移动到 B
    printf("%c-->%c\n",A,C);      // 用 --> 表示盘的移动方法，直接输出
    Hanoi(B,A,C,N-1);             // 把 B 最上面的 N-1 个盘子借助 A 移动到 C
}
```

很显然，这个问题的最基础问题是当 N 为 1 时，即只有一个盘子时，就直接把盘子从 A 移动到 C。函数代码如下：

```
void Hanoi (char A,char B,char C,int N)   // 把 N 个盘子从 A 借助 B 移动到 C
{
    if(1==N)
    {
        printf("%c-->%c\n",A,C); // 直接输出移动盘子的方式
    }
    else
    {
      Hanoi (A,C,B,N-1);          // 把 A 上的 N-1 个盘子借助 C 移动到 B
      printf("%c-->%c\n",A,C);    // 用 --> 表示盘子的移动方法，直接输出
      Hanoi (B,A,C,N-1);          // 把 B 上的 N-1 个盘子借助 A 移动到 C
    }
}
```

> 🔔 **思考：**
>
> 如何采用递归思想，求 a^N（N 为大于 0 的整数）和 $\sum_{i=1}^{n} i$。

7.7 变量的作用域

7.7.1 进程的内存管理

狭义上讲，进程是正在执行的程序实例，操作系统为计算机中运行的每个进程分配有专门的内存空间，进程之间的内存是不能随意相互访问或修改的。一个应用程序在执行时，就是一

个进程。进程占用内存空间分为很多区，其中主要的有三类：代码区、动态区、静态区。

代码区是指运行的代码占用的内存空间，动态区和静态区是专门用来存放数据的内存区域，称为数据区，动态区又分为栈区和堆区，如图 7-11 所示。

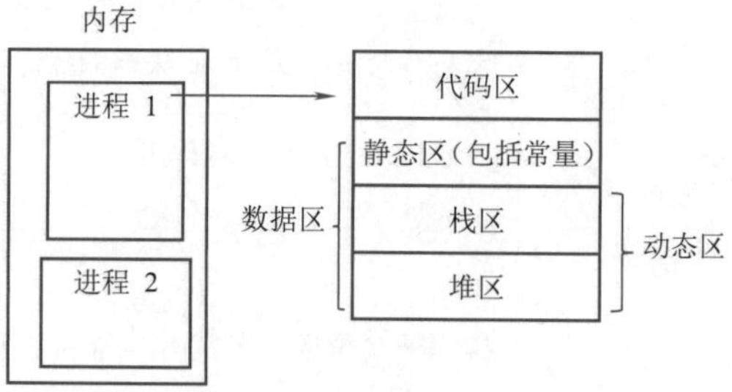

图 7-11　进程内存空间示意图

代码区存放 CPU 执行的机器指令，编写的代码由编译系统经编译、连接等步骤，生成机器语言，机器不断地执行这些指令。

静态区分为静态数据区和 BSS 区（Block Started by Symbol，由符号起始的区块），静态数据区包含在程序中明确被初始化的全局变量、静态变量（包括全局静态变量和局部静态变量）和常量数据（如字符串常量）。BSS 区通常用来存放程序中未初始化的全局变量。

栈区由编译器自动分配释放，存放函数的参数值、局部变量等。

堆区用于动态内存分配。主要由程序员用程序代码进行内存的分配和释放（如用 malloc() 和 free() 函数分配和释放，第 10 章讲述）。若不手工释放堆区的内存，则该内存在程序运行期间一直占用，直到程序结束时，才可能由操作系统回收。

堆区比栈区能应用的内存空间大，基本上可利用内存所有空间。但堆区如果利用得不好，会对程序运行的质量造成不好的结果。例如，手工频繁释放和分配空间，易造成内存碎片，导致进程访问数据的速度降低。

7.7.2　变量的作用域

作用域描述程序中可访问标识符的区域，一个 C 变量的作用域可以是块作用域、函数作用域、函数原型作用域和文件作用域。

1. 块作用域

块是用一对 {} 括起来的代码区域。整个函数体是一个块，函数中的任意复合语句也是一个块。虽然函数形参声明在函数首部，但是它们也具有块作用域，属于函数体这个块。C99 以后的标准把块的概念扩展到包括 for 语句、while 语句、do 语句和 if 及 if-else 语句所控制的代码，即使这些代码没有用花括号括起来，也算是块的一部分。在一个块中定义的变量，只在这个块中起作用，代码执行离开这个块，变量就失去作用。也就是说，块中声明的变量和它的值对块外的代码是不可见。因此，块内和块外同名变量，不会产生冲突；块内变量的数据也不能直接通过块内变量名被块外代码使用。

例 7-20　变量作用域实例。

```
#include<stdio.h>
int swap(int a[],int n)   //这里的形参变量的作用域为整个函数
```

```
    {
        int i=50;
        // 下面 for 语句再次定义变量 i，与上一行的定义不冲突
        for(int i=0;i<n;i++)
        {
            if(i<5)                     // 此处所用的 i 是 for 块内的 i，块外的 i=50 不可见
            {
                int k=0;        // 这个 k 只在 if 块中起作用
                k++;
                printf("%d  ",a[k]);
            }
            i=k;                        // 此处编译错误，变量 k 已经出了它的作用域
        }
        printf("\ni=%d\n",i);       // 这个变量 i 没有被 for 块中的变量 i 影响
    }
    int main(void)
    {
        int a[10]={1,2,3,4,5,6,7,8,9,10};
        swap(a,10);
        return 0;
    }
```

此代码去掉 swap() 函数中的 i=k; 语句后，执行结果如下：

```
2  2  2  2  2
i=50↙
```

由以上代码可以看出，声明在内层块中的变量，其作用域仅局限于该声明所在的块，如变量 k。当内层块中声明的变量与外层块中的变量同名时，内层块会隐藏外层块的定义。离开内层块后，外层块变量继续有效，如 swap() 函数中第一个声明的变量 i，在离开 for 块执行 printf 语句时，i 的值就是 50，这个 i 与 for 块中的 i 无关。

2. 函数作用域

仅用于 goto 语句的标签。goto 语句的标签能使函数的作用域延伸至整个函数。例如，goto 语句的标签出现在 for 语句的 {} 中，在 for 语句外的 goto 语句能使程序直接跳转到 for 语句块的标签处。

3. 函数原型作用域

用于函数原型中的形参名，函数原型作用域的范围是从形参定义处到原型声明结束。编译器只关心函数原型中的形参类型，形参名无关紧要，甚至可以不写。即使写了，在定义函数的形参名时也可与它不一样。只有在定义一些类似于变长数组的形参中，形参名才有用。

例7-21 写一个能传递不同大小的二维数组的函数，并在主函数中调用。

```
#include<stdio.h>
int main(void)
{
    void array(int x,int y,int a[][y],int* );        // 函数声明
```

```
    // 因 a 右侧的 [] 中有 y，所以 y 要先定义；参数 x 可以不写
    // 如果最后一个参数只有数据类型，没有名称，也是合法的
    int ar[2][6]={1,2,3,4,5,6,7,8,9,10,11,12};
    int data[6]={20,30,40,50};
    array(2,6,ar,data);
    int ar[3][4]={1,2,3,4,5,6,7,8,9,10,11,12};
    int data[4]={20,30,40,50};
    array(3,4,ar,data);                // 调用不同大小的二维数组
    return 0;
}
/* 定义函数时所用形参名可以与声明时用的不同。下面是定义时用的形参名，与 main() 函数中声明时
对应名称都不一样 */
void array(int m,int n,int a[][n],int b[])
{
    for(int i=0;i<m;i++)
    {
        for(int j=0;j<n;j++)            // 变量 j 只在紧接着的 printf 语句中有效
        printf("%d ",a[i][j]+b[j]);
        printf("\n");
    }
}
```

4. 文件作用域

变量定义在函数的外面，具有文件作用域，从变量定义处到该定义所在文件的末尾均可见，
但能在区域中被块区域中同名变量屏蔽。

例7-22   文件作用域的变量应用实例。

```
#include<stdio.h>
int a=100;                             // a 作用于整个文件，但内层作用域有相同变量名时被屏蔽
void fun(void)
{
    printf("fun 中的 a=%d\n",a);        // 应用文件作用域中的 a
    a+=2;                              // 应用文件作用域中的 a
    if(a>100)                          // 应用文件作用域中的 a
    {
        int a=20;                     // 此处屏蔽文件作用域的变量 a
        printf("if 中的 a=%d\n",a);     // 应用 if 块中的变量 a
    }
}
int main(void)
{
    a+=2;
    fun();
    printf("main 中的 a=%d\n",a);
    return 0;
}
```

程序运行结果如下：

```
fun 中的 a=102
if 中的 a=20
main 中的 a=104↙
```

　　具有文件作用域的变量可以在文件中的所有函数中应用，且每个函数对该变量产生的作用会传到另一个函数中，这种变量称为全局变量，它放置在静态区。例如，main() 函数中用 a+=2; 把 a 的值赋成了 102，调用 fun() 时，a 的值就是 102。确切地说，文件作用域的变量也可以在其他文件中引用（在 7.7.3 和 7.7.4 节介绍）。

7.7.3　变量的分类

　　C 语言中的变量根据链接属性可分为外部链接、内部链接或无链接三种。具有块作用域、函数作用域或函数原型作用域的变量都是无链接变量。这意味着，这些变量属于定义它们的块、函数或原型私有。具有文件作用域的变量可以是外部链接或内部链接。外部链接变量可以在多文件程序中使用，内部链接变量只能在一个翻译单元（.c 文件和它用 #include 引入的文件是合在一起进行编译的，这些文件统称为一个翻译单元）中使用。

　　在一个文件函数外部定义的变量，如果前面加上关键词 static，则这个变量称为内部链接变量，否则这个变量称为外部链接变量。例如，一个 test.c 文件中有如下代码：

```
#include <stdio.h>
int a;
static int b;
int main(void){...}
```

　　这里 a 是一个外部链接变量，b 是一个内部链接变量。这两个变量均是文件作用域。只是 a 可以让另外的文件访问，而 b 只能在翻译单元中使用。

　　从存储类型来讲，变量分为自动、寄存器、静态块作用域、静态外部链接、静态内部链接 5 种。这 5 种存储类别变量和其作用域、链接类型以及声明方式见表 7-1。

表 7-1　变量的存储类别、作用域、链接类型以及声明方式

存储类别	作用域	链接类型	声明方式
自动	块	无	块内
寄存器	块	无	块内，用 register 声明
静态无链接	块	无	块内，用 static 声明
静态内部链接	文件	内部	函数外部用 static 声明
静态外部链接	文件	外部	函数外部

　　这几种类型中，自动变量和寄存器变量在代码离开块区域后，变量空间被收回，便于存放其他数据。下面分别介绍各存储类别变量。

1. 自动变量

　　自动变量可以显性地用 auto 加以声明，又称显性声明，具体格式如下：

```
auto 类型 变量名;
```

也可以省略 auto，即"类型 变量名"的格式，如 int x;，前面章节中用到的变量都是自动变量。

2. 寄存器变量

声明寄存器变量要用到关键字 register。例如：

```
register int score;
```

这种变量理论上存放在 CPU 的寄存器中，因为访问寄存器的速度比访问主存要快，可以节省访问时间，提高程序的运行速度。如果代码中有变量使用非常频繁，就可定义其为寄存器变量。

例 7-23 把互换两个数的代码执行 N 次，分别把两数互换用到的中间变量定义为寄存器类型和 auto 类型变量，分别输出执行 N 次的时间。程序代码如下：

```
#include<stdio.h>
#include<stdlib.h>
#include<time.h>
int main(void)
{
    long N=10000000L;              // N 为互换次数
    clock_t start,finish;          // clock_t 是 long 型的别名
    int a=3,b=5;
    register int temp;             // 定义为寄存器变量
    int tempVar;                   // 定义为自动变量
    double duration;
    start=clock();                 // clock() 函数获取进程启动到目前的时间，以毫秒计
    while(N--)
    {
        temp=a;
        a=b;
        b=temp;
    }
    finish=clock();                // 进程启动到目前的时间
    // 下一条语句计算 while 语句的执行时间，以秒计
    duration=(double)(finish-start)/1000;
    printf("Register Var:%lf seconds\n",duration);
    N=10000000L;
    start=clock();
    while(N--)
    {
        tempVar=a;
        a=b;
        b=tempVar;
    }
    finish=clock();
    // 下一条语句计算 while 语句的执行时间，以秒计
    duration=(double)(finish-start)/1000;
    printf("Auto Var:%lf seconds\n",duration);
    return 0;
}
```

程序运行结果如下（在不同的情况下执行时间可能不同）：

```
Register Var: 0.016000 seconds
Auto Var: 0.021000 seconds↙
```

可见，合理使用寄存器变量可以加快程序执行速度。

使用寄存器变量时要注意以下三点：第一，虽然用了关键字 register 来声明变量，但不保证变量能用上 CPU 的寄存器，如果没用上，寄存器变量就和 auto 变量一样；第二，用 register 关键字声明的变量，实际运行时不管有没有用上 CPU 中的寄存器，都不能对该变量取地址，即不能在其前面使用 &；第三，可声明为 register 的数据有限，因为寄存器的空间有限，占用字节太大的数据，寄存器可能提供不了空间。

3. 静态无链接变量

这种变量用关键字 static 加以声明，格式如下：

```
static 类型 变量；
```

例如，static int x;，它声明了一个静态变量 x。静态变量的默认初始化值为 0、null 或 '\0' 等，且变量声明只完成一次。一旦声明了这种类型的变量，它的空间并不被回收，变量在程序结束前一直存在，所以当再次执行到静态变量所在块时，前次执行保留的值继续被利用。

例 7-24   利用 static 求 n!

```
#include<stdio.h>
int fun(int n)
{
    static int jc=1;        // 第一次进入时，初始化，再次进入不再处理
    jc=jc*n;                // 再次进入时开始引用的 jc 为上次结束时的值
    return jc;
}
int main(void)
{
    int i, n=5, result=1;
    for(i=1;i<=n;i++)       // 连续调用 5 次 fun() 函数
        result=fun(i);
    printf("%d!=%d\n",n,result);
    return 0;
}
```

读者可能在一些教材或参考书中经常看到"局部静态变量"这一概念，其实就是描述具有块作用域的静态变量。另外，注意在函数形参中不能使用 static 声明变量。

4. 静态内部链接变量

该类型的变量声明在一个文件所有函数外部，格式与块作用域的静态变量一样，它具有内部链接、文件作用域的特点。声明的格式如下：

```
static 类型 变量名；
```

例如：

```
static int sum;        // 声明 sum 为静态内部链接变量
int main(void)
{
    ...
}
```

静态内部链接变量只能在一个翻译单元内引用，不能被别的文件使用，与块作用域的静态变量一样，也是在整个程序结束前，一直存在。若没有被显性初始化，则默认初始值为 0。

5. 静态外部链接变量

对静态内部链接变量，如果不用 static 关键字修饰，就是静态外部链接变量，并且可以被其他翻译单元的文件使用。这种变量也是在程序结束前，一直存在。

声明静态外部链接变量格式很简单，在函数外部声明即可，声明格式如下：

```
类型 变量名;
```

以下是一个在名为 file.c 文件中的部分代码段，定义一个 int 型变量和一个 double 型数组，它们都是静态外部链接变量。

```
int sum;               // 外部定义的变量 sum
double socre[100];     // 外部定义的数组
int main(void)
{
    ...
}
```

在定义一个静态外部链接变量后，为指出该函数使用了外部变量，可以在函数中用关键字 extern 再次声明。如果一个文件想使用在另一个文件中定义的这种变量，则必须在该文件中使用 extern 再次声明该变量。例如，现在有一个 file_add.c 的文件，它里面的源代码想使用 file.c 文件中的数组 score，就必须在 file_add.c 中加以声明。

例如，file_add.c 源代码如下：

```
void fun()
{
    extern double socre[100]; // 声明另一个文件已定义的静态外部链接变量，元素个数可不写
    ...                       // 语句可以使用 score，file.c 中 score 的值可以直接在这里使用
}
```

当然，也可以在其他要使用的地方声明静态外部链接变量，包括函数外部。另外，静态外部链接变量只能用常量表达式对其初始化，不能用变量。例如：

```
int x=10;
double p=1.0+3;
int a[100];
```

```
int y=sizeof(a);
```

以上都是合法的初始化，但不能用变量。例如：

```
int x=10;
int y=5+x;                  // 错误，x 是变量
```

外部变量只能初始化一次，且必须在定义时进行，在用 extern 关键字声明的地方，不能赋初始值。这里有必要再次指出一对容易混淆的概念，就是声明和定义，看下面的例子。

```
int x=1;                    /* x 被定义 */
int main(void)
{
    extern int x;           /* 声明在别处定义的 x */
    return 0;
}
```

这里，x 被声明了两次。第一次声明时同时为变量分配了存储空间，则该声明也是定义。第二次声明是告诉编译器，要使用之前已创建的 x 变量，并没有分配空间，所以只是声明，不是定义。第一次声明被称为定义式声明，第二次声明称为引用式声明。

7.7.4　存储类型与局部标识符的说明

1. 关于存储类型的指定问题

函数有存储类型指定问题，若不提供存储类型说明符，则默认所有函数为 extern。

对于任何用存储类型指定符声明的结构体（第 10 章介绍），存储类型（但非链接）递归地应用到其成员。

块作用域的函数声明能使用 extern 或不使用存储类型说明符。文件作用域的函数声明能使用 extern 或 static。

2. 存储类型说明符的补充说明

C 语言有 6 个关键字作为存储类型说明符，即 auto、register、static、extern、_Thread_local（C11 标准，作用于线程）和 typedef。typedef 作为存储类型说明符只是为了语法上描述方便，它没有对任何存储类型说明。

3. 关于标识符的字符个数问题

C99 和 C11 标准都要求编译器识别局部标识符的前 63 个字符和外部标识符的前 31 个字符。

▌　小结

本章讲述了函数的定义与使用，形参和实参之间传值规范，函数的调用原则及内存利用，函数嵌套调用，递归调用思想和编程方法，数组名作为实参以及对应形参的定义方法和意义，最后讲述了进程的内存空间管理、变量分类。本章的内容对于程序结构化设计有着重要的作用，尤其是函数，应当作为重点关注内容。

1. 编写两个函数，分别返回两个整数的最大公约数和最小公倍数，在 main() 函数中调用并输出结果。

2. 定义一个函数，返回年份 x 和 y 之间的闰年数，并在 main() 函数中调用输出，两个年份在 main() 函数中用 scanf 语句输入。

提示：在 main() 函数中定义一个一维数组，把该数组元素空间的首地址作为实参传给定义的函数形参，在定义的函数中把找到的闰年数放在该数组中。

3. 分别定义三个函数，并在 main() 函数中调用。（1）把一个十进制数转换成二进制数形式并返回。（2）把一个十进制数转换成十六进制数并返回。（3）把一个十进制数转换成八进制数并返回。

4. 定义两个函数，其中一个嵌套调用另一个函数，以实现求四个 float 型数据的最大值。

5. 定义一个函数，求一个字符串中是否存在指定的字符，并在 main() 函数中调用。

6. 有等差数列，第一项为 20，公差为 2.5，写一个递归函数，求出并返回这个数列第 n 项的值。

7. 定义一个函数，返回一个序列数的中位数，并调用输出。

8. 定义一个函数，功能是计算并返回一个二维数组中各数据的方差。二维数组由主调函数作为实参传入。

9. 定义一个函数，比较两个字符串的长度大小（不能用 strlen() 函数）。

10. 一个部门中多人的姓名被存放在一个字符二维数组中，定义一个函数返回是否存在某个姓名的人。

11. 定义一个递归函数，求 $\sum_{i=0}^{n} i$ 的值并返回，且在 main() 函数中调用验证。

12. 定义一个递归函数，计算并返回的 a^N 值，其中 $N \geqslant 0$ 且为整数，a 为 double 型数据。

13. 冒泡算法中要频繁互换两个数据，互换时常用一个中间变量，现有一个一维数组，有 50 000 个 int 型数据，写一个程序，比较中间变量使用寄存器变量与不使用寄存器变量所用的执行时间。

提示：使用下列代码随机生成有 N 个数据的一维数组，程序开始要引入 time.h 和 stdlib.h 头文件。

```
/* 初始化随机数发生器 */
srand((unsigned) time(NULL)*10);
/* 生成 0 到 K 之间的 N 个随机数，并赋给一维数组元素 */
for(i=0;i<N;i++)
    Arr[i]=rand()%K;            //rand()生成一个随机数
```

14. 写两个 .c 文件，其中一个文件能直接引用另一个文件中的某个变量。

15. 写一个函数，应用 static 关键词，求 $\sum_{i=0}^{s} i$，并在 main() 函数中调用这个函数，求 $\sum_{i=0}^{n} i + \sum_{i=0}^{k} i + \sum_{i=0}^{t} i$，其中 n 小于 k，k 小于 t。

提示：把存放和值的变量用 static 修饰，以便下次调用时直接应用。

模块化及预处理

8.1 模块化

　　所谓模块化开发，是在编程过程中对源文件的一种组织方式。C 语言出现之初，计算机硬件并不发达，C 语言编写的程序代码很短。但随着计算机软件和硬件的发展，要求 C 完成的代码量越来越大，最后到大型的软件工程，代码量巨大，项目要由多人协作完成，这就出现了模块化编程的概念。

　　假设有甲、乙、丙三人，同时开发一个软件，功能是输入两个整数，分别输出加减乘除四种运算结果。开发过程中，由甲负责编写主函数和调用，乙负责编写加、减函数的代码，丙负责编写乘、除函数的代码。在实际工作中，这三个人有各自不同的工作空间和计算机，不方便同时编辑同一个源代码文件，每个人在各自的工作环境下编写各自的源代码文件，最后能把他们编写的文件有效集中起来完成指定的程序功能。

　　例如，甲的源码，放在文件 test.c 中。

```
#include<stdio.h>
// 声明函数
int add(int a,int b);      /* 输入两个整数，实现两数的加法，并返回结果 */
int sub(int a,int b);      /* 输入两个整数，实现两数的减法，并返回结果 */
int mul(int a,int b);      /* 输入两个整数，实现两数的乘法，并返回结果 */
float div(int a,int b);    /* 输入两个整数 a、b，返回 a/b */
int main(void)
{
    int a,b;
    printf(" 输入两个整数:");
    scanf("%d %d",&a,&b);              // 为节省篇幅，没考虑除数为 0 的情况
    printf("%d,%d 两数加减乘除的结果是：",a,b);
    printf("%d,%d,%d,%f\n",add(a,b),sub(a,b),mul(a,b),div(a,b));
    return 0;
}
```

　　乙的加减法源码，放在 L_zhao.c 中。

```
int add(int a,int b)
```

```
{
    return a+b;
}
int sub(int a,int b)
{
    return a-b;
}
```

丙的乘除法源码，放在 L_wang.c 中。

```
int mul(int a,int b)
{
    return a*b;
}
float div(int a,int b)
{
    return 1.0f*a/b;
}
```

当各自写完代码，并编译检查无误后，甲将三份源码放到一起执行编译。这里使用 gcc 命令编译连接，在命令窗口中，把目录调整到存放源文件的目录，并输入以下命令：

```
gcc L_zhao.c L_wang.c test.c -o myMain
```

多个源文件之间使用空格分隔，myMain 是生成的可执行文件名，上述命令执行后生成一个名为 myMain.exe 的可执行文件，其运行的一种实例结果如下：

```
输入两个整数 :8 10↵
8,10 两数加减乘除的结果是 :18,-2,80,0.8000↙
```

可以看到，整个过程非常清晰，三个人只需一个人制定出任务的分解和函数规则，然后各自编写函数代码即可，这就是模块化编程的一种简易过程。

一般来说，模块化程序设计是指在进行程序设计时将一个复杂程序按照功能划分为若干简单程序模块，每个简单程序模块完成一个确定的功能，并在这些模块之间建立必要的联系，通过模块的互相协作完成给定功能的程序设计方法。

它遵循如下步骤：

步骤 1：对整个问题进行分析，明确要解决的任务。

步骤 2：逐步分解、细化任务，把整个任务分解成多个子任务，每个子任务只完成部分功能，并且可以通过函数来实现。

步骤 3：确定模块（函数）之间的调用关系。

步骤 4：优化模块之间的调用关系。

步骤 5：在其他函数中进行调用，并用 main() 函数调用实现整个功能。

这种编程思想降低了编程的复杂性，可复用性强（代码可以在不同的地方反复利用，却只要写一次代码），容易扩充程序的功能，非常适合团队开发。

8.2 使用头文件

上面的例子比较简单，而在实际项目中，要编写成百上千的函数，且函数在不同开发人员之中应用，所以利用别人的函数多，声明函数也多，不利于阅读程序和维护。为解决这样的问题，就产生了一种称为头文件的文本文件，用于声明和描述函数。

之前使用 #include 后跟一个 .h 文件，这个 .h 文件就是头文件，可以把函数的描述放在头文件中，然后在其他文件（如 .c 文件）中直接利用 #include 加头文件的方式进行调用。以 8.1 节中甲乙丙合作编程为例，可以创建一个自己的头文件，如名称为 myFirst.h，将 test.c 文件中开始的四个函数声明均放在该头文件中。myFirst.h 文件中的内容如下。

```
int add(int a,int b);    /* 输入两个整数，实现两数的加法，并返回结果 */
int sub(int a,int b);    /* 输入两个整数，实现两数的减法，并返回结果 */
int mul(int a,int b);    /* 输入两个整数，实现两数的乘法，并返回结果 */
float div(int a,int b);  /* 输入两个整数 a、b，返回 1.0f*a/b */
```

这时 test.c 源文件就可以写成如下代码：

```
#include<stdio.h>
#include"myFirst.h"
int main(void)
{
    int a,b;
    printf(" 输入两个整数:");
    scanf("%d %d",&a,&b);   // 为节省篇幅，没考虑除数为 0 的情况
    printf("%d,%d 两数加减乘除的结果是:",a,b);
    printf("%d,%d,%d,%f\n",add(a,b),sub(a,b),mul(a,b),div(a,b));
    return 0;
}
```

这比 8.1 节的 test.c 简洁得多。再执行一下命令，对源文件进行编译。

```
gcc L_zhao.c L_wang.c test.c -o myMain
```

同样能生成 myMain.exe，运行也正常，这说明用 #include 加头文件的方式也可以实现相应的功能。

头文件中放入函数声明，函数的具体实现放在另外的 .c 文件中，也就是将声明和实现分离。这种开发模式，就是实际中经常使用的模块化开发，又称面向接口的开发。

在这种开发模式下，如果在开发之前，做好头文件内的内容，剩下的事就是按头文件编写代码，开发就变得有据可依。开发完成后，编译源代码，头文件就是一份使用方法和函数功能的说明书，可以方便地将 .c 文件和头文件提供给用户。

读者可能已经发现，包含自己的头文件时，用的是 " "，而不是 <>，这两者是有区别的，#include<> 引用的是编译器类库路径中的头文件。#include " " 不仅可引用类库中的头文件，还可以引用程序目录相对路径中的头文件，因为 myFirst.h 与 test.c 在同一个目录，所以用 " "。当然头文件也可以用绝对路径指定，如 #include "E:\\wang\\myFirst.h"（Windows 操作系统），

#include "home\\wang\\myFirst.h"（Linux 操作系统），但通常不这样做，原因是当程序在新的环境中执行时，要在新的环境中专门建立相应的目录，并把头文件复制到这个目录中，非常麻烦。

如果头文件存放在 .c 文件所在目录的子目录下，可以写成 "#include " 子目录 \\myFirst.h ""。

8.3 预处理

C 语言的预处理在编译之前进行。C 语言的预处理主要有三方面内容：一是文件包含；二是宏定义；三是条件编译。预处理命令以符号 # 开头，下面分别加以阐述。

8.3.1 文件包含

以前学习过的 #include 就是预处理指令之一。预处理指令并不属于 C 语言词法，只是指定编译器在正式编译代码前需要做的事。

从编写完源代码到最后生成可执行文件，在集成开发环境（如 DEV C++）中往往只要编译、运行等，如果程序没有错误，就可以看到程序运行结果。其实，这个过程包含预处理—编译—汇编—连接四个阶段，下面分步进行讲解，以便理解预处理以及从源代码到可执行文件的具体过程（以 gcc 编译器为例）。

首先用 gcc 命令查看一下预处理后的结果。这里仍以 test.c 文件为例，为节省预处理后显示结果，去掉 test.c 文件中的标准库头文件，代码如下：

```
#include"myFirst.h"
int main(void)
{
    int a,b;
    printf(" 输入两个整数 : ");
    scanf("%d %d",&a,&b);      // 为节省篇幅，没考虑除数为 0 的情况
    printf("%d,%d 两数加减乘除的结果是:",a,b);
    printf("%d,%d,%d,%f\n",add(a,b),sub(a,b),mul(a,b),div(a,b));
    return 0;
}
```

使用 gcc 进行预处理：

```
gcc -E test.c -o test.tx
```

这里，-E 表示进行预处理，-o 后面是生成的文件名，中间用空格隔开。

执行命令后，生成文件 test.tx，其内容如下：

```
# 1 "test.c"
# 1 "<built-in>"
# 1 "<command-line>"
# 1 "test.c"
# 202 "test.c"
# 1 "myFirst.h" 1
int add(int a,int b);
```

```
int sub(int a,int b);
int mul(int a,int b);
float div(int a,int b);
# 203 "test.c" 2
int main(void)
{
    int a,b;
    printf(" 输入两个整数 :");
    scanf("%d %d",&a,&b);
    printf("%d,%d 两数加减乘除的结果是 :",a,b);
    printf("%d,%d,%d,%f\n",add(a,b),sub(a,b),mul(a,b),div(a,b));
    return 0;
}
```

可以发现，包含文件的预处理是将 myFirst.h 文件的声明复制到当前文件中，所以在正式编译代码之前，预处理头文件的任务就是把头文件中的声明复制到源文件中，这说明在 C 语言中，头文件的声明复制到源文件后才开始编译，这称为声明展开。本章后面阐述的宏定义和条件编译都是在这一过程中完成。

预处理完成后，如果编译没有检查出错误，接下来就进行汇编，这次把 #include <stdio.h> 放到 test.c 中，因为后面的运行需要它。用以下命令生成汇编代码，其中参数 -S 是汇编，-o 后面指定生成的文件名。

```
gcc -S test.c -o test.s
gcc -S L_zhao.c -o L_zhao.s
gcc -S L_wang.c -o L_wang.s
```

再看一下 L_zhao.s 中的内容，已经是汇编语言的代码。

```
    .file   "L_zhao.c"
    .text
    .globl add
    .def    add;    .scl    2;      .type 32;       .endef
    .seh_proc       add
add:
    pushq   %rbp
    .seh_pushreg %rbp
    movq    %rsp,%rbp
    .seh_setframe %rbp, 0
    .seh_endprologue
    movl    %ecx,16(%rbp)
    movl    %edx,24(%rbp)
    movl    16(%rbp),%edx
    movl    24(%rbp),%eax
    addl    %edx,%eax
    popq    %rbp
    ret
    .seh_endproc
    .globl sub
```

```
    .def   sub;   .scl   2;      .type 32;     .endef
    .seh_proc     sub
sub:
    pushq  %rbp
    .seh_pushreg %rbp
    movq   %rsp,%rbp
    .seh_setframe %rbp, 0
    .seh_endprologue
    movl   %ecx,16(%rbp)
    movl   %edx,24(%rbp)
    movl   16(%rbp),%eax
    subl   24(%rbp),%eax
    popq   %rbp
    ret
    .seh_endproc
    .ident "GCC: (x86_64-win32-seh-rev0, Built by MinGW-W64 project) 8.1.0"
```

目前不需要看懂它，只要知道从源代码到最后的可执行文件，中间有这一过程。

接下来，还要生成目标代码，命令如下：

```
gcc -c test.s -o test.o
gcc -c L_zhao.s -o L_zhao.o
gcc -c L_wang.s -o L_wang.o
```

这里生成的 .o 文件就是目标代码，它是一个二进制文件，不能用文本的方式打开阅读。.o 文件不是可执行文件，最后通过以下命令连接生成可执行文件 test.exe。

```
gcc test.o L_zhao.o L_wang.o -o test
```

至此，就可以直接双击 test.exe 文件运行了。这就是在集成开发环境中"编译运行"一般要经历的过程。上面的连接命令只列了编写的几个目标文件，但在处理过程中，该命令把系统的标准启动代码和库代码（标准函数实现的目标库，如含有 printf() 函数实现的目标文件）一并加入进来。

从上面的过程可以看出，从源文件到目标文件的过程是独立的，只是最后一步完成可执行文件时，才把各个目标代码文件连接起来。因此，在实际工作中，编程人员常常独立编写能实现某些特定功能的源代码，把它编译成目标代码，也就是 .o 文件，并构建相应的 .h 文件，把目标代码和 .h 文件提供给他人使用。既可以让他人使用函数的功能，也不公开自己的源代码。除了这种方式以外，还可以把目标代码生成一种称为归档文件的文件，并把它连同 .h 文件提供给他人使用。

以前面讲到的 myFirst.h 为例，如果乙、丙只想让甲使用加减乘除四个函数，而不想把源代码提供给甲，那就把实现这些函数功能的 .c 文件生成 .o 文件，再通过 gcc 工具中的 ar 命令，将 .o 文件打包成归档文件（扩展名为 .a，也称静态库名），只把 .h 文件和归档文件交给甲。生成归档文件的具体命令如下：

```
ar -rc libmyfirst.a L_zhao.o L_wang.o
```

其中，-rc 是固定选项，libmyfirst.a 中 lib 是固定串，后面的 myfirst 是自定义库名，扩展名 .a 表示是一个归档文件。

甲得到这些文件后可以使用其提供的函数。例如，甲要在 hello.c 中使用加减乘除函数，首先把头文件 myFirst.h 包含进去，然后就可以在代码中直接利用所提供的函数。例如，hello.c 中的代码如下：

```
#include"myFirst.h"
#include<stdio.h>
int main(void)
{
    printf("3+2=%d.\n",add(3,2));          // 直接调用函数 add
    printf("20-7=%d.\n",sub(20,7));
    printf("8*3=%d.\n",mul(8,3));
    printf("80/4=%.0f.\n",div(80,4));
    return 0;
}
```

而此时直接编译运行 hello.c 是不能成功的，它需要指定生成的静态库名和路径，具体指令如下：

```
gcc hello.c -lmyfirst -L.
```

其中 -lmyfirst 中的 -l（小写的 L）是指定库名，-L 是指定库所在的路径，这里 L 后面的 "." 是表示 .a 文件与 hello.c 是同一个目录。通过上述命令生成 hello.exe 文件，执行得到如下结果：

```
3+2=5.
20-7=13.
8*3=24.
80/4=20.
```

这样做的好处：一是，用户可以独立关注需要完成的源代码，不受第三方的条件限制；二是，可以放心地做出自己独特的功能，因为二进制文件和归档文件不会显示源代码，其他用户并不知道函数功能是如何实现的，可有效地保护知识产权；三是，可以更好地实现模块化编程。

例如，公司 A 用 C 语言实现脚印分类的算法，该算法可以帮助公安部门破案，因为该算法涉及很多独特算法和技术，公司 A 并不想公开。而此时，如果有公司 B 要给公安部门做一个软件，需要用到脚印分类方面的功能，但公司 B 又不能实现这个功能，于是公司 A 就可以把脚印分类的归档文件连同函数声明的头文件一同提供给公司 B。公司 B 在得到这些文件后，就可以在自己的源代码中直接调用公司 A 提供的分类函数以完成相应的功能，不用去关心脚印分类的算法实现。

上述讲到的是一种静态链接库的应用，还有另一种动态链接库，它的实现方法与此大同小异，同时，上述命令也可以在编译系统中用界面的方式实现，有兴趣的读者可以自行查阅相关资料。

8.3.2 宏定义

在前面章节中，学习过用 #define 来定义常量，如 #define PI 3.1415926。当时给的说法是用后面的常量替换掉前面的标识符 PI，这实际上是编译系统提供的一种预处理功能，称为宏定义。具体是，用一个指定的标志符进行简单的字符串替换。宏定义分为不带参数的宏定义和带参数的宏定义两种。格式为：

```
#define 标识符 [(参数列表)] 字符串
```

其中，标识符称为宏名，[] 表示可选。将宏替换成字符串的过程称为"宏展开"，在预处理阶段完成。

1. 不带参数的宏定义

格式为：

```
# define 标识符 字符串
```

代码在预处理时，把源代码中的标识符原封不动地替换成字符串，在实际应用中标识符的名称一般全部用英文大写字母。下面用 gcc 命令加以验证，假设下列代码放在了文件 Macro.c 中。

```
#define X 10+3
int main(void)
{
    int y=X*X+5;
    return y;
}
```

用命令 gcc -E Macro.c -o Macro.tx 生成 Macro.tx 文件，其内容如下：

```
# 1 "Macro.c"
# 1 "<built-in>"
# 1 "<command-line>"
# 1 "Macro.c"
int main(void)
{
    int y=10+3*10+3+5;
    return y;
}
```

可以看到，经过预处理之后，将所有的 X 原封不动地替换成了 10+3。读者在分析源代码或编程时，不要在意识中强行把 10+3 的结果 13 替换成 X 或者把 10+3 变成 (10+3) 替换 X，以至于想象成要形成这样的结果：int y=13*13+5; 或者 int y=(10+3)*(10+3)+5;。这是错误的，要原封不动地用串替换标识符。

2. 带参数的宏定义

这是一种复杂的宏定义，其格式为：

```
# define 标识符(参数列表)   字符串
```

其中，字符串包括参数列表的内容。预处理时，把括号中对应的参数原封不动地换成字符串中出现的参数，字符串中其余字符不变。例如，有带参数的宏定义：

```
#define S(a,b)   a*b
```

若源代码中有 S(3,2)，则经预处理后就展开成 3*2。

如果有宏定义：

```
#define MAX(x,y)   x>y?x:y
```

则 MAX(5,6) 就展开成 5>6?5:6。

如果源代码中是 MAX(3+4,6)，就被展开成 3+4>6?3+4:6。显然，如果这个宏定义是想得到 3+4 的结果与 6 这两个值当中的最大值，这样的宏定义就不能达到目标。可以改写成：

```
#define MAX(x,y)   (x)>y?(x): y
```

这样 MAX(3+4,6) 就被展开成 (3+4)>6?(3+4):6。如果使 y 写成其他表达式时也有效，就写成：

```
#define MAX(x,y)   (x)>(y)?(x):(y)
```

使用宏定义时，还用到两个专用运算符 # 和 ##。这两个运算符可以实现更复杂的宏定义，提高宏定义的灵活性和适用性。

"#"用于字符串化宏定义中的参数，即在替换时把参数加上 "" 后进行替换。例如，有宏定义：

```
#define PRINT(n)   printf(#n"=%d\n",n)
```

如果源代码中有语句 PRINT(i/j);，它进行宏展开时，把参数 i/j 原封不动地换成串中的字符 n，又因为第一个要替换的字符 n 前有 #，替换时，把参数 i/j 加上 ""，使其变成字符串的形式，所以最后结果就是：printf("i/j""=%d\n",i/j);。在 C 语言中相邻字符串会被自动合并，实质上就是 printf("i/j=%d\n",i/j);。这里因为 \n 是一个独立的转义字符，与字符 n 无关，所以不替换成 i/j。

"##" 可以将两个记号（如标识符）粘合在一起。例如有宏定义：

```
#define_MT(n)   x##n
```

则 int _MT(1), _MT(2); 展开，就是 int x1,x2;。可以发现，此时的 x1 和 x2 分别是一个整体。宏定义 x##n 为什么不可以写成 xn，非要在它们中间加上 ## 呢？因为写成 xn，xn 就是一个独立的串，并不存在独立的标识符 n，就不会用参数展开。下面讲一个复杂实例。

例8-1　　使用宏函数生成能求两个数据中最大值的函数，但要求适用于各种不同的基本数据类型。例如，两个数是 int 型时，就生成能比较 int 型数据大小的函数，两个数是 float 型时，就生成能比较 float 型数据大小的函数。

分析：创建一个带参数的宏，其参数设定为类型标识符，然后它的串定义为一个函数的形式，函数的返回类型为类型标识符，同时，注意到类型不同函数名不同，用运算符 ## 进行粘合，使得数据类型不同时展开成不同的函数名。定义如下（注：行的最后写 \ 表示此行没有结束，在下一行接着输入。\ 前至少有一个空格）：

```
#define MAX(type)      \
type type##_max(type x,type y)\
{ \
      return x>y?x:y; \
}
```

根据上述宏定义，MAX(float) 展开为：

```
float float_max(float x,float y)
{
      return x>y?x:y;
}
```

也就是说，只要写一个 MAX(float)，就相当于定义了函数 float float_max(float x,float y)，有了这个函数，就可以求两个 float 数据的最大值。下面是在一个 .c 文件中进行宏定义和应用它的全部代码。

```
#include<stdio.h>
#define MAX(type)\
type type##_max(type x,type y)\
{ \
    return x>y?x:y;\
}
MAX(float)   //展开就是 float float_max(float x,float y){ return x>y?x:y;}
int main(void)
{
    printf("%f\n",float_max(3,5));   // 可以直接调用
    return 0;
}
```

宏定义是 C 语言中最灵活、最复杂的内容，即使很熟悉宏，有时看到宏定义仍然会觉得复杂，特别是宏定义中如果有相应的函数定义，代码出现问题很难查找。

用 #define 进行的宏定义，可以用 #undef 取消。宏定义的作用域是从它在文件中的声明处开始，直到用 #undef 取消为止。如果没有取消，宏定义的作用范围可以到文件最后。如果宏定义通过头文件引入，那么 #define 在文件中的位置取决于 #include 指令的位置。下面对宏进行一些总结。

（1）使用宏定义，可以减少函数栈的调用，稍微提升一点性能，在 C99 中也实现了内联

函数的新特性。缺点是宏定义展开后，增加了编译后的文件内容。

（2）宏参数没有类型检查，缺少安全机制。

（3）宏定义的替换列表可以包含对其他宏定义的调用。

（4）宏定义的作用范围，直到出现这个宏的文件末尾，除非用 #undef 标识符取消宏定义。

（5）相同的宏定义不能出现两次，除非新定义与旧定义完全一样。

（6）编译器预先给定义好了一些宏，称为预定义宏，可以直接在代码中使用，但用户不能取消或者重新定义它们。

```
_LINE_    // 当前程序行的行号（十进制整型常量）
_FILE_    // 当前源文件名（字符串型常量 ）
_DATE_    // 编译的日期（表示为 mm dd yyyy 形式的字符串常量）
_TIME_    // 编译的时间（hh:mm:ss 形式的字符串型常量）
_STDC_    // 编译器符合 C 标准，值为 1
```

8.3.3 条件编译

一般情况下，C 语言源代码中的每一行代码，都要参加编译，但有时候考虑代码优化或者可移植性等问题，希望只对其中一部分内容进行编译，而另外一些代码不参与编译，就需要在程序代码中加上条件，让编译器只对满足条件的代码进行编译，舍弃不满足条件的代码，这就是条件编译。

如何在源代码中加上这种条件呢？这要用到条件编译指令，主要有 5 种。

1. #if、#else 和 #endif 指令

这几个指令像 if-else 语句、#if 和 #endif 必须成对使用，#else 根据需要使用，但它们中间不接受 {}。#if 后接表达式，如果表达式为非 0，则代码参与编译，为 0 则不参与编译。例如，文件 hong.c 的源代码如下：

```
#define NUM 5
int main(void)
{
    int a=0;
#if a==1
    int r=NUM/2;    // 此处不能加 {} 包含这两句
    a++;
#else
    int r=NUM*2+5;
#endif
    return 0;
}
```

预编译输出：

```
# 1 "hong.c"
# 1 "<built-in>"
# 1 "<command-line>"
```

```
# 1 "hong.c"
int main(void)
{
    int a=0;
    int r=5*2+5;
    return 0;
}
```

可以看到,当使用条件预处理指令 #if 时,判断的条件为 0,直接就将包裹的代码删除了。

2. #ifdef、#else 和 #endif 指令

#ifdef 指令用于检测一个标识符是否已经被 #define 定义为宏。它们之间同样不接受 {},
例如:

```
#define GOOD
#ifdef GOOD
    int r=3*5;    // 因为 GOOD 已被定义为宏,所以这句和下句参与编译
    r+=8;
#else
    int k=9;
#endif
```

这里要提一下运算符 defined,它后面接标识符,意思是如果标识符以前被定义过,它的
值就为非 0,否则就为 0。"#ifdef 标识符"的意义就相当于"#if defined 标识符"。

3. #ifndef、#else 和 #endif 指令

#ifndef 指令判断后面的标识符是否未定义,常用于定义之前未定义的标识符。例如:

```
#define GOOD
#ifndef GOOD
    int r=3*5;    // 因为 GOOD 已被定义为宏,所以这句和下句不参与编译
    r+=8;
#else
    int k=9;      // 此句参与编译
#endif
```

4. #elif 和 #else 指令

这两个指令结合 #if 使用,相当于 if...else if...else 的用法。#ifdef 或 #ifndef 可结合使用。

```
#if  表达式1
    ...
#elif  表达式2
    ...
#else
    ...
#endif
```

5. #error 指令

#error 指令让预处理器发出一条错误消息，该消息包含指令后的文本，这个文本不需要用双引号 ""。例如，如果希望程序以另一种计算机语言 C++ 的方式来编译，可以在文件中写上下列预编译指令。

```
#ifndef __cplusplus
#error          // 这个要以 C++ 方式进行编译
#endif
```

其中，__cplusplus 是 C++ 编译系统中的宏。如果没有定义此宏，则说明不是以 C++ 的方式编译，所以出现错误。

如果程序代码不能在 win32 系统下编译，可把下面的内容写入源代码终止并提醒此代码不能在 win32 系统中编译。

```
#ifdef WIN32   //WIN32 是 win32 系统中的宏
#error          //提示错误，表示程序不能在 win32 下编译
#endif
```

条件编译主要应用于：

（1）需要测试调试代码时，打印更多信息，正式发布时则去除这些代码。

（2）跨平台，跨编译器。对于不同平台，可以包含不同的代码，使用不同的编译器特性。

（3）屏蔽代码。使用注释符号注释代码时无法嵌套，即不能注释中间包含注释的代码，使用条件编译则很方便。

关于预编译指令，需要记住两点：第一点是 # 开头的预处理指令必须顶格写，前面不要有空格；第二点是三大类预处理指令的特点，#include 指令是声明展开，宏定义是文本替换，条件编译是直接让部分代码不参与编译。

8.4 头文件的嵌套包含

头文件中可以用 #include 包含其他头文件，称为头文件的嵌套包含。例如，编写一个头文件 A.h，其中有如下内容：

```
#define Zenshu int
```

在这个头文件中，使用宏定义把 int 定义成了 Zenshu，然后再写一个 B.h 头文件，其中包含了头文件 A.h 和一个函数声明，内容如下：

```
#include "A.h"
Zenshu add();
```

这里，B.h 嵌套包含了头文件 A.h。如果一个源文件将同一个头文件包含两次以上，那么就会产生编译错误。然而，在模块化开发中，不同的人在独立进行各自的开发时，难免把同一

个头文件包含多次。例如，现在分别创建了 head1.h、head2.h、head3.h 三个头文件。head1.h
和 head2.h 在写代码的过程中各自包含了 head3.h。例如：

head1.h 中有代码：#include "head3.h" ......

head2.h 中有代码：#include "head3.h" ......

head3.h 中有代码：int add(int a,int b);

现在有一个 my.c 文件要应用到 head1.h 和 head2.h，my.c 中就会写有如下代码：

```
#include "head1.h"
#include "head2.h"
```

我们知道，头文件实质上是把头文件中的声明复制到当前源文件中，这样，my.c 就通过
head1.h 和 head2.h 将 head3.h 包含进了两次，这里，my.c 文件中就会出现两次 int add(int a,int
b);，显然，这会产生错误。为避免这样的问题出现，一种办法是在代码中应用条件编译。例如，
可以把 head3.h 文件的内容修改成如下代码：

```
#ifndef  _PartID_Head3_
#define  _PartID_Head3_
    int add(int a,int b);
#endif
```

这样修改后，在 my.c 预处理过程中，当处理 head1.h 包含进来的 head3.h 时，_PartID_
Head3_ 没有被定义，所以先定义它，然后让声明函数 int add(int a,int b); 参与编译。当再处
理 head2.h 时，同样要处理 head3.h 中的内容，但此时，_PartID_Head3_ 已经定义过了，所
以 #define _PartID_Head3_ 和 int add(int a,int b); 均不参与编译，这样重复性的问题就解
决了。

这种解决方案的关键在于宏标识符，如果标识符重复，就会出现新的问题。解决宏标识符
重名问题，一般可以用特定编号加其他一些特征，或者规定不易出现重名方法，例如，宏名包
含当前头文件的文件名等。

小结

本章阐述了模块化编程的一些概念和方法，在此基础上，引入了预处理，包括头文件的引
入，宏定义和条件编译，其中宏定义是一个需要深入和持续熟悉的知识点，它包含有非常高超
的应用技巧。条件编译在实际编程中用得非常多，其中的指令需要熟练掌握。

习题

1. 编写三个 .c 文件，第一个 .c 文件中有两个函数，一个实现求一维数组中数据的平均值
并返回，另一个求一维数组中各数据的总分，并返回；第二个 .c 文件中，也定义了两个函数，
一个求一维数组数据在某个分数区域段的人数，并返回，另一个求不及格人数，并返回。然后
在一个 .h 文件中声明这些函数，在第三个 .c 文件中调用前两个文件中的函数，并输出结果。

2. 定义一个宏，其展开后，实现不同数据类型的两个向量相加。

3. 给出一个带参数 n 的宏定义，展开后可以实现输出 n 行 "****************"。

4. 相同的源代码，如何使得参与编译的代码是不同的？

5. 如果有多个头文件同时包含了同一个头文件，如何处理？编写程序加以说明。

6. 写出下面代码的执行结果，并分析出现此结果的原因。

```c
#define area(x)  x*x
#include<stdio.h>
int main(void)
{
    int y=area(2+2);
    printf("%d",y);
    return 0;
}
```

第9章

指针

9.1 指针的概念

程序中的数据，一般都放在内存中，编译系统根据它的类型，为它们分配不同大小的存储空间。例如，Dev C++（64 位）中，为一个 int 型数据分配 4 字节、为一个 double 型数据分配 8 字节等。如果没有特殊限定符（如 register），这些空间一般在主内存中，数据的值也存放在其中。

有 int i=3;double x=3.4; char ch='A';，则各变量值存放方式如图 9-1 所示，左边的数是地址（这里的地址是假设的）。

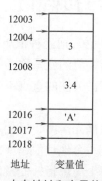

图 9-1　内存地址和变量值示意图

在图 9-1 中，变量 i 的地址是 12004，ch 的地址是 12016，x 的地址是 12008，它们都由编译器和操作系统决定，不能用代码形式给变量指定一个常量地址。

在 C 程序执行过程中，要读写内存中的数据，有以下两种方式：

（1）直接访问。计算机通过变量名指定一个数据存放的地址，并从此地址中读写数据。例如，int i=6;，在定义时，假设 i 分配的地址是 12004，则 i=3;编译后，就把 3 直接送到地址 12004 处，代码中的变量名只是某个对象空间的助记符。这种应用变量名访问数据对象的过程称为直接访问。

（2）间接访问。如果一个变量 p 中存放的是变量 i 的地址，当要读写 i 的值时，根据 p 中的值找到相应地址，然后从此地址中读取或写入数据，这相当于读写变量 i 的值，此过程并没有用到变量名 i，但能操作 i 的值。这种通过地址间接读写变量值的过程称为间接访问。

为了间接访问数据对象，C 语言引入了指针的概念。指针就是数据对象在内存中的首地址。如果一个指针值是某个数据对象的首地址，称该指针指向这个数据对象，这个对象的数据类型称为指针指向的数据类型。在图 9-1 中，如果一个指针值是 12008，它正好是变量 x 的首地址，就说它指向 x，指向的数据类型是 double 型。

这里要特别说明的是，用 & 得到的某个变量的地址就是一个指针，该指针指向这个变量。例如，图 9-1 中，&x 指向变量 x，指向的类型是 double 型。

现在需要考虑一个问题，不同对象分配的内存大小不一样，而指针值只是该对象的首地址，那仅靠一个开始字节信息，如何获取整个数据？例如，在图 9-1 中，只知道地址 12008，要获取 3.4 这个数据，怎么知道从 12008 往后取多少个字节才是 3.4 的全部信息？

这是一个非常重要的问题，C 语言解决该问题的方法是，在指定指针值的同时确定指针指向的对象是什么数据类型。如果这两者都知道了，就可以确保数据访问的完整性。例如，知道了 12008 这个指针值，又知道了它存放的是 double 型数据，就可以知道 12008 往后取几个字节了；同时，有了数据类型信息，也就知道了数据以什么格式存放并如何解释它。

指针和它指向数据对象的数据类型放在一起考虑，是理解指针最关键的地方。正因为充分利用了数据类型，指针的使用才变得非常有效且灵活，对于 C 语言来说，数据类型和指针是 C 语言的核心精华。

9.2 指针变量的定义与初始化

指针数据是一种表示地址的值，C 语言把这种值单独列为一种数据类型，称为指针类型。同时允许用一个变量来存放它，存放指针值的变量称为指针变量。因为指针主要用于间接访问它指向的对象，所以对于指针变量而言，关注的重点不是"指针类型"本身，而是它指向对象的数据类型。

按照 C 语言标准规定，所有变量遵循先声明，后使用的原则，指针变量当然也要遵循这个原则。同时考虑到一个指针变量值只是一个地址值，要想完整访问它指向的数据对象，定义时就需要确定它指向的数据类型。定义一个简单指针变量的格式如下：

```
类型说明符  *指针变量名 ;
```

类型说明符指的是指针变量指向对象的数据类型，即指针值所在内存空间存放的数据类型，"*"指定变量是指针类型。

因为指针变量也是一个变量，所以编译系统也为它分配一个内存空间，大小一般为 4 或 8 字节。与一般变量一样，它也有地址值，用取地址符 & 也可得到它的地址。

例如，int *pointer; 定义了一个指针变量 pointer，它指向对象的数据类型是 int 型。pointer 本身也有一个空间，&pointer 就是 pointer 的地址。

假设存放 pointer 变量的内存空间地址是 20000，pointer 的值是 9000，那么 9000 就放在从地址 20000 开始的内存空间中；且地址 9000 开始的内存空间放一个 int 型数据，如图 9-2 所示。

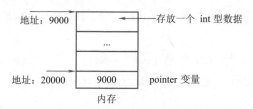

图 9-2　指针变量所在空间及其指向的空间

再例如，char *ch; 定义了一个指针变量 ch，它指向一个 char 型数据。虽然 ch 指向的内存空间只是存放了一个 char 型数据，但还是要用 4 或 8 字节存放 ch 这个指针变量的值。

与定义基本数据类型变量一样，定义一个指针变量时，可以对其进行初始化，由于指针类型的特殊性，初始化时要遵循两条规范。

（1）赋给指针变量的指针值必须与指针变量指向的数据类型相同（指向 void 型的指针变量除外，它可以接收指向任何数据类型的指针值，后面再讲），否则许多编译系统会提示 warning 错误，有些情况下会给出 error 错误。如果忽略 warning 错误，指针变量应用时以定义的指向数据类型为准。

（2）不允许赋成除 0 和 NULL 以外的常量，如 2000、4000 等。例如：

```
int a;
int *pointer=&a;
```

这里，&a 是一个确定可以使用的空间地址，且 &a 与变量 pointer 都是指向 int 型，所以 pointer 可以初始化为 &a。此时，pointer 就指向了变量 a。

如图 9-3 所示，假设系统为变量 a 分配的空间首地址是 10000，为指针变量 pointer 分配一个空间首地址为 20000，那么指针变量初始化后，pointer 变量的值就是 10000。

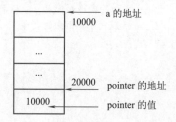

图 9-3　一种指针变量的初始化示意图

例 9-1　输出变量的地址值。

```
#include<stdio.h>
int main(void)
{
    int a;
    int *p=&a;                  // 定义指针变量 p 并初始化为 a 的地址
    printf("%ld,%ld\n",&a,p);   // 输出变量 a 的地址值和 p 的值
    return 0;
}
```

代码执行的一种结果为 6422036,6422036 ✓。不同环境下运行的数据不一样，但两个值一定相同。

在此代码中，如果把 int *p=&a; 改成 float *p=&a;，则指针变量 p 与 &a 指向的数据类型不相同，因此编译系统通常会给出指向类型不兼容的 warning 错误。

9.3 指针变量的引用

定义完指针变量，就可以引用它。例如，有定义 float *pointer=0,a=100,b=0;，则如下三条语句都属于指针变量 pointer 的引用。

```
pointer=&a;
*pointer=50.0f;
b=*pointer;
```

第一条语句把变量 a 的地址赋给指针变量 pointer，第二条语句把 50.0f 赋给 pointer 指向的内存空间，第三条语句是从 pointer 指向的内存空间中取值，然后赋给变量 b。引用时，"* 指针变量"这种形式可理解为指针变量指向的对象。

例9-2　有两个 float 型变量 a、b，通过指针的方式把它们的值互换。

```
#include<stdio.h>
int main(void)
{
    float a=4.3,b=6.5,temp=0,*p1=0,*p2=0;
    p1=&a;                 // 两个地址指向的数据类型一致，可以赋值
    p2=&b;
    temp=*p1;              // 把 p1 指向的变量值赋给 temp
    *p1=*p2;              // 把 p2 指向的变量值赋给 p1 指向的变量
    *p2=temp;             // 把 temp 赋给 p2 指向的变量
    printf("a=%2.1f,b=%2.1f\n",a,b);
    return 0;
}
```

输出结果为 a=6.5,b=4.3 ✓。

这段代码并没有直接利用变量 a、b 进行互换，但最后 a 和 b 的值却互换了，这就是利用指针间接访问了 a、b 的结果。下面看一下它的实现过程，程序先定义了 5 个变量并进行了初始化，其中 p1、p2 是指针变量。编译系统为这些变量分配内存空间，如图 9-4 所示（地址值是为说明方便假设的）。

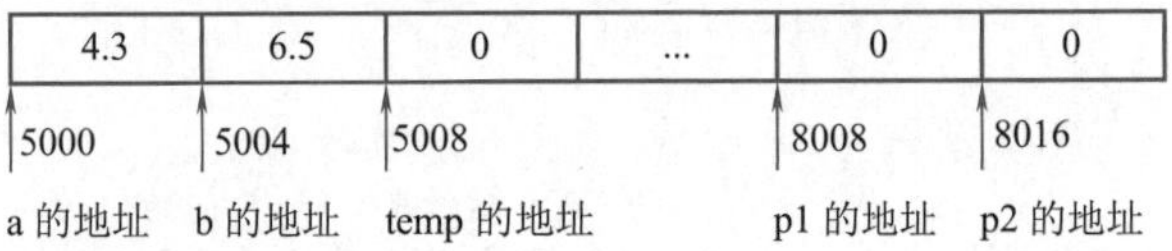

图 9-4　定义并初始化后各变量在内存中的情况

当执行完语句 p1=&a; 和 p2=&b; 后，指针变量 p1 和 p2 的值分别是 5000 和 5004，分别存入地址为 8008 和 8016 的内存空间中。

执行 temp=*p1;，此时 p1 的值为 5000，所以找到地址为 5000 的内存空间，结合 p1 指向的数据类型得到 4.3 这个数据，把它赋给变量 temp，则 temp 的值为 4.3。

执行 *p1=*p2;，因为 p2 的值是 5004，所以 *p2 得到 6.5，然后把 6.5 这个数据存入 p1（值为 5000）指向的内存空间。此时 a 的值就变成了 6.5。

执行语句 *p2=temp;，因为 p2 的值是 5004，所以这条语句就是把 temp 的值 4.3 存入到地址为 5004 开始的内存空间，此时 b 的值就变成了 4.3。经过这个过程，变量 a、b 的值进行了互换。

> 🔔 **注意：**
>
> 定义和引用指针变量时，都有"* 指针变量名"的形式，但两者的区别非常大。定义中的"* 指针变量名"只是定义一个指针变量，它并不表示这个指针变量指向的数据对象，如果同时对指针变量初始化则是把值赋给指针变量而不是赋给它指向的对象，而引用中的"* 指针变量名"，则表示指针变量指向的对象。

例 9-3　指针变量初始化和引用实例

```
#include<stdio.h>
int main(void)
{
    long a=5;
    long *pointer=&a;    //定义指针变量并对其初始化，把 &a 赋给 pointer
    *pointer=123L;       //引用，把值 123L 赋给 pointer 指向的对象
    printf("%ld,%ld\n",a,pointer);
    return 0;
}
```

在该实例中，long *pointer=&a; 语句是定义一个指向 long 型的指针变量 pointer，并对其进行初始化，把 &a 赋给变量 pointer，并不是把它赋给 pointer 指向的对象，所以此时指针变量 pointer 的值是 &a。

但在 *pointer=123L; 语句中，*pointer 是指针变量的引用，虽然它与定义时的写法一样，但此时 *pointer 是 pointer 指向的那个变量，这条语句的作用是把 123L 赋给 pointer 指向的变量，pointer 本身的值并没有变。因为 pointer 指向变量 a，所以此时变量 a 的值就 123L，如图 9-5 所示。

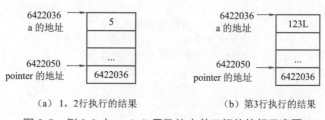

（a）1，2 行执行的结果　　　　（b）第 3 行执行的结果

图 9-5　例 9-3 中 main() 函数体内前三行的执行示意图

上述代码的输出结果为：123,6422036↙（由于运行环境不同，运行时所输出的地址值可能与这个数据不一样）。

引用指针变量要注意以下两方面问题。

（1）指针变量之间赋值要保证它们指向对象的数据类型一致（指向 void 类型的指针变量除外）。

例 9-4   指针变量赋值实例。

```
#include <stdio.h>
int main(void)
{
    int a=5,b=6;
    int *p1=&a,*p2=0;        // 定义指针变量并对其初始化
    p2=p1;                   // 把指针变量 p1 的值赋给 p2
    printf("%d,%d\n",*p2,b);
    return 0;
}
```

执行这段代码输出 5,6↙。p2=p1; 这条语句把指针变量 p1 的值赋给 p2，这条语句之所以没有问题，其实就是它满足上述条件。

如果把 int *p2=0; 改成 double *p2=0;，则 p2 和 p1 指向的数据类型不一致，语句 p2=p1; 编译时就会出现警告错误，强制执行的话结果产生错误，因为 *p2 以 double 型提取并解释内存中的数据。

（2）定义一个指针变量且没有对其进行初始化，或初始化值为 0，不能立即引用其指向的对象。因为此时指针变量的值是一个垃圾值或是 0，它指向的空间不允许被访问。

例如，有 int *pointer; *pointer=3;，此时 pointer 值是一个垃圾值，它可能是 8000，也可能是 67，也可能是 0，而这样的内存空间操作系统都是不允许访问的，所以把 3 赋给 pointer 指向的空间是不允许的。

例 9-5   利用指针变量，用 scanf() 函数输入变量的值。

分析：既然指针变量是其指向对象的首地址，因此可以用 scanf() 函数为它指向的变量赋值。前面学习 scanf() 函数时，知道 scanf() 函数的格式控制符后面是变量的地址列表。以前使用时都是用 & 得到变量的地址。如果定义一个指针变量，把变量的地址值赋给它，然后在 scanf() 函数的地址列表中，直接用这个指针变量，也可以完成给相应变量赋值的任务。实例代码如下：

```
#include<stdio.h>
int main(void)
{
    int a,*p;
    p=&a;              // 把 a 的地址赋给指针变量 p
    scanf("%d",p);     // 把键盘输入值放到 p 所指向的空间
    printf("%d\n",a);  // 这里输出数据就是输入时的数据
    return 0;
}
```

执行结果实例如下：

```
500↵
500
```

在该实例中，scanf 没有用 &a，但 a 接收了输入的值。由此可以看出，scanf() 函数的地址

列表就是指定数据所存放的地址。

指针变量要重点关注的内容。

（1）指针变量存放的是一个地址值，它的数据类型是指针类型，存放指针变量的内存空间一般只有 4 或 8 字节。引用指针变量时，重点考虑的是它指向的数据类型，如果两个指针变量指向的数据类型不同，则它们属于不同的指针类型，这有点像数组中的 int[3] 和 int[5]，虽然都是数组类型，但它们属于不同的数据类型。指向不同数据类型的指针变量之间不要赋值（指向 void 型的指针变量除外）。

（2）指针变量指向的内存空间必须被允许使用；指针变量没有有效赋值不要直接用 "* 指针变量" 进行引用，否则会产生意想不到的错误。

（3）一个指向某个对象的指针值是该对象的最低字节的地址编号。

（4）"* 指针变量" 在定义和引用时，意义是不一样的。

9.4 指针变量的运算

一个指针变量可以与一个整数进行加、减运算。例如：

```
int *p,a=5;
p=&a;                    //p 指向变量 a
p=p+1;                   // 这里就是指针变量的加法运算
```

这里的 +1，并不是把 p 的值直接加 1，而是加它指向对象所占有的字节数，通常理解为 +1 后 p 指向下一个这种类型的数据。这也正是 9.1 节所讲述的，指针是与它指向的数据类型密切联系在一起的，所以，只要用到指针就一定要考虑到它指向的数据类型。

例 9-6 编写程序，把一个指针值加 1，并输出。

```
int main(void)
{
    int *p,a=5;
    p=&a;                   //p 的值赋成 &a，p 指向变量 a
    printf("p=%ld\n",p);    // 输出当前 p 的值
    p=p+1;
    printf("p=%ld\n",p);    // 输出 p 的值
    return 0;
}
```

代码运行结果如下（不同计算机或不同执行时间数值可能不同）。

```
p=6422036
p=6422040
```

此时，执行 p=p+1; 后，p 的值并不是 6422037，而是加一个 p 指向数据类型占用的字节数。因为这里 p 指向一个 int 型数据，一个 int 型数据在本次使用的系统中占 4 字节，所以 +1 时一次就加了 4。

如果把 int *p,a=5; 改成 long double *p,a=5.0; 其余不变，再运行这个程序得到的结果如下：

```
p=6422016
p=6422032
```

因为这里的 p 指向一个 long double 型数据，本次运行的系统中这种类型的数据占 16 字节，所以 p+1 时，一次就加了 16 字节。 p=p-1 也是同样的，值会减去一个它指向类型数据所占的字节数。p=p+1 也可以写成 p++ 或者 ++p。

结论是表达式 p+n 的结果为指向 p 以后的第 n 个对象，减法表达式 p-n 的结果为指向 p 以前第 n 个对象，每个对象的数据类型为 p 指向的数据类型。

指针变量这样的运算约定非常方便编程，编程人员只要关心指针变量指向的数据类型和这种类型数据本身的次序，不用考虑具体的字节数。例如，可以很方便地用一个指针变量加减法对一个数组中的各元素进行操作。

前面介绍过，数组名的值是其首个元素的首地址值，且不能改变。其实数组名通常作为指针来使用，从这个意义上来讲，数组名作为指针指向的对象是数组的第 0 个元素。一维数组名指向对象的数据类型是定义数组时所用的数据类型，二维数组名指向的对象是这个数组的第 0 行，其数据类型是整个一行，即一维数组。

定义一个一维数组和一个指针变量，int a[6]={2,4,6,8,10,12}, *p;，假设数组 a 各元素存放地址如图 9-6 所示（地址均为假设值）。

图 9-6　数组 a 各元素在内存中示意图

数组名 a 作为指针，其值为 2004，它指向的对象就是 a[0]，指向的数据类型是 int 型，根据指针的加减运算规则，a 加 1 就是加一个 int 型所占的字节数，所以 a+1 的值是 2008，正好指向数组的下一个元素 a[1]，同样，a+2 的值是 2012，即指向 a[2]，因此，*(a+i) 就是一维数组的第 i 个变量。

因为 p 定义为指向一个 int 型数据的指针变量，与 a 作为指针指向的类型相同，可以把 a 赋给 p（注意，p 不能赋给 a，因为 a 的值不可改变），如果执行语句 p=a;，则 p 指向一维数组的第 0 个元素，此时不断执行 p++;则 p 就依次指向一维数组中的各个元素。当 p 指向某个元素时，就可以应用 *p 获取该元素的值，或向该元素赋值。

例9-7　给定一个元素为 int 型的一维数组 a，利用指针变量，输出 a 中各元素值的和。

分析：定义一个指针变量 p，且它指向的数据类型与一维数组元素的类型一致。先把 a 的值赋给 p，让 p 指向数组的第 0 个元素，则可用一个循环使 p 依次指向数组各个元素，且应用 *p 得到每个元素的值，并把它们加起来。代码如下：

```c
#include<stdio.h>
int main(void)
{
    int a[6]={2,4,6,8,10,12};   //a作为指针，其值为第 0 个元素的地址
    int *p,sum=0,i=0;
```

```
    p=a;                 // 因为 a 和 p 都指向 int 型,可以把 a 的值赋给 p
    for(i=0;i<6;i++)
    {
        sum=sum+*p;      //*p 得到 p 指向空间的数据值
        p++;             // 让 p 指向下一个元素
    }
    printf("sum=%d\n",sum);
    return 0;
}
```

上面的程序代码可以不用指针变量 p,而直接应用 a+i 指向数组中的第 i 个元素,再用 *(a+i) 指定数组中的第 i 个变量。

```
#include<stdio.h>
int main(void)
{
    int a[6]={2,4,6,8,10,12};
    int sum=0,i=0;
    for(i=0;i<6;i++)
    {
        sum=sum+*(a+i);  // 用 *(a+i) 得到数组第 i 个变量的值
    }
    printf("sum=%d\n",sum);
    return 0;
}
```

例 9-8　以例 9-7 存放的一维数组为例,假设有 p=a;,分别求表达式 *p+1 和 *(p+1) 的值。

首先看表达式 *p+1,从运算符优先级别看,* 的优先级别比 + 高,所以先算 *p,它的值为 2,所以 *p+1 的值为 3。再看表达式 *(p+1),因为 p+1 指向数组的第 1 个元素(从下标 0 算起),所以 *(p+1) 的值为 4。

任何指针变量都属于指针类型,但当两个指针变量之间赋值时,一般要保证它们指向的数据类型一致(void* 型除外),一是因为指针变量的加减法是根据其指向数据类型决定加减的字节数,二是因为 C 语言是通过数据类型来获取并解释内存中的数据。

例 9-9　指向不同数据类型的指针变量之间赋值。

```
#include<stdio.h>
int main(void)
{
    int a[6]={3,4,5,6,7,8},i=0;
    float sum=0;
    float *p;                // p 指向 float 型的数据
    p=a;                     // a 和 p 指向的数据类型不同,编译时一般提示警告错误
    for(i=0;i<6;i++)
    {
        sum=sum+*p;          // 随着变量 p 的值不断变化,*p 的值也跟着变化
        p++;
    }
    printf("sum=%5.2f\n",sum);
```

```
        return 0;
    }
```

这里 p 开始指向 a 数组的第 0 个元素，在许多编译系统中，float 和 int 型分配 4 字节，所以 p 加 1 后，p 也能指向 a 数组的下一个 int 型数据。但在执行语句 sum=sum+*p; 时，由于 p 定义的是指向 float 型的数据，因此，*p 是把 p 开始以后的四个字节解释成 float 型数据，也就是把这四个字节中的 int 型格式用 float 型的格式解释，结果显然是错误的。强行执行上述代码输出的结果为：sum= 0.00↙。

可以想到，如果把 float *p; 改成 double *p;，假设一个 double 数据占 8 字节，那么在 p=a; 后执行一次 p++，p 的值为 &a[2] 的值，而且 *p 把其后的两个 int 数据（共占 8 字节）的内容都拿来当一个 double 数据解释，这明显也不是正确的结果。

两个指向相同数据类型的指针之间可以做减法，结果为两个指针值之间相差多少个同类型的数据，返回类型为 ptrdiff_t（这是一个有符号整型，在 64 位系统中，它是 long long int，在 32 位系统中它是 long int）。例如有 double a[6];，则 &a[4]-a 的值为 4。

9.5 指针变量与一维字符数组

一维字符数组的数组名同样可当成指针来使用，它指向数组的首元素，指向的数据类型是 char 型。

例如，char str[10]= "abcdef"; 这里数组名 str 指向字符变量 str[0]。因此，如果定义了一个指针变量 char *p;，就可以把 str 的值赋给 p，写成 p=str;，但因为 str 是数组名，其值为常量，所以 p 不能赋给 str;。

例9-10 一个由小写英文字母组成的字符串存放在一个一维字符数组 str 中，用循环把每个小写字母改成大写，最后输出修改后的字符串。

分析：字符串可以用 %s 解释输出，但这里的任务要求考查串中每个字面字符，因此，需要用一个循环访问串的每一个字符。首先定义一个指向 char 型的指针变量 ch，使其指向 str 的第 0 个元素，然后用循环使 ch 顺序指向不同的字符，同时把 *ch 的值改成大写。循环结束后，输出串。

```c
#include<stdio.h>
int main(void)
{
    char str[10]="abcdef";
    char *ch=str;    // 定义一个指向 char 型的指针变量 ch, 初始化为字符数组的第 0 个元素
    for(;*ch!='\0';ch++)    //ch++ 后 ch 的值变化, ch 指向下一个字符
    {
        *ch=*ch-32;         // 把 *ch 的值改成大写字母后赋给 *ch
    }
    printf("\n%s\n",str);   // 输出修改的字符串
    return 0;
}
```

在这个程序代码中，循环开始时，ch 指向数组的第 0 个字符，*ch 为 'a'，表达式 *ch!='\0'

的值为非 0，执行循环体，把 *ch 修改为 'A'，回到表达式 ch++，计算其值，因 ch 是指向 char 型的数据，所以 ch 指向串的第 1 字符，继续上述操作，直到 ch 指向字符数组的字符 '\0' 时循环结束，最后输出字符串。代码执行结果如下：

```
ABCDEF↙
```

例 9-11　　输入一组字符，应用指向 char 型的指针变量统计这组字符中数字字符的个数。
　　分析：首先定义一个一维字符数组存放输入的字符，再定义一个 count 变量用于存放数字字符的个数，最后定义指向 char 型数据的指针变量 ch 并初始化为指向数组的首个元素。然后用一个循环遍历此字符数组，当 *ch 的值在 '0'~'9' 之间时，把 count 的值加 1，循环结束后，输出 count。代码如下：

```
#include<stdio.h>
int main(void)
{
    char str[100];
    unsigned count=0;                //count 存放个数，定义为无符号整型
    char *p=str;                     // 初始化 p，使其指向数组的首个元素
    printf("Please enter a string:\n");
    gets(str);
    while(*p!='\0')
    {
        if(*p>='0'&&*p<='9')         // 判断 *p 是否是一个数字字符
        count++;
        p++;                         // 使 p 指向数组中的下一个元素
    }
    printf("count=%u\n",count);
    return 0;
}
```

程序运行的一种实例结果如下：

```
Please enter a string:
a=89,b=64.↵
count=4↙
```

在 C 语言中，一个指向 char 型的指针变量可以用一个常量字符串进行初始化。例如：

```
char *str="abcdef";
```

这里 str 的值为串 "abcdef" 的首地址且指向 char 型数据。从表面上看，这里的 str 和例 9-10 中的 str 没有区别，都是指向 char 型数据，但在使用时两者是有差异的。
　　如果定义一个一维字符数组，且用字符串常量对其进行了初始化，则字符串中的字符是存放在数组所分配内存空间中的，此时可以用"数组名 [下标]= 值"的形式对数组元素进行赋值，如用 str [0]= 'A'; 把第 0 个元素的值修改成 'A'。如果一个指向 char 型的指针变量 p 指向了一维字符数组的某个元素，也可以用"*p= 值 ;"赋值。

然而，用字符串常量进行初始化的指针变量，指向的是一个存放常量的空间，而常量空间中的值只可读取不可修改。所以在 char *str ="abcdef"; 之后，执行 str[0] ='A'; 或者 *str ='A'; 就会产生错误，但可以用 *(str+i)、str[i] 读取 str+i 指向的字符。

相同字符串常量不管在代码中出现几次，如果 C 语言编译器开启了优化，在内存中只保留一份。

例9-12 一维字符数组名与指向字符的指针变量在使用时的区别实例。

```c
#include<stdio.h>
int main(void)
{
    char *ptr_ch1="china";      // ptr_ch1 指向的对象不可修改
    char *ptr_ch2="china";
    //*ptr_ch2='A';             // 这样是错误的，*ptr_ch2 不可修改
    char str[]="china";         //str 指向的对象可修改
    *str='C';                   // 这是正确的，可以赋值
    printf("ptr_ch1=%ld, ptr_ch1=%ld,str=%ld\n", ptr_ch1, ptr_ch1,str);
    printf("ptr_ch1=%s,str=%s\n", ptr_ch1,str);      // 输出 ptr_ch1 串
    return 0;
}
```

程序运行结果如下：

```
ptr_ch1=4210688, ptr_ch2=4210688,str=6422027
ptr_ch1=china,str=China
```

可以看到 ptr_ch1 和 ptr_ch2 的值是一样的，表明它们指向了同一个内存空间，而 str 的值和它们不一样，表明 str 指向另外的内存空间。读者执行这段代码，可能与这里输出的地址值不一样，但编译器如果开启了优化，ptr_ch1 和 ptr_ch2 的值一定相同。

在例 9-12 中，定义 ptr_ch2 后直接写语句 *ptr_ch2= 'A';，会出现错误，然而，如果先有语句 ptr_ch2=str;，再写 *ptr_ch2= 'A'; 又是正确的，原因是后者先把 ptr_ch2 指向了可以修改值的空间。这个实例说明，理解规则是编好代码的重要基础。

9.6 指针变量与二维数组

在 9.4 节中阐述了一维数组名和二维数组名可以作为一个指针来使用，数组名作为指针指向其首个元素，指向的数据类型就是其元素类型，只是数组名的值不能被更改，但可以使用其地址值。第 6 章中介绍过，二维数组的元素对象是它的一行，一行是一个一维数组，也就是说，二维数组名作为指针指向数组的第 0 行这个一维数组。

C 语言标准规定，元素数据类型和个数不同的一维数组属于不同的数据类型。图 9-7 所示为 int a[2][3]={{1,2,3},{4,5,6}}; 在内存中的存储示意图。此时 a 的值是 2000，作为指针，它指向的数据类型是具有 3 个 int 型数据的一维数组，数据类型为 int[3]。

图 9-7 二维数组元素存储示意图（地址值是假设的）

如果有 int b[3][2]={{1,2},{3,4},{5,6}}; 和 float c[2][3]={{1,2,3},{4,5,6}};，则 a、b、c 作为指针值指向的数据类型是不同的，a 指向的数据类型是 int[3]，b 指向的数据类型是 int[2]，c 指向的数据类型是 float[3]。

按照前述指针加减法的原则，既然二维数组名 a 作为指针指向的数据类型是一个一维数组，且指向第 0 行，则 a+1 这个表达式指向的就是数组的第 1 行。因为 "* 指针" 可得到指针指向对象的值，因此 *(a+i) 就是第 i 行这个一维数组，在 C 语言中，用一维数组名管理整个一维数组，因此，C 语言中把 *(a+i) 作为第 i 行这个一维数组的数组名，这个数组名作为指针指向第 i 行的第 0 个元素，其值为该行第 0 个元素的地址。

下面是二维数组名 a 的 4 个说明。

（1）a 作为指针指向二维数组的开始行，即第 0 行，指向的数据类型是一维数组。

（2）a+i 作为指针，指向第 i 行。因为 a 指向的数据类型是一行，所以加 i，就是从开始向后移动 i 行所占的内存空间。

（3）*(a+i) 是第 i 行的一维数组，一维数组以其数组名表示，因此，可以把 *(a+i) 看成是第 i 行的一维数组的数组名，作为指针指向第 i 行的一维数组的第 0 个变量。

（4）a 与 *a 的值虽一样，但作为指针，前者指向第 0 行，后者指向第 0 行的第 0 个变量，指向的数据类型不同。因此 a+i 与 *a+i 的结果是完全不同的，因为 a 指向的数据类型是一行，所以 a+i 指向第 i 行；*a 指向的是第 0 行的第 0 个变量，因此，*a+i 指向第 0 行第 0 个数据后面的第 i 个变量。

例 9-13　有定义 int a[2][3]={{1,2,3},{4,5,6}};，则 *(*a)、*(*a+1)、*(*(a+1)+2) 的值分别是什么？

分析：这里表达式中的数组名 a 均是操作数。a 作为指针指向第 0 行，指向的数据类型是 int[3]。

（1）*(*a)：*a 指向第 0 行这个一维数组的首个变量，指向的数据类型是 int 型。因此，*(*a) 就是第 0 行第 0 个变量的值，也就是 1 。

（2）*(*a+1)：因为 *a 作为指针值指向第 0 行第 0 个变量，指向的数据类型是 int 型，因此，根据指针加法原则，*a+1 指向第 0 行的第 1 个变量，所以 *(*a+1) 的值为 2 。

（3）*(*(a+1)+2)：因为 a 作为指针指向第 0 行，其指向的数据类型为 int[3]，因此 a+1 指向第 1 行，*(a+1) 是一个一维数组。而数组以数组名进行管理，所以 *(a+1) 可以看成是第 1 行这个一维数组的数组名，作为指针，*(a+1) 指向第 1 行的首个变量，指向的数据类型为 int 型。根据指针加法原则，*(a+1)+2 指向第 1 行的第 2 个变量，所以 *(*(a+1)+2) 的值为 6 。

例 9-14　编写程序，用指针把二维数组中的变量值全部输出。

分析：如果二维数组的数组名为 a，则 *(a+i) 作为指针值，指向第 i 行的第 0 个变量，*(a+i)+j 就指向第 i 行的第 j 个变量，所以 *(*(a+i)+j) 就是地址为 *(a+i)+j 处的值，也就是二维数组第 i 行第 j 列变量的值。要输出二维数组全部数据，只要用二重循环调整 i 和 j，并输出 *(*(a+i)+j)。代码如下：

```
#include<stdio.h>
int main(void)
{
    int a[2][3]={{1,2,3},{4,5,6}};
```

```
for(int i=0;i<2;i++)
{
    for(int j=0;j<3;j++)        // 输出第 i 行的变量值
        printf("%d  ",*(*(a+i)+j));
    printf("\n");
}
return 0;
}
```

在 C 语言中，二维数组也可用"数组名 [i]"表示第 i 行这个一维数组的数组名，作为指针，它指向的数据类型为二维数组各变量的类型，因此，a[i] 与 *(a+i) 是同一个值，且指向的数据类型一致，从本质上讲，表达式 a[i] 的值实质上是由 *(a+i) 得到的。

考虑到 &a[i][j] 可以得到第 i 行第 j 列变量的地址，故可作为指针指向该变量。综合上面的分析可知，*(*(a+i)+j)、*(a[i]+j)、*(&a[i][j])、a[i][j] 都可以得到第 i 行第 j 列的变量值。

例9-15   应用指向 int 型的指针变量输出一个二维数组中所有变量值，二维数组中的变量类型为 int 型。

分析：二维数组中的变量是以行优先的顺序存储的，可以定义一个指针变量 p，指向 int 型。这样，p 加上 1 后，p 就能指向二维数组中的下一个变量。所以，可以首先使 p 指向二维数组的第 0 行第 0 个变量，然后用一个循环调整 p 的值，使 p 顺序指向二维数组中的每个变量，则 *p 就可以获取二维数组中每个变量的值。代码如下：

```
#include<stdio.h>
int main(void)
{
    int a[2][3]={{1,2,3},{4,5,6}};
    int *p=0;                   // 因为 a 中的变量类型为 int，所以 p 指向的数据类型定义为 int
    p=*a;   // 把第 0 行第 0 个变量地址赋给 p。不要写成 p=a;，因为 a 与 p 指向的数据类型不一致
    for(int i=0;i<2*3;i++)  // 二维数组中全部变量个数为行数乘以列数
    {
        printf("%d  ",*p);  // 输出 p 指向的变量值
        p++;                // p 指向一个 int 型，所以 p++ 后，p 指向下一个 int 型变量
        if(0==(i+1)%3)      // 一行输出完换行
            printf("\n");
    }
    printf("\n");
    return 0;
}
```

在上面 p=*a; 语句中，*a 的值可以赋给 p，因为 *a 作为一个指针，它指向的数据类型是一个 int 型，正好和 p 指向的数据类型一致。

> **🔔 注意：**
>
> p=*a; 尽量不要写成 p=a;，这是因为 a 作为指针，指向的数据类型是一维数组，此例中为 int[3]，与 p 指向的数据类型不一致。根据前面的分析，p=*a; 也可以写成：p=&a[0][0]; 或 p=a[0];。

综上所述，指针之间的赋值复杂多样，但如果始终把指针与它指向的数据类型联系起来考虑，理解起来就很容易。

9.7 指向一维数组的指针

指向一维数组的指针指向的数据类型是一个一维数组。定义一个指向一维数组的指针变量的格式如下：

```
数据类型  (* 指针变量名)[n];
```

此方式定义了一个指针变量，这个指针变量指向具有 n 个元素的一维数组，且这个一维数组中每个元素都是给定的数据类型。

例如 float (*ar)[3];，定义了一个指针变量 ar，它指向的数据类型是 float[3]，即一个具有 3 个 float 型元素的一维数组，该一维数组中的每个元素均为 float 型。

如果有 float A [10][3];，则因为 A+i（i 为大于或等于 0 且小于 10 的整数）作为指针指向的数据类型也是 float[3]，那么 A+i 与 ar 所指向的数据类型一致，所以 ar=A;、ar=A+i; 是合理的。

但如果有定义 float A [10][4];，则 A 作为指针指向的数据类型是 float[4]，就不能随便写成 ar=A+i;。

既然指向一维数组的指针变量 ar 指向的是一维数组，那么，*ar 就可以看成是 ar 指向的那个一维数组的数组名。作为指针，*ar 指向这个一维数组的第 0 个元素。但不能把 *ar 作为左值进行赋值，原因很简单，*ar 此时是数组类型。

之所以专门设定一个指向一维数组的指针变量，是因为指针变量的值可以调整。改变这个指针变量的值，就可以让它指向不同的一维数组，这样能为编程带来灵活性。

例 9-16　用指向一维数组的指针输出给定的二维数组全部数据的和。

```
#include<stdio.h>
int main(void)
{
    int a[2][3]={{1,2,3},{4,5,6}},sum=0;
    int (*p)[3];                 // p 指向一个有 3 个 int 型数据的一维数组
    p=a;                         // 把 a 的值赋给 p。因为 a 作为指针与 p 指向的数据类型一致
    for(;p<a+2;)                 // 用循环遍历所有行
    {
        for(int j=0;j<3;j++)     // 这个循环把一行的数据加起来
          sum+=*(*p+j);          //*p+j 指向 p 指向行的第 j 个变量
        p++;                     // 因 p 指向一个一维数组，所以 p++;执行后 p 指向下一行
    }
    printf("sum=%d\n",sum);
    return 0;
}
```

例 9-17　对给定大小为 $N \times N$ 的方阵，用指向一维数组的指针，分别输出其主对角线（水

平向右为 0°，逆时针转 135° 对角线）和辅对角线（45° 对角线）上各元素的和。

分析：把方阵用二维数组存储，则主对角线上各数据在二维数组中的行、列下标是相等的，因此，如果用指向一维数组的指针 p 指向第 0 行，则 p+i 就指向第 i 行，该行在主对角线上的数据列下标也为 i，所以其数据值为 *(*(p+i)+i)，用一个循环调整 i 值就可以把主对角线上的数据和计算出来。

又因为辅对角线上的数据，其行、列下标之和为 $N-1$，因此，第 i 行在辅对角线上的数据其列下标为 $N-i-1$，因此，其变量值为 *(*(p+i)+N-i-1)。整个代码如下：

```
#include<stdio.h>
#define N 3
int main(void)
{
    int a[N][N]={{1,3,7},{2,4,9},{3,6,12}};
    int (*p)[N];                    // 定义指针变量p，指向有N个int型元素的一维数组
    int M_sum=0, A_sum=0;           // 分别放主、辅对角线上的数据之和
    p=a;
    for (int i=0; i<N; i++)
    {
        M_sum+=*(*(p+i)+i);         // 主对角线上的数据相加
        A_sum+=*(*(p+i)+N-i-1);     // 辅对角线上的数据相加
    }
    printf("M_sum=%d,A_sum=%d\n", M_sum, A_sum);
    return 0;
}
```

程序运行结果如下：

```
M_sum=17,A_sum=14 ↙
```

9.8 指针数组

当代码需要使用的变量非常多时，需要为每一个变量指定一个名称，因此出现了数组，把许多要用到的同类型变量用一个数组来定义，即可解决该问题，同时使用起来也很方便。同样，当需要使用很多指向同种数据类型的指针变量时，也采用数组的方式来解决。

如果一个数组中的变量全部是指针类型，且每个指针指向的数据类型相同，则称这种数组为指针数组。定义一维指针数组的一般格式如下：

```
数据类型  * 数组名 [N];
```

这样就定义了一个一维数组，该数组有 N 个元素（N 为 0 或正整数，也可以表达式的形式呈现，结果为 N），每个元素都存放一个指针值，每个指针指向对象的数据类型都是定义的数据类型。定义后，数组名作为指针也指向其第 0 个元素，且不可被赋值。指针数组与以前介绍的数组不同的地方在于指针数组的变量是指针类型的数据。例如：

```
int *pointer[5];
```

定义了一个名为 pointer 的一维指针数组，这个数组有 5 个元素，每个元素均存放一个指针，且每个指针指向的数据类型都是 int 型。pointer 作为指针指向其第 0 个元素，其值不能被修改。

一维指针数组的作用很多，可以利用它存放指向不同数据空间的指针，如要存储某班学生姓名，用一个二维数组来存放，二维数组的列数必须是最长姓名的长度加上 1，这样，短的姓名可能占不满一行的内存空间，造成浪费。看定义：char a[2][10]={ "Hong","Zhangshan"};，在内存中存放的形式如图 9-8 所示。

H	o	n	g	\0	\0	\0	\0	\0	\0
Z	h	a	n	g	s	h	a	n	\0

图 9-8　二维字符数组的内存示意图

这里第 0 行就造成了 5 个字节的浪费，如果姓名很多，最长的一个字符串很长，其余很短，就会浪费大量内存。但如果用指针数组来处理，就可以用指针数组存放每一个串的首地址，而每个字符串就只要分配相应大小的空间即可。

例如，char *p[2]= {"Hong","Zhangshan"};，字符串在内存中存放的格式如图 9-9 所示。

H	o	n	g	\0
Z	h	a	n	g	s	h	a	n	\0

图 9-9　指针数组存放多个串的内存示意图

在指针数组 p 中，有两个元素，分别是 p[0] 和 p[1]。p[0] 中存放的是第一个字符串的首地址，即 'H' 的地址，p[1] 中存放的是 'Z' 的地址，所以 *p[0] 的值此时为 ' H '，*p[1] 的值为 'Z'（运算符 * 的优先级比 [] 低）。

p[0]、p[1] 存放两个串的首地址，因此可用语句 printf("%s,%s ",p[0], p[1]); 输出这两个串。

因为 p 数组中的每个变量（p[0] 和 p[1]）都指向 char 型数据，因此，表达式 p[0]+1 就指向第一个串的字符 'o'，所以 *(p[0]+1) 的值为 'o'。同理，如果要得到第二个串中的字符 's'，用 *(p[1]+5) 即可。

对于一维数组 p，作为指针指向的是一个指针变量，即 p[0]，因而 p+1 也就指向 p[1]。

用字符串常量初始化一维指针数组时，不能修改字符串，如用 *p[0]= 'h' 来修改第一个串的首字符是错误的，因为 p[0] 指向的是常量区。但可以通过动态存储分配的方法（见 10.6 节）为每个学生姓名分配一个大小合适的内存空间，并返回这个空间地址以解决内存浪费的问题，且这样做可以修改字符串的内容。

例 9-18　有 char *p[3]= {"Hong","Zhangshan","Chenxuling"};，应用指针输出每个字符串的长度（不用 strlen() 函数）。

分析：p 是一个一维数组，它有 3 个元素。假设系统为此数组分配的空间首地址为 20000，三个常量串的首地址分别是 5000、6000、7000。设一个指针值占 8 字节。根据初始化，数组 p 中三个元素 p[0]、p[1]、p[2] 的值分别为 5000、6000 和 7000，如图 9-10 所示。当然，*p、*(p+1)、*(p+2) 的值也分别是 p[0]、p[1]、p[2] 的值，即 5000、6000、7000。

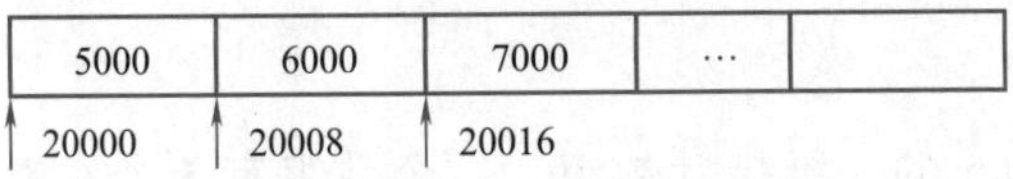

图 9-10 p 指针数组定义和初始后的内存示意图

从图 9-10 中可以看出，p[i] 指向第 i 个串的首字符，因此，p[i]+j 就指向该串的第 j 个字符，*(p[i]+j) 就是该字符的值。这样，要求第 i 个串的长度，只要先定义一个长度变量，初始化为 0，然后用一条 while 语句计算出该串的长度。对于求三个字符串的长度，只要在此循环外再加一层循环，用于调整 i 的值，使 p[i] 指向不同串的首个字符，就可以完成题目的要求。具体代码如下：

```c
#include<stdio.h>
int main(void)
{
    char *p[3]={"Hong","Zhangshan","Chenxuling"};
    for(int i=0;i<3;i++)           //i 不同，p[i] 就指向不同串的首字符
    {
        int strlen=0,j=0;          //strlen 存放一个字符串的长度
        // 此循环求初始地址为 p[i] 的串的长度
        while(*(p[i]+j)!='\0')
        {
            strlen ++;
            j++;                   //j++ 后，表达式 p[i]+j 指向第 i 个字符串的下一个字符
        }
        printf("the len of %dth string is %d\n",i, strlen);
    }
    return 0;
}
```

程序运行结果如下：

```
the len of 0th string is 4
the len of 1th string is 9
the len of 2th string is 10
```

例 9-19　给定一个 int 型一维数组 a，把数组中各元素按从小到大的顺序输出，但要求保持数组 a 中各数据位置不变。

分析：对数组元素排序输出，又要求对原数据不作移动和修改，在实际中应用相当多。而前面学习的冒泡算法排序，在执行过程中要不断互换数据，造成元素值的更改，因此，这里用指针数组和冒泡算法相结合的方法实现这一功能。

首先，定义一个一维指针数组 p[n]，它的元素个数与一维数组元素个数一致，每个元素指向的数据类型为数组 a 的元素类型。开始时，指针数组 p 的各元素对应存放一维数组 a 各元素的地址，可以想到，*p[j] 的值就是 a[j] 的值。

然后，用冒泡排序算法进行排序。但比较大小和互换时，用 *p[j] 和 *p[j+1] 进行，如果前者比后者大，此时不互换数组 a 中元素的值，而是互换指针数组中 p[j] 和 p[j+1] 的值，这样既可保证不移动 a 数组中的元素，又可以确保知道 a 中数据移动的结果。

最后，顺序输出指针数组中各变量指向的值，就能把 a 数组中各数据从小到大输出。代码如下。

```
#include<stdio.h>
int main(void)
{
    int a[5]={902,21,46,-58,32};
    int n=5,i,j;                    // 存放数组 a 中元素的个数
    int *p[n];                      // 定义一个指针数组，元素个数与 a 的元素个数一样
    int *buf;                       // 交换 p 元素数据时用于存放一个地址中间变量
    for(i=0; i<n; ++i)
    {
        p[i]=a+i;                   // 把 a 中每个元素的地址顺序赋给指针数组的元素
    }
    // 双重循环实现冒泡算法
    for(i=0; i<n-1; ++i)            // 比较 n-1 轮
    {
       for(j=0; j<n-1-i; ++j)  // 每轮比较 n-1-i 次
       {
          if(*p[j]>*p[j+1])  // 指向的值大，则互换指针数组中的元素值
          {
            buf=p[j];
            p[j]=p[j+1];
            p[j+1]=buf;
          }
       }
    }                               // 冒泡算法结束
    for(i=0; i<n; ++i)              // 把指针数组元素值指向的数据输出
    {
       printf("%d ", *p[i]);
    }
    return 0;
}
```

a 中有 5 个元素，假设 a 的第 0 个元素地址是 1000，把每个元素地址顺序赋给指针数组 p 的各元素，如图 9-11 所示。

数组a:	902	21	46	-58	32
a中各元素地址:	1000	1004	1008	1012	1016
数组p:	1000	1004	1008	1012	1016

图 9-11　数组 a 中各元素地址值顺序赋给数组 p 的各元素

在冒泡算法中，第一轮执行 for (j=0; j<n−1−i; ++j) 时，i，j 均为 0，然后执行 if (*p[j]>*p[j+1])，因为 *p[j] 的值为 902，*p[j+1] 的值为 21，显然 if 括号内的表达式值为非 0，因此，把 p[0] 和 p[1] 中的值互换，此时 p[0] 的值为 1004，p[1] 的值为 1000，如图 9-12 所示。

数组a:	902	21	46	-58	32
a中各元素地址:	1000	1004	1008	1012	1016
数组p:	1004	1000	1008	1012	1016

图 9-12　指针数组 p 执行第一次交换后的地址

当内部循环执行完一次以后，p 中各元素的值就变成如图 9-13 所示的数据。注意到数组 a 中各元素值始终没有变，但把最大数 902 所在地址调到了指针数组 p 的最后。

数组a:	902	21	46	-58	32
a中各元素地址:	1000	1004	1008	1012	1016

数组p:	1004	1008	1012	1016	1000

图 9-13 内部循环第一次执行完，数组 p 中各元素的地址值

经过整个冒泡算法，最后得到的结果如图 9-14 所示。

数组a:	902	21	46	-58	32
a中各元素地址:	1000	1004	1008	1012	1016

数组p:	1012	1004	1016	1008	1000

图 9-14 冒泡算法执行完后，指针数组 p 中各元素的值

可以发现，p 数组中从左到右各元素指向的数据是从小到大排序的。因此，要从小到大输出数组 a 的元素值，只需用一个循环输出 *p[i] 的值。

9.9 指针作为函数参数

第 7 章中介绍了形参和实参的概念，一个主调函数调用被调函数时，被调函数被加载到内存空间，并且为函数内部定义的变量（包括形参）分配内存空间，被调函数运行结束后，被调函数执行时申请的栈空间被释放，可参考 7.4 节。

C 语言函数可以把形参定义为指针变量，用于接收主调函数传来的指针值，这样在被调函数中就可以操作这个指针指向空间中的对象。实参和形参均是指针类型时，同样是把实参的值赋给形参。再次强调，两个地址指向的数据类型要尽量一致（除 void 外）。

例 9-20 定义一个函数，应用指针作为函数参数，实现主调函数中两个变量互换。

分析：可以用指针变量作为形参，把主调函数中两个变量的地址传给被调函数对应形参。在被调函数中，用指针间接访问的方式互换数据，这样，在被调函数中的互换实质上是在操作主调函数中的变量。程序代码如下：

```c
#include<stdio.h>
int main(void)
{
    void swap(int *x,int *y);    // 函数代码放在了后面，首先声明函数
    int a=11,b=22;
    swap(&a,&b);                 // 调用函数，把a,b的地址作为实参传给形参
    printf("%d,%d\n",a,b);
    return 0;
}
/*swap()函数互换主调函数中两个数据*/
void swap(int *x,int *y)         // 参形为指针变量，接收两个int型变量的地址
{ // 以下是互换两个数据
    *x=*x+*y;
    *y=*x-*y;
    *x=*x-*y;
}
```

注意到，swap() 函数中形参是两个指针变量，都指向 int 型。在 main() 函数中实参是 a 和 b 的地址，作为指针也指向一个 int 型，因此，实参和形参指向的数据类型一致，可以传值。假设系统给 main() 函数中 a，b 分配的地址为 8000 和 8004，调用 swap() 函数时，先给指针变量 x、y 分配空间，假设其地址值为 9000 和 9008，然后把 a 和 b 的地址值分别传给指针变量 x 和 y，所以 x 和 y 得到的值就是 8000 和 8004，如图 9-15 和图 9-16 所示。

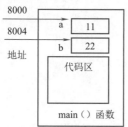

图 9-15　main() 函数内存图

图 9-16　swap() 函数调用后的内存图

程序在执行 swap() 函数中的 *x=*x+*y; 时，先找到地址为 8000 和 8004 的内存块，把其中的值取出来，因为 8000 和 8004 就是 main() 函数中 a 和 b 的地址，所以 *x 和 *y 的值就是 a 和 b 的值。相加后存入 8000 所在的内存中，即此时 *x 的值为 33，也就是 a 的值已经变为 33。

继续按此规律执行后两条语句，最后 *x 的值为 22，*y 的值为 11，实质上也就是把 main() 函数中的 a 和 b 互换。swap() 函数执行完毕返回到 main() 函数中，则 main() 函数中 a 和 b 的值已互换。

利用地址可以使程序代码的编写变得非常灵活，许多功能可以用被调函数实现，而且被调函数可有效操作主调函数中的数据，被调函数执行完成后，其对主调函数产生的作用在返回主调函数后仍有效。

例如，定义一个函数，用冒泡算法对一个一维数组排序，这个函数用形参接收两个值，一个是一维数组的首地址，另一个是数组元素的个数，当一个主调函数调用这个排序函数后，主调函数中的数组就变成已排序的数组，参见例 7-10。

例 9-21　　定义一个函数，返回字符串中某个字符出现的次数，并在 main() 函数中调用，字符在 main() 函数中由用户输入。

分析：定义的函数需要两个形参。一个形参用于接收字符串的首地址，一个形参用于接收需要统计个数的字符。因为只要知道了字符串的首地址，就能得到字符串的每个字符。所以在定义的函数中，根据形参中接收的首地址，就可以用一个循环统计出给定字符的个数，最后返回个数。

这里把接收串首地址的形参定义为一个指向 char 型的指针变量，当然，也可以定义为 "char 变量 []" 的形式。因为字符串长度是非负整数，所以函数返回类型可定为 unsigned 型。具体代码如下：

```
#include<stdio.h>
unsigned conutCharNum(char *str, char ch)    //char *str 也可以写为 char str[]
{
    unsigned count=0;    // 个数设为非负整数
    while(*str!='\0')    // 此循环统计与 ch 相同的字符个数
    {
```

```
        if(*str++==ch)
            count++;
        }
        return count;
    }
    int main(void)
    {
        char str[]="abcdabc",c;
        c=getchar();
        printf("%u\n",conutCharNum(str,c));
        //printf("%u\n",conutCharNum("zhongguo",c));
        return 0;
    }
```

一个字符串常量以其首地址表示，直接可以用字符串的字面量作为实参，见最后一条被注释的语句。

数组作为函数参数时，如果把一维数组名的值传给形参，形参可以用"数据类型 数组名 []"的形式，那么上面的 conutCharNum(char *str, char ch) 完全可以写成 conutCharNum(char str[], char ch)。形参"数据类型 X[]"实质上是定义了一个 X 指针变量，此时的 X 并不是一个数组名，其值可以改变，与用"数据类型 *X"定义的效果完全一样。

例9-22　主调函数中定义了两个大小一致的一维字符数组，并用串进行了初始化，定义一个函数把一个串复制到另一个串中，并在主调函数中输出复制的串。

分析：主调函数中的两个一维数组名，作为指针其指向 char 型数据，因此，被调函数可以用两个指向 char 型数据的指针变量作为形参，以接收主调函数中两个字符数组名的值，这样在被调函数中即可应用这两个形参对主调函数中的串进行操作。

对于复制，是比较简单的操作，假设把串 A 复制到串 B，则可以用一个循环把 A 串中的各字符顺序赋给串 B 对应的字符空间，直到在串 A 遇到 '\0' 为止，循环结束后，在串 B 中再追加字符 '\0'，以使串 B 有正确的结束标识。当主调函数调用被调函数之后，主调函数中的字符串就实现了复制。具体代码如下：

```
#include<stdio.h>
void copyString(char *from,char to[])        //from 和 to 均指向 char 型数据
{
    while(*from!='\0')
        *to++=*from++;              // 注意 to 的值可以改变
    *to='\0';                       // 加上 '\0'，使 to 指向的空间有串的结束标识
}
int main(void)
{
    char soure[10]="Zhangshan" ,dst[10]="Hong";
    copyString(soure,dst);       // 把两个一维数组的首地址传给形参
    printf("dst:%s",dst);
    return 0;
}
```

程序运行结果如下：

```
dst: Zhangshan
```

二维数组名也可以作为实参传送给形参，但要注意的是，二维数组名作为指针指向的数据类型是一个一维数组，一维数组的长度、变量数据类型不同算作不同的数据类型，而指向一维数组的指针变量也能指向一个一维数组，因此，可用一个指向一维数组的指针变量作为形参接收一个二维数组名的实参，只要它们给定的列数和变量的类型一致即可。

例9-23 定义两个函数，一个实现方阵的转置；另一个实现二维矩阵的输出，并在主调函数中调用这两个函数，并输出转置前后的矩阵。

分析：要定义的两个函数均要对二维数组进行处理，所以，可定义一个指向一维数组的指针变量，以接收二维数组名的值。考虑到形参与实参数据类型的一致性，这个指针变量指向的一维数组类型与二维数组名作为指针指向的一维数组类型要相同，即：指向的一维数组长度和变量类型均一致。

同时注意到指向一维数组的指针变量并没有包含二维数组的行数信息，所以被调函数要增加一个形参以接收行数。为增加定义函数的应用范围，使指针变量不再局限于指向一个固定元素个数的一维数组，可再增加一个形参接收二维数组的列数，并用这个列数形参定义指向一维数组的指针变量。整个代码如下：

```c
#include<stdio.h>
int main(void)
{
    void transpose(int col,int(*p)[col], int row);    //转置函数原型声明
    void print(int col,int(*a)[col], int row);        //输出函数原型声明
    int a[4][4]={1,2,3,4,5,6,7,8,9,10,11,12,13,14,15,16};
    print(4,a,4);                     //按行优先输出 a 中各数据的值
    transpose(4,a,4);                 //使 a 转置
    printf("After matrix transposition:\n");
    print(4,a,4);                     //按行优先再次输出 a 中各数据的值
    return 0;
}
void transpose(int col,int(*p)[col], int row)    //方阵转置，p 根据 col 指定列数
{
    int i=0,j=0;
    int x;
    for(; i<row; i++)
    {
        for(j=0; j<i;j++)             //这里是 j<i，不要写成 j<4
        {
            x=*(*(p+i)+j);            // *(p+i) 得到第 i 行的首地址，指向 int 型
            *(*(p+i)+j)=*(*(p+j)+i);
            *(*(p+j)+i)=x;
        }
    }
}
void print(int col,int(*p)[col], int row)          //输出二维数组中各数据的值
```

```
{
    for(int i=0;i<row;i++)
    {
        for(int j=0;j<col;j++)
            printf("%-3d", *(*(p+i)+j));
        printf("\n");
    }
}
```

程序运行结果如下：

```
1  2  3  4
5  6  7  8
9  10 11 12
13 14 15 16
After matrix transposition:
1  5  9  13
2  6  10 14
3  7  11 15
4  8  12 16
```

为进一步熟悉调用过程，可参考图 9-15 和图 9-16 画出调用函数的过程，以加深内存使用、参数传递的印象。

这里要注意，形参中指向一维数组的指针变量，其列数要与实参二维数组中的列数一样。在 C 语言中，虽然不强制实参与其对应的形参指向相同数据类型（很多编译器只是一个警告性错误），但在实际中，最好保证两者一致，因为被调函数在执行时，形参是以它定义的数据类型为准的，如果数据类型不一致，会造成编程上的麻烦甚至引起程序崩溃。

例如，在例 9-23 中，如果被调函数 print() 的形参定义为 int (*p)[5]，此时 a 和 p 作为指针指向的数据类型不一样，分别为 int[4] 和 int[5]，当把 a 传给 p 时，一般编译器只给一个警告性错误，程序可以执行。然而在被调函数中应用 *(*(p + 1) +0) 获取数据时，得到的并不是 a[1][0] 的值 5，而是 a[1][1] 的值 6，因为 p 是指向有 5 个 int 型数据的一维数组，所以 p+1 一次加了 5 个 int 型数据所占的字节，而且随着 i 和 j 值的增加，*(p + i) + j 就会超出数组 a 分配的内存空间，造成一些输出结果不正确。

对于二维数组，形参的形式也可写成"数据类型 变量 [][N]"，这里的"变量"实质上是指向一个一维数组的指针变量，如例 7-12 中的形参 int A[][3]，也可以写成 int (*A)[3]；例 9-23 中，int (*p)[col] 也可以写成 int p[][col]，效果完全一样，且 A 和 p 均是指针类型变量，其值可以改变。作为形参，它们均可以接收相应二维数组名的值。

9.10 返回指针值的函数

返回指针值的函数是指这样的函数，它的返回类型为一个指向某种数据类型指针。其定义的一般格式为：

```
数据类型 *函数名(参数列表){...}
```

例如：

```
int  *fun(int x, int y) {...}
```

fun 为函数名，调用它后，返回一个指向 int 型数据的指针值；x, y 为 fun() 函数的形参。这种函数的函数体中要有可以执行到的"return 表达式;"，且表达式的结果为指向所定义的返回类型的指针。

例9-24　主调函数中有一个二维数组 int score[3][4]，每一行存放一个学生 4 门课的成绩。再定义一个函数，功能是返回指向最高分的指针，并在主函数中根据返回的指针输出最高分。

分析：这个函数要求返回一个指向最高分的指针，由于二维数组变量中存放的是 int 型数据，所以函数的返回类型定义为 int *。

根据要求，所定义的函数，首先要找到最高分，然后再返回存放最高分的地址值。根据前面的知识，函数需要引入主调函数中的二维数组信息，这里定义三个形参变量，一个形参接收二维数组的列数，一个形参接收二维数组名的值，一个形参接收二维数组的行数。例如，函数首部可以写成：

```
int *SearchMaxValuePtr (int col,int (*array)[col],int row)
```

其中，col 为列数，array 为指向一维数组的指针变量，row 为行数。

在函数体中，考虑到二维数组各变量是顺序存放的，所以可从二维数组的第 0 个变量开始一直到最后，用一个循环寻找最大值，记录下它的地址，最后用 return 返回该地址。具体代码如下：

```
#include <stdio.h>
int *SearchMaxValuePtr(int col,int (*array)[col],int row)  /* 函数定义 */
{
    /*
    prt_max 存放最大值所在地址，并初始化为第 0 个变量的地址 *array;
    max 存放当前最大值，初始化为第 0 个数据的值
    */
    int *prt_max=*array, max=*(*array), i;
    for(i=0;i<row*col;i++)          // row* col 为二维数组所有变量的个数
        if(max<*(*array+i))         //*array+i 得到第 i 个变量的地址
        {
            max=*(*array+i);    //max 换成当前最大值
            prt_max=*array+i;   // 把当前最大值的地址赋给 pt_max
        }
    // 循环结束，得到最大值所在地址
    return(prt_max);                // 返回一个指针值
}
int main(void)
{
    int score[3][4]={{60,70,80,90},{56,88,87,95},{38,91,78,47}},*max;
    max=SearchMaxValuePtr (4,score,3);       // 调用函数并接收返回的地址
    printf("max=%d\n",*max);                 // 根据返回地址用 * 获取值
```

```
        return 0;
    }
```

因为 SearchMaxValuePtr() 函数返回的是指向 int 型数据的指针，所以 main() 函数中用于接收返回值的 max 也要定义指向 int 型的指针变量，这样才能正确地把返回的指针值赋给它。

main 函数体中第 2、3 行可缩减写成：

```
printf("max=%d\n",*SearchMaxValue(4,score,3));,
```

这里先调用 SearchMaxValue(4,score,3);，此函数返回指向 int 型数据的指针值，再用 * 取得该指针指向的数据。

9.11 函数指针

函数就是一系列指令的集合，在调用后，这些指令存放在一个称为代码区的内存中。第 7 章以及 9.9 节在画函数调用的内存示意图时，都有代码区这一块区域，代码区存放函数的指令序列。

大家知道，数组名的值不可更改，数组名作为指针指向数组的首个元素，同样地，函数名也是一个不可更改的值，这个值就是函数指令序列的起始地址值，函数名也可以作为一个指针指向一个函数，指向的数据类型称为函数类型。在 C 语言中，函数返回类型、形参类型、个数和顺序完全相同的函数才是同一种类型的函数，只要有一个不同，就是不同函数类型。

例如，int fun1(int,int)、int fun2(int) 和 int *fun3(int)，fun1、fun2、fun3 都有一个地址值，分别指向各自的代码区。虽然 fun1、fun2、fun3 都可作为指针，但它们指向的函数类型不同，因此属于不同的函数类型。

9.11.1 函数指针定义与基本应用

如果有一个指针变量，它指向的数据类型为某种函数类型，那么，改变这个指针变量的值，就可以让它指向具有相同函数类型的不同函数。这样如果要调用不同的函数，只要改动一下指针变量的值即可，这使得编程更加灵活。这种指向某种函数类型的指针变量就是本节要讲到的函数指针。

定义一个函数指针变量的格式如下：

```
返回类型 (* 指针变量名) (参数类型列表);
```

这里的指针变量名，就是一个指向函数的指针变量。例如，下面分别声明四个函数指针变量 fun1、fun2、fun3、fun4。

```
int (*fun1)(double);  // 形参为一个 double 型变量，返回一个 int 型数据
void (*fun2)(char*);  // 形参为指向 char 型数据的指针变量，不返回数据
double* (*fun3)(double *,int); // 形参为一个指向 double 型数据的指针变量和一个 int 型
                              // 变量，返回一个指向 double 型数据的指针
```

```
int (*fun4)();          // 没有形参，返回一个 int 型数据
```

这四个函数指针指向的函数类型均不相同。

如果有一个指向某函数的函数指针变量 fun，要调用它指向的函数有两种方式，fun(实参列表) 或者 (*fun)(实参列表)。

例 9-25   用 4 个函数指针变量调用不同的 4 个函数。

```
#include<stdio.h>
int count(double val)
{
    printf(" 函数 count:%lf\n",val);
    return 0;
}
void printStr(char *str)
{
    printf(" 函数 printStr:%s\n",str);
}
double *add(double *a,int N)
{
    printf(" 函数 add:%lf \n",a[0]+a[N-1]);
    return 0;
}
int get()
{
    printf(" 函数 get \n");
    return 0;
}
int main(void)
{
    // 声明 4 个函数指针变量并初始化为 0
    int(*fun1)(double)=0;
    void(*fun2)(char*)=0;
    double* (*fun3)(double *,int N)=0;
    int(*fun4)()=0;
    fun1=count;         //fun1 指向的函数类型与函数 count 一致，可以赋值
    fun2=printStr;      //fun2 指向的函数类型与函数 printStr 一致，可以赋值
    fun3=add;           //fun3 指向的函数类型与函数 add 一致，可以赋值
    fun4=get;           //fun4 指向的函数类型与函数 get 一致，可以赋值
    // 使用函数指针调用相应的函数
    fun1(0.5);          // 也可以写成 (*fun1)(0.5);，下同
    fun2("C Languge");
    double a[]={1,2,3,4};
    fun3(a,4);
    fun4();
    return 0;
}
```

程序运行结果如下：

函数 count:0.500000
函数 printStr:C Languge
函数 add:5.000000
函数 get

从运行结果看，各函数指针调用了对应的函数。

9.11.2　函数指针作为参数

函数指针变量也是一个变量，它也可以作为参数进行传递。下面再举一例，以便大家更深入地了解函数指针的使用方法，在此基础上分析它带来的灵活性。函数指针变量作为形参的格式如下：

返回类型（* 指针变量）（类型列表）

指针变量指向的数据类型由类型列表和返回类型确定。类型列表指的是各形参的变量类型，定义时可不写形参变量名，类型列表中的形参并不用于接收实参数据，只是用于确定函数类型。指针变量用于接收指向一个函数的指针值。

例9-26　应用函数指针，调用不同的函数。

```
#include<stdio.h>
// 定义一个加法函数，其函数名作为指针，指向其定义的函数类型
int add(int a,int b)
{
    return a +b;
}
// 定义一个减法函数
int sub(int a, int b)
{
    return a-b;
}
/* 定义一个函数，最后一个形参是一个函数指针变量，用于接收一个指向函数的指针值 */
int calculate(int x,int y, int(*add_sub_proc)(int,int))
{
    return  add_sub_proc (x,y); // 接收的函数地址不同，调用的函数也不同
}
/* 定义主函数，它只要指定两个参与计算的值和一个函数的地址值，就可以完成不同的函数调用 */
int main(void)
{
    int addV=0,subV=0;
    /* 实参传入两个加数和 add 的值。调用 calculate 后形参 add_sub_proc 接收 add 的值 */
    addV=calculate(10,5,add);
    // 实参传入参与减法运算的两个数和 sub 函数的地址
    subV=calculate(10,5,sub);
    printf("%d,%d",addV, subV);
    return 0;
}
```

下面简单地把这个程序执行过程中涉及的内存画一下，使大家更深入理解代码的执行过程。

程序开始，main 加载到内存，首先调用 calculate(10,5,add)，则把 calculate() 函数加载到内存区，并把 add 的值赋给函数指针变量 add_sub_proc，把 10 和 5 分别赋给 x 和 y。这样，calculate() 函数中的 x、y 和函数指针变量 add_sub_proc 就接收到 10、5 和 add 的值。然后执行 calculate() 函数中的 return add_sub_proc(x,y);，因为现在 add_sub_proc 指向 add() 函数，因此把 add() 函数加载到内存区，并且把 x 和 y 分别赋给 add() 函数中的 a 和 b，如图 9-17 所示。

  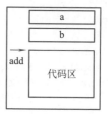

main()函数内存示意图　　calculate()函数内存示意图　　add()函数内存示意图

图 9-17　例 9-26 执行过程中涉及的内存

接下来，执行 add() 函数中的代码，返回 a、b 的和值 15，再由 calculate() 函数返回给 main() 函数。这样，main() 函数中的 addV 就得到了 15。

执行 subV=calculate(10,5,sub); 语句的过程与此相似。

可以看到，将函数指针作为参数传递，使得 C 语言编程变得更加灵活强大，更重要的是易于理解和阅读，且代码易扩展。设想一下，如果现在程序要求能计算两数的乘、除，只要再单独定义出计算乘、除的函数，并在 main() 函数中调用 calculate() 函数时，把参数换成乘、除的函数名，其他代码均无须修改，这样的方式对于扩展程序功能非常方便。

在上述代码中，定义 calculate() 函数时，要把参数 int(*add_sub_proc)(int,int) 写全，如果其他函数也要用到这样的函数指针变量，就要再照样写一次，有点不简洁，对此，可以借助 typedef 关键字，先定义好一个函数指针类型，然后直接利用。例如在定义 calculate() 函数之前，在函数外，加入如下代码：

```
typedef int(*add_sub_proc)(int,int);
```

这样就有了一个新的数据类型 add_sub_proc，可以用它定义一个变量，例如定义：add_sub_proc FunPtr;，那么 FunPtr 就是一个指向形如 "int 函数名 (int,int)" 的函数指针变量，所以 calculate() 函数就可以用如下代码定义。

```
void calculate(int a,int b, add_sub_proc FunPtr)
{
    printf("result=%d\n",FunPtr(a,b));
}
```

9.12　void* 指针

前面讲的指针变量都可以保存一个内存地址，且指向一个具体数据类型，而且在引用此类指针变量时，都隐含地依赖了它指向的数据类型。从理论上讲，内存地址只是一个字节单元的编号，所有地址都可以看成是同一种类型，甚至可以当成 long 型数据看，然而，指针变量需要再指定指向的具体数据类型，这是因为 C 需要具体数据类型来处理数据及运算，例如指针的加减运算、字节中存放数据的解释等。下面给出一个具体实例。

例9-27　强制转换指针类型，读取数据并输出。

```
#include<stdio.h>
int main(void)
{
    short value=200;
    float *pFloat=(float*)&value;   // 把指向 short 型的地址强制转换成指向 float 型的地址
    char *pChar=(char*)&value;      // 强制转换成指向 char 型的地址
    printf("pvalue=%x,pFloat=%x, pChar=%x\n", &value,pFloat,pChar);
    printf("*pFloat=%f, *pChar=%d\n",*pFloat,*pChar);
    return 0;
}
```

代码中使用 float * 和 char * 把指向 short 型的指针分别转换成指向 float 型和 short 型的指针，输出的结果如下（运行环境或时间不同，地址值可能不一样）：

```
pvalue=62fe0e ,pFloat=62fe0e, pChar=62fe0e
*pFloat=-4718860797084469600000000000000000000.000000, *pChar=-56
```

可以看到，输出的第一行三个值相同，说明 pFloat 和 pChar 都被赋给了 short 型变量 value 的地址值；第二行的 *pFloat 是一个很小的负数，与 value 原来的值 200 差别很大，*pChar 也与 200 不同。从这个实例可以看出，指向一种数据类型的指针值可以通过强制转换赋给指向另一种类型数据的指针变量，但引用指针变量得到内存中的值就会有非常大的不同，这就说明指针变量与它指向的数据类型有很大关系。

指针变量之所以需要考虑指向的数据类型，原因有以下三条：

（1）要根据数据类型决定指针所指向的数据用到多少个字节。

（2）从字节中取出的数据（0、1 表示）以什么数据类型进行解释。

在例 9-27 中，*pFloat 出现这样的结果，就是因为原类型是 short 型，占 2 字节，而使用 *pFloat 取值时，因为 pFloat 指向 float 型，所以就从 value 的首地址开始往后取 4 字节的数据，并把它用 float 型来解释，显然会造成偏差。

（3）指针变量进行加减运算时的变化量。指针经常要进行加减运算，加减 1 时，指针的值一次改变多少字节由指针指向的数据类型决定。

因此，指针要考虑其指向的数据类型是非常合理的，然而实际情况很复杂，比如，定义一个函数，它的形参事先并不清楚指针变量应该定义成指向什么类型，为此，C 语言给出了一种特殊的指针，这种指针指向的数据类型为 void 型。

定义一个指向 void 型的指针变量格式为：

```
void * 指针变量名;
```

这类指针变量称为 void 指针，它可以接收任意指针变量的值，因为这一特性，void 指针在行业内被戏称为万用指针。void 指针不能直接用 "* 指针变量名" 方式来取得指向空间的值，原因很简单，这种指针变量指向 void 型，void 型就是无类型，无类型不能确定从指针变量指向的空间中获取多少字节的数据，也无法解释数据。

下面再以互换两个数据的代码为例，找出其中的不足，并以 void* 指针解决该问题。

例 9-28　定义一个函数，互换主调函数中的两个变量，并调用验证。

```c
#include<stdio.h>
void swap(int *a,int *b)      // 交换两个变量的值
{
    int tmp=*a;
    *a=*b;
    *b=tmp;
}
int main(void)
{
    int m=30,n=8;
    swap(&m, &n);
    printf("m=%d  n=%d\n",m,n);
    return 0;
}
```

这里的 swap() 函数在主调函数调用后，能互换主调函数的两个 int 型数据值，但如果主调函数中的 m 和 n 不是 int 型，而是 double 型等其他类型的数据，swap() 函数就不能正确互换了，因为 swap 的形参只是 int 型。那么是不是要针对每一种数据类型定义一个函数呢？显然这样做太烦琐，而且在主调函数中使用也不方便。考查此问题，难点在于定义 swap() 函数时，并不清楚主调函数调用 swap() 函数时到底要交换什么数据类型的数据，所以形参的数据类型难以确定。

这时应用 void 型指针即可解决该问题，可以把 swap() 函数的形参 a 和 b 的类型定义为 void* 型，让它接收主调函数中任何数据类型的首地址，然后再加一个形参接收主调函数中变量所用数据类型应占的字节数 size。

有了这两个信息，就可以用内存复制函数 memcpy 把主调函数中的两个变量值互换。例 9-29 给出了这种用法的一个实例。

例 9-29　定义一个函数，用 void* 指针完成两个任意类型数据的互换，并在 main() 函数中调用。

```c
#include<stdio.h>
#include<stdlib.h>
#include<string.h>
void swap(void* a, void *b, int size)    // 定义成 void*，可以接收任何指针值
{
    /*malloc(n) 申请 n 个字节的内存空间，并返回该空间的首地址。函数返回 void* 型，用于
    存放暂时数据 */
    void *p=malloc(size);  // malloc() 函数在 stdlib.h 中声明
    memcpy(p,a,size);       // 把从 a 开始的 size 个字节复制到 p 开始的空间
```

```
        memcpy(a,b,size);
        memcpy(b, p, size);
        free(p);                    // 释放申请的内存空间，在 stdlib.h 中声明
        p=NULL;
    }
    int main(void)
    {
        int m=6,n=12;
        short x=10,y=20;
        // 调用 swap() 函数，把指向 m 和 n 的指针值及 int 型数据占用的字节数传给形参 a、b 和 size
        swap(&m,&n,sizeof(int));
        printf("m=%d,n=%d\n",m,n);
        swap(&x,&y,sizeof(short));
        printf("x=%hd,y=%hd\n",x,y);
        return 0;
    }
```

程序运行结果如下：

```
m=12,n=6
x=20,y=10
```

从这个结果可以看出 swap() 函数正确地实现了主调函数中不同类型数据互换。同样地，利用这样的方式，使用 memcpy() 函数可以快速地把不同数据类型的数组复制到另一个数组中，从而避免用循环逐个复制数据。

9.13 指向指针的指针

对于定义 int x=0; int *p=&x;，可知 p 用来保存变量 x 的地址，那么如果用另一个指针变量来保存指向变量 p 的指针值，这种情况允许吗？是允许的，这就要用到指向指针的指针，所谓指向指针的指针是指这个指针指向的空间中也存放一个指针。如定义一个指向指针的指针变量，其格式为：

```
数据类型  ** 变量名 ;
```

这个变量存放一个指针，它指向的空间中存放另一个指针，此指针指向给定的数据类型。这种用两个 * 来声明的指针变量称为指向指针的指针，又称二级指针。例如：

```
int x=5;
int *p=&x,**twoLptr;
twoLptr=&p;
```

这里的 twoLptr 就是一个二级指针变量。它在内存空间中的存放形式如图 9-18 所示，其中左边的地址值是假设的（十六进制表示），具体由编译器定。

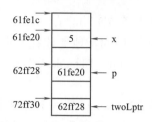

图 9-18 指向指针的指针存放示意图

从图 9-18 中可以看到，p 的值为 61fe20，它是变量 x 的地址值，变量 twoLptr 的值为变量 p 的地址值。因此，*twoLptr 变量的值就是 p 的值 61fe20，**twoLptr 就是提取 *twoLptr 指向空间的值，即 x 的值。二级指针的一个重要作用就是：通过修改 *twoLptr 的值，让 **twoLptr 得到不同的值。

值得注意的是，如果只定义了一个二级指针变量而没有进行有效赋值，不能立即用 "* 二级指针变量 = 指针值;" 进行赋值，这是因为此时二级指针变量的值是一个不确定的值，因此，"* 二级指针变量" 就很可能是一个不允许访问的内存空间。要想 "* 二级指针变量 = 指针值;" 有效，必须保证二级指针变量指向一个可以进行存取的内存空间。例如，如果没有定义 twoLptr =&p;，图 9-18 中的 twoLptr 的值就不是 62ff28，而是一个不确定的值，*twoLptr 就不能有效访问，进一步地 **twoLptr 也不能访问。

例 9-30 利用二级指针，输出不同变量的值。

```c
#include<stdio.h>
#include<stdlib.h>
int main(void)
{
    int x=5,y=6,**twoLptr=0,*oneLptr=0;
    twoLptr=&oneLptr;    // 把指针变量 oneLptr 的地址赋给 twoLptr
    *twoLptr =&x;         // 把变量 x 的地址给 twoLptr 指向的对象，即变量 *twoLptr
    printf("**twoLptr: %d\n",**twoLptr);  // 这时输出 x 的值
    *twoLptr=&y;          // 把变量 y 的地址给 twoLptr 指向的对象，即变量 *twoLptr
    printf("**twoLptr: %d\n",** twoLptr); // 这时输出 y 的值
    return 0;
}
```

程序运行结果如下：

```
**twoLptr: 5
**twoLptr: 6
```

二级指针变量之间的赋值要考虑到数据类型的一致性（与 void* 指针之间赋值除外），虽然二级指针变量指向的对象都是指针类型，但由于 C 语言中把指向不同数据类型的指针看成不同的指针类型，因此二级指针变量的数据类型相同指的是它们指向的对象也指向相同的数据类型。

本例中，twoLptr=&oneTptr; 能赋值，是因为两者都指向一个指针，且这个指针都指向 int 型。然而，如果有 int a[3][3];，则 twoLptr=a; 是错误的，因为 a 作为指针指向的数据类型是 int[3]，

不是指针类型，而 twoLptr 指向的数据类型是 int*。

例9-31　给定 5 个字符串，把它们的首地址放在一个指向 char 型的一维数组中，char* songs[5]={ "I see", "How are you", " see me", "Thanks", "see you later"}；编写一个函数，把包含 "see" 的整个字符串改成 "saw" 输出。

分析：通过 9.8 节所学的知识可知，songs 是一个有 5 个元素的一维指针数组，它的每一个单元中存放对应字符串的首地址。songs 的值是该数组第 0 个元素的地址，如图 9-19 所示（各串和 songs 数组的地址值是假设的）。

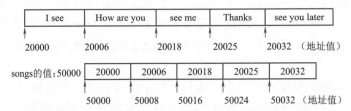

图 9-19　串、songs 及指针数组单元存放的内存示意图

songs 指向指针数组的第 0 个元素，元素的值是 *songs，即 20000，而且也是一个指针类型。*songs 指向第 0 个串的首字符，根据前面所学的知识，就可以用 printf("%s",*songs) 或 printf("%s",songs[0]) 输出第 0 个串 "I see"。

现在如果定义一个修改串输出的函数，形参定义为 char **buf，因为 buf 和 songs 指向的数据类型都是一个指向 char 型数据的指针，因此调用此函数时就可以把 songs 的值传送给 buf。

buf 如果接收 songs 的值，就指向 songs 数组的第 0 个元素，由于 songs 和 buf 指向的数据类型都是 char*，所以 buf+1 相当于 songs+1，也就是说，buf+1 就指向 songs 数组的第 1 个元素，所以用一个循环即可遍历整个 songs 中的元素。

开始时，*buf 是 20000，而 20000 是字符串 "I see" 所在空间的首地址，此时该串包含 "see"，如果把 *buf 的值改成串 "saw" 所在空间的首地址，就相当于让 songs[0] 保存了串 "saw" 的首地址，此时用 printf("%s",*songs) 输出的就是 "saw"。

把 buf 加 1，使 buf 指向 songs 中的第 1 个元素，如果 *buf 指向的串中包含 "see" 就把 *buf 的值更改成 "saw" 的首地址，否则继续把 buf 的值加 1。这样直到循环结束。

判断一个字符串是不是含有另一个串，可以用库函数 strstr() 实现（具体使用方法查找附录 C）。详细代码如下：

```c
#include<stdio.h>
#include<string.h>
/* 把含 "see" 的串改为 "saw" 输出, 就是把 songs 数组单元中指向含有 "see" 字符串的指针值改为
指向 "saw" 的指针值。并不是修改含有 "see" 的串 */
void convertStr(char **buf,int size)        //size 接收数组 songs 的元素个数
{
    char **tmp=buf;
    //遍历每个字符串, 如果包含 "see", 则 *buf 修改为 "saw" 的地址
    while (buf<tmp+size)
    {
        if(strstr(*buf,"see")!=NULL)        // 判断是否包含 "see"
        {
            *buf="saw";                     // 把 "saw" 的首地址值赋给 *buf, 相当于把
                                            // songs[i] 的值改成了指向 "saw" 的指针值
```

```
        }
        buf++;                    //buf 指向指针类型数据，加 1 指向下一个指针数据
        }
}
void printString(char **s,int size)    //输出各字符串
{
    char **start=s;
    for(;s<start+size;s++)
        printf("%s\n",*s);                    //输出首地址为 s 的串
}
int main(void)
{
    char* songs[5]={ "I see","How are you"," you see me", "Thanks","see you later"};
                              //元素为指向 char 型数据的指针数组
    char **p=songs;          /*p 是二级指针。p 与 songs 都指向指针类型数据，且这个指针数
据都指向 char 型数据。可以赋值 */
    convertStr(p,5);          //调用修改串输出的函数
    printString(p,5);         //输出修改后的结果
    return 0;
}
```

程序运行结果如下：

```
saw
How are you
saw
Thanks
saw
```

> 🔔 注意：
>
> 从 songs[5] 的初始化可知，不能用 strcpy(*buf,"saw") 对字符串进行修改，因为 *buf
> 指向的区域是常量区。

在例 9-31 中，如果把 char* songs[5] 改成 char songs[5][20]，程序是不会正确运行的，且编译时一般会给出警告错误。这是因为 songs 此时指向的数据类型是 char [20]，而不是 char*。同时，在 convertStr() 函数中，buf+1 是根据 buf 指向的数据类型加字节数的，这里定义的 buf 指向的是指针值，显然加 1 后不是指向下一个字符串的起始地址，因为用二维数组中定义时，下一个字符串的首地址是前一个字符串的首地址加 20 字节。

使用二级指针进行赋值、传参时，也要考虑其所指向的数据类型是否一致，否则，很容易导致运行结果不正确或程序崩溃。

除了二级指针，还有三级指针、四级指针等，但到三级指针就极为少用。

9.14 再谈数组与字符串函数

9.14.1 数组的实质

根据 C 语言标准，数组是通过表达式后面跟后缀 [] 指定其元素。

　　表达式 a[b] 等价于表达式 *((a)+(b))，由于加法交换律，它也等价于 b[a]。在表达式 a[b] 中，a 和 b 必须一个是指针，另一个是整型数据，指针可以是数组名的值、指针变量、用 & 获取的地址或者是由它们构成的表达式。

　　通过指针的值、指针指向的数据类型和整数确定表达式 a[b] 的值所在的地址，从而找到指定的对象。

　　例9-32　　有一维数组 int a[10]={1,2,3,4,5,},x=2 ,*p=a;，指出下列 5 个表达式的值：(x*x)[a]，(a+2)[2]，(p+4)[0]，p[4]，4[p]。

　　解：（1）因为 x*x 的值为 4，是一个整数，a 在这里作为指针，指向的数据类型为 int 型，则 (x*x)[a] 的值就是 *(a+x*x)，也就是 *(a+4)，所以 (x*x)[a] 的值就是 5。

　　（2）因为 a+2 作为指针，与 a 一样指向一个 int 型数据，(a+2) 就是数组第 2 个元素所在地址，(a+2)[2] 的值就是 *((a+2)+2)，即从地址 a+2 开始向后的第二个 int 型数据，所以 (a+2)[2] 的值是 5。

　　（3）因为 p 与 a 的值一致，且均指向 int 型变量，所以 (p+4)[0] 的值就是 *((p+4)+0)，即地址 p+4 处的值，所以 (p+4)[0] 就是 5。

　　（4）p[4] 就是 *(p+4)，因为 p 与 a 的值相同且均指向 int 型数据，所以 *(p+4) 与 *(a+4) 是一样的，也就是说 a[4] 与 p[4] 的值相同，都是 5。

　　（5）4[p] 中，p 是指针，4 是整数，4[p] 值是 *(4+p) 的值，所以 4[p] 就是 5。

　　对于二维数组 a，表达式 a[b] 同样有效（b 为整数），即 a[b] 等同于 *((a)+(b))。因为 a 指向的数据类型是一维数组，则 a[b] 就是从地址 a 开始向后的第 b 行那个一维数组，a[b] 作为指针指向这个一维数组的第 0 个元素，所以在 a[b][c] 这种形式中（c 为整数），a[b] 是一个指针，它指向的数据类型是一维数组元素的类型，因此 a[b][c] 也是一个"指针 [整数]"的形式，根据加法交换律，它也可以写成"c[a[b]]"的形式。

　　例如，有 int a[2][3]={1,2,3,4,5,6}; 则 a[0][2]、2[a[0]]、(*a)[2]、2[*a]、*(*a+2)、*(2+*a) 都是同一个变量，其值都为 3。

　　在形如 a[b] 这样的表达式中，地址不是只能用数组名，可以直接用一个指针值，如 "abc"[1] 也是符合语法的，其值为 'b'。

　　再比如，有一个指向一维数组的指针变量 arr，也可以写成 arr[b][c] 的形式，其结果与 *(*(arr+b)+c) 是一样的。因此，在一个定义的函数中，如果一个指向一维数组的指针变量形参 arr 接收到一个二维数组名 a 的值时，只要它们指向的一维数组类型一致，则 arr[i][j] 就是 a[i][j]。

　　例9-33　　把一个 2*3 大小的二维数组的第 0 行和第 1 行看成两个向量，定义一个函数，计算这两个向量的点积并返回它们的值。

　　分析：如果用一维数组表示向量，两个向量的点积只要把第 0 行和第 1 行相同下标的元素相乘后加起来即可。实例代码如下：

```
#include<stdio.h>
float dot_product(int col,float(*x)[col])        //col 为列数
{
    float sum=0;
    for(int i=0;i<col;i++)
        sum+=x[0][i]*i[x[1]];      // 注意这里的写法，i[x[1]] 也可以写成 x[1][i]
```

```
    return sum;
}
int main(void)
{
    float a[2][3]={1,2,3,4,5,6};
    printf("%f\n",dot_product(3,a));
    return 0;
}
```

调用 dot_produce() 函数后，因为 x 得到了 a 的值，所以 x[0][i] 的值实质上就是 a[0][i] 的值，这里 i[x[1]] 也可以写成 x[1][i]。

9.14.2 串函数

第 6 章中讲过，一维数组名的值是一维数组第 0 个元素的地址，所以一维 char 型数组名的值就是第 0 个字符的地址，考查 C 语言库函数中提供的一些处理字符串的函数以及输入、输出函数，会发现它们的形参很多是指针类型。例如：

```
int puts(const char *string);            // 输出字符串的函数
char* gets(char*buffer);                 // 接收字符串的函数
char *strcpy(char *dest, const char *src); // 字符串复制函数
```

这些函数中的指针类型形参，实质上接收的只是指向 char 数据的指针数据。其执行时，都是以接收到的指针值为依据的。例如调用 puts() 函数输出一个字符串 str，写成 puts(str)，它执行的过程实质上是根据 str 这个地址值进行的，即从这个地址值开始输出字符，直至遇到 '\0' 为止。掌握了这个实质，就可以进一步灵活运用它。

例如，有 char str[]="A student";，要直接输出后一个单词，用 puts() 函数只要写成：puts(str+2);，因为 str+2 作为一个指针，指向字符 's'，所以 puts 就从字符 's' 开始一直输出直至遇到 '\0' 为止。

再例如，对于 char str1[10]="A student",str2[]="teacher";，要把 student 换成 teacher，只要写成：strcpy(str1+2,str2)。

同样地，scanf() 函数形参中的地址列表，也是这个意思，都是把输入的数据放在给定地址开始的内容空间中，这也就是能用 "scanf(格式控制符，一维数组名 + 下标)" 的形式接收一维数组对应元素值的原因。

在一个二维字符数组 str[M][N] 中，可以用 printf("%s",str[i]) 输出第 i 行的串，也可以用 printf("%s",str[i]+k); 把第 i 行的字符串从第 k 个字符开始输出。

为进一步理解 C 语言中的库函数，下面简单介绍一下关键字 const，这个关键字在学习 C 语言时经常看到和使用到，例如：

```
int puts(const char *str);
int strcmp(const char *str1, const char *str2 );
```

这个关键字的推出，是因为在实践中经常希望定义一种变量，这种变量只能读取，不能被赋值，在整个作用域中都保持值不变。例如，用它来禁止别人修改自己指定的某个变量值，此

时就可以使用 const 关键字对变量加以限定。const 关键字的使用有三种形式，其作用不一样，下面分别阐述。

（1）限定非指针变量。这种方式的格式有如下两种，效果一样：

```
const type 变量名 = 值 ;
type const 变量名 = 值 ;
```

其中，type 表示变量的数据类型。实际中通常用第一种格式。初始化后，其值不能更改。例如：

```
const int max=100;
```

那么在 max 的作用域内，它的值就一直是 100，不能被赋值。

（2）const 限定指针变量。const 和指针一起使用会有几种不同的顺序，用于限制指针变量指向的值或指针变量本身，使其不能被修改。例如：

```
const int *p1;
int const *p2;
int * const p3;
```

前面两种情况，使 *p1、*p2 只读，但 p1、p2 可以修改。最后一种情况，使指针变量 p3 只读，但 *p3 可以修改，如图 9-20 所示。

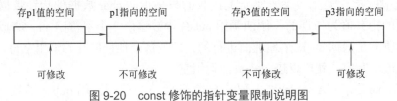

图 9-20　const 修饰的指针变量限制说明图

例如，有下面的代码：

```
const int *p1;
int * const p3;
int a[5]={1,2,3,4,5};
p1=a;
```

则不能通过 *p1=8; 这样的方式修改 a 的第 0 个元素的值，也不能通过 p3=a; 给 p3 赋值。

（3）const 限定指针变量及其指向的值，使其均不可修改。格式实例如下：

```
const int * const p4;
int const * const p5;
```

const 常用在函数形参中，如果形参写成"const * 指针变量名"，则可防止在定义函数时出现修改指针指向数据的情况。

例如，strcmp() 库函数在实现相应功能时，这个函数只比较两个串的大小，不允许代码在比较串大小时修改串中的值，所以 strcmp 定义的形参都用 const。这样做不但可以防止程序员误操作引起的字符串修改，还可以给使用此函数的用户一个提示，函数不会修改所提供的字符数组本身的内容。

小结

本章讲述了指针这一 C 语言中的重要知识点，所有对指针的处理伴随着数据类型，有人说，C 语言的精华在于指针，这非常有道理，但不全面，C 语言的精华还在于 C 语言中的数据类型，因为指针的应用包括指针变量的加减运算、取值与赋值、数组、传参、函数调用以及指向指针的指针等，都伴随着数据类型，只有把指针与它指向的数据类型一起考虑，指针才能有效地处理内存中的数据，才可以表现出非常高的灵活性，因此，在应用 C 语言编程时，凡是用到指针，一定要考虑到它指向的数据类型，对于二级指针，还要进一步考虑到指针变量指向的指针所指向的数据类型。

习题

1. 设有定义：int a=3,b;，则语句 b=*&a; 使 b 的值是多少？写程序验证。

2. 设指针 x 指向一个 int 型变量，这个 int 型变量的当前值为 25，则 printf("%d\n",*x=50); 的输出是什么？

3. 有定义：int i,j=7,*p=&i, *t=&j;，用指针写一条与语句 i=j; 等价的语句。

4. 有一个一维数组 float arr[10];，用指针方式给数组的每一个变量赋值，并求出它们的平均值。

5. 若有定义 int a[]={1,2,3,4,5,6,7,8,9,10},*p=a;，则表达式① p+=2,*(p++)　② p+=2, *++p　③ p+=3,*p++ 的值分别是什么？

6. 设有定义：char a[10]={"abcd"},*p=a;，则 *(p+4) 的值是什么？执行完语句 p++; 以及 printf("%s",p); 输出什么？a 作为指针指向的数据类型是什么？

7. 设有 int (*ptr)[10];，其中 ptr 指向的数据类型是什么？它与 int *ptrPoint[10]; 中的 ptrPoint 是什么区别？

8. 若有以下定义：int w[3][4]={{0,1},{2,4},{5,8}}; int (*p)[4]=w;，则：

（1）p 指向的数据类型是什么？w[0] 作为指针指向的数据类型是什么？

（2）下列表达式的值各是什么？

① *w[1] + 1　② p++,*(*p+1)　③ 2 [p[2]]　④ 2[w][1]

9. 若有如下定义和语句：

```
int **pp, *p, a=10,b=20;
pp=&p;p=&a;p=&b;printf("%d%d\n",*p,**pp);
```

则输出结果是什么？说明原因。

10. 阅读下列程序代码，写出程序运行结果，并分析说明。

```
#include<stdio.h>
int main(void)
{
    char *p=0;
    char s[]="ABCD";
    for(p=s;p<s+4;p++)
        printf("%s\n",p);
    return 0;
}
```

11. 定义一个函数，功能是把一个一维数组的数据逆序存放，要求用指针处理，并调用此函数加以验证。

12. 定义一个函数，功能是把一个字符串中的英文小写字母按相反的次序放置于该字符串中，要求应用指针。

13. 应用指向一维数组的指针，定义一个函数，计算并返回一个二维数组中所有数据的方差。

14. 定义一个函数，应用指针数组，把一个二维数组中各行的最大值按从小到大的顺序输出，不能改动二维数组各数据的值。

15. 定义一个函数指针变量及三个同类型的函数，利用指针调用这三个函数。

16. 应用指向 void 型的指针，把一个二维数组的数据全部复制到另一个相同大小的二维数组中。

17. 假设班级学生姓名存放在一个二维字符数组中，定义一个函数应用二级指针找出指定姓名的学生，如果找到返回该学生姓名在二维数组中的首地址。

结构体与枚举类型

在 C 语言中，不仅提供了基本数据类型，如 int、float 等，还有数组类型、指针类型和函数类型等数据类型。大家注意到，后面三种数据类型虽然名称上相同，但涉及具体类型时它们是不同的，例如有三个 int 型元素和四个 int 型元素的一维数组属于不同的数组类型；函数类型中，返回类型以及形参类型、个数和顺序不同属于不同的函数类型。本章要讲述的结构体类型也是这样一种数据类型，虽然都称为结构体类型，但由于构造不同，属于不同的结构体类型。

在 C 语言中，数组类型、指针类型、函数类型以及结构体类型都归为一个称为派生类型（Derived Types）的数据类型中。

作为一种派生类型，一个数组类型从其元素类型派生，它允许存储相同数据类型的对象，而本章介绍的结构体类型是由一组成员对象构建，每个成员对象都有一个可选的指定名称和可能不同的数据类型。也就是说结构体类型是一种能把不同数据类型的对象组合在一起，形成的一种新的数据类型。

在许多实际应用中，需要将不同数据类型的数据组合成一个有机整体，从而能够把这些信息组织成为概念上更易于理解、应用上更方便的类型，所以结构体类型的使用非常广泛。例如，一个学生有学号、姓名、性别、年龄、地址等属性，可以定义如下变量或数组以保存学生信息。

```
int num;
char name[20];
char sex;
...
```

很显然，如果是多个学生信息要处理，学生各项信息就得分别用数组表示或者再定义其他变量或数组，这种做法使得单个个体信息分散，给编程带来麻烦。结构体类型可以由用户根据需要，把不同类型的数据组合在一起，形成一种新的数据类型，这种新的数据类型把特定对象的多种信息作为一个整体来考虑，从而解决了单个信息分散带来的困难。

10.1 结构体类型

10.1.1 结构体类型的定义

定义一个结构体类型的格式一般如下：

```
struct tag
```

```
{
    member-list
    member-list
    ...
    member-list
};
```

通过上述方式就能定义结构体类型，类型名为 struct tag。其中，struct 为关键字，不能省略；tag 为结构体名，由用户自己命名，遵循合法标识符规则即可，tag 也可省略。member-list 是成员变量，例如 int i;、float f;、int a[10];、float *p[4]; 或者其他有效的定义，包括用结构体类型本身和后面要讲到的枚举类型定义的变量。例如：

```
struct student
{
    int num;            // 成员变量
    char name[20];      // 成员变量
    char addr[30];      // 成员变量
};
```

定义了一个新的结构体类型，类型名称为 struct student。注意 } 后面的 ";" 不能缺少且不要对成员变量赋初值。

为了提高结构体类型的灵活性，更好地模拟实际应用的数据结构，C 语言提供结构体类型的嵌套定义，也就是定义一个结构体类型时，成员变量可以是一个结构体类型变量。例如，一个学生除了上述的学号、姓名等信息外，还具有出生日期信息，可以把出生日期先定义成如下结构体类型：

```
struct day
{
    int year;
    int month;
    int day;
};
```

有了这个结构体类型，如果再去定义一个关于学生的结构体类型，它的成员变量中就可以加入 struct day 类型的变量。例如，再定义一个名为 struct Study 的结构体类型：

```
struct Study
{
    long int num;
    char name[20];
    char sex;
    struct day birthday;     // 这里就是一个结构体类型的成员变量
    char addr[20];
};
```

这种一个结构体成员变量中包含另一个结构体成员变量的定义方式，称为结构体类型的嵌套定义。

在 C 语言中，定义的不同结构体类型，即使它们的成员变量完全一样，也被看成是不同的结构体类型。

10.1.2 定义结构体类型变量

在定义了一种结构体类型以后，就等于又产生了一种新的数据类型，可以用这种数据类型定义变量。定义结构体类型变量有 3 种方式：

1. 先定义结构体类型再定义变量

例如，定义了结构体类型：

```
struct Student
{
    int num;
    char name[20];
    char addr[30];
};
```

完成这个结构体类型的定义后，就可以用"类型 变量名"的方式定义变量。例如，struct Student stuA,stuB;，这就定义了两个变量 stuA 和 stuB，它们都是 struct Student 类型。

2. 在定义类型的同时定义变量

```
struct Student
{
    int num;
    char name[20];
    char addr[30];
}stuA,stuB;
```

这样也定义了两个类型为 struct Student 的变量 stuA 和 stuB，这种方式定义完变量以后，以后还可以用第一种方式继续定义这种结构体类型的其他变量。

3. 直接定义结构体类型变量

前面讲定义一个结构体类型时说过，结构体类型的 tag 是可以没有的，这种结构体类型称为匿名结构体类型。要定义匿名结构体类型的变量，则只能在定义完一个结构体类型后立即定义变量，而且在后续代码中，不能再定义这种类型的变量。

```
struct
{
    int num;
    char name[20];
    char addr[30];
}stuA,stuB;
```

这种用法的好处是，如果只想定义少量几个这种结构体类型的变量，那么全局就只有这几种该结构体类型的变量，这样可以避免混淆。

既然结构体类型是一种数据类型，大家很容易想到，也可以用它来定义这种类型的数组、指针变量等。

与用其他基本数据类型定义的变量一样，一旦用结构体类型定义了变量，编译系统也为变量分配内存空间，这个内存空间首地址也是用"& 结构体变量名"方式获取。

10.1.3　结构体变量初始化

在结构体类型定义后，有三种方法对结构体类型变量进行初始化。

（1）结构体类型定义完成后，立即定义变量并用 {} 的方式赋初值。

```
struct Student
{
    long int num;
    char name[20];
    char sex;
    char addr[20];
} stu={10101,"lilin",'m',"123 Beijing road"};
```

这样变量 stu 的结构体成员变量就分别获取了对应的值。也可以只写出部分成员要赋值的量，如写成 stu ={10101,"lilin"};，所赋的值与成员变量的顺序一一对应，没有被赋的后续成员默认赋值成 0、'\0' 或 null 等。

如果不想给成员变量输入初始值，但又想初始化结构体变量，也可以写成：stu={0};，但不建议写成：stu={};，因为后者在一些编译器中被认为是错误的，例如 VC 类中的编译系统。

（2）定义完一个结构体类型以后，在其他地方定义这种类型的变量时，用 {} 的方式进行初始化。

如在一个文件的函数外定义了结构体类型 struct Student，则可以在一个函数体内用 struct Student stu={10101,"lilin",'m',"123 Beijing road"};进行初始化。这种方法也可以只赋部分成员变量数据，效果与第一种方法一样。

（3）顺序写入成员变量的初始化方法不够灵活的，常需要记忆结构体成员变量的顺序，而且当结构体成员变量比较多，又只想给少量成员变量初始化时会比较麻烦，对此 C99 标准后推出了新的语法，可以指定成员变量名进行初始化。这种方法在成员变量名前面加上成员选择符"."，然后使用 = 号的形式进行初始化，多个成员变量之间用逗号分隔。例如：

```
struct Student stu={.num=18, .name=" 张三 "};
```

这种语法规则有两个明显的好处，一是语义化表达，每个值对应哪个成员变量非常清晰；第二是成员变量顺序可以不一致。这种初始化方法与顺序初始化一样，没有被指定初始化的成员变量，会被自动初始化为 0 值。

这样的初始化方法称为声明式语法表达，它提升了代码可读性，是目前其他高级编程语言所流行的趋势，如 Go 语言的结构体也是这样初始化的，所以，学习了 C 语言后，再学习其他高级语言，会相对容易。

10.1.4　结构体类型变量的引用

引用结构体成员变量与引用基本数据类型变量有点不一样，为了访问结构体成员，要使用成员选择符（.），成员选择符是结构体变量名与要访问的结构成员之间的一个点号。例如，有定义 struct Student stu;，要给结构体中的两个成员变量赋值，可以用下面两条语句实现。

```
stu.num=98101;
strcpy(stu.name, "lin");
```

引用结构体类型变量要注意以下几点。

（1）结构体变量不能作为一个整体一次性输出或输入。例如不能写成：prinf("%d,%s,%c,%s",stu); 或 scanf("%d%s%c%s",&stu);，要分别访问到其成员变量，如可写成：scanf("%d%s",&stu.num,stu.name);。如果成员变量是结构体类型，还需要再访问其成员变量。例如，10.1.1 节中的 struct Study，如果定义了变量 struct Study stu;，则访问成员变量 birthday 中的成员变量，可以用如下语句实现。

```
stu.birthday.year=1999;
stu.birthday.month=12;
stu.birthday.day=20;
```

（2）相同结构体类型的变量之间可以相互赋值，不同结构体类型变量之间不允许直接赋值。例如，定义了如下两个 struct Student 类型变量，

```
struct Student stu1={4, "Cheng lin",'w',"100 Dongshan road"},stu2;
```

则可以用语句 stu2=stu1; 对 stu2 进行赋值，stu2 变量中的各成员值就被赋成了 stu1 变量中的各成员值。

如果 stu2 是另外一种结构体类型的变量，即使这两种结构体类型定义的成员变量完全一致，也不能用 stu2=stu1; 进行赋值。

（3）可以引用结构体成员变量的地址，也可以引用结构体变量的地址，例如，有 struct Student stu;，则下面两条输入输出语句是正确的。

```
scanf("%d", &stu.num);      // 输入 stu.num 的值
printf("%ld",&stu);         // 输出 stu 的首地址
```

例 10-1　给定一个结构体类型，定义两个这种结构体类型的变量 stu1 和 stu2，对 stu1 进行初始化，然后把 stu1 的值赋给 stu2，且修改 stu2 的两个成员值，最后输出这两个结构体类型变量的所有成员值。

```
#include<stdio.h>
struct student
{
    short num;
    char name[20];
```

```
        char sex;
        char addr[20];
};
int main(void)
{
    /* 定义两个结构体变量 stu1 和 stu2，并初值化 stu1 */
    struct student stu1={10101,"lilin",'m',"123 Beijing road"},stu2;
    stu2=stu1;              // 把 stu1 的值赋给 stu2，可赋所有成员变量的值
    stu2.num=10102;         // 给 stu2 的 num 成员变量赋值
    stucpy(stu2.name, "zhangxiao");   // 给 stu2 的 name 成员变量赋值
    /* 下面是输出结构体变量成员的值 */
    printf("no.:%hd name:%s sex:%c address:%s\n",stu1.num,stu1.name, \
           stu1.sex, stu1.addr);
    printf("no.:%hd name:%s sex:%c address:%s\n",stu2.num,stu2.name, \
           stu2.sex,stu2.addr);
    return 0;
}
```

程序运行结果如下：

```
no.:10101 name:lilin sex:m address:123 Beijing road
no.:10102 name: zhangxiao sex:m address:123 Beijing road
```

在例 10-1 中，结构体类型是在函数外部定义的，这意味着这种结构体类型在整个文件中有效，可以在该文件的任何一个函数内应用这种数据类型定义变量。如果一个结构体类型是在一个函数体中定义的，则只能在定义它的块内有效，这一点与第 8 章所讲述的变量作用域类似。

10.2 结构体类型的别名

在定义完一个结构体类型以后，再定义这种类型的结构体变量时，要写成"struct 结构体名 变量名"，这样写有点麻烦，为此，C 中提供了一个关键字 typedef，可以把结构体类型定义为一个别名，然后用这个别名去定义这种结构体类型的变量，而不用写成"struct 结构体名 变量名"的形式。例如：

```
typedef struct student
{
    long int num;
    char name[20];
    char sex;
    char addr[20];
}Student;
```

关键字 typedef 把整个结构体类型 struct student 定义为一个别名 Student，意思是 struct student 又称 Student。有了这个别名，就可以用"别名 变量名"定义 struct student 类型的变量。例如，Student stu; 就定义了一个名为 stu 的结构体类型变量，与 struct student stu; 的效果完全一样。

还可以用关键字 typedef 把同一种结构体类型指定为不同的数据类型别名，如指针形式的别名。例如：

```
typedef struct student
{
    long int num;
    char name[20];
    char sex;
    char addr[20];
}Student,*stuPtr;
```

这里，指定了两个别名，Student 是 struct student 结构体类型的别名，stuPtr 是指向 struct student 结构体类型的指针类型别名。

有了这些数据类型别名，就可以用它们定义变量，例如，Student stu; 定义了一个 struct student 类型的变量 stu；stuPtr sPtr; 定义了一个指向 struct student 类型的指针变量 sPtr。

stuPtr sPtr; 相当于 Student *sPtr; 或者 struct student *sPtr;。

10.3 结构体数组

既然结构体类型是一种特定的数据类型，那么，也就可以定义这种数据类型的数组。数组中的每个变量都是这种结构体类型。定义结构体类型如下：

```
typedef struct student
{
    short num;
    char name[20];
    char sex;
    char addr[20];
}Student;
```

现在就可以用它来定义数组，如定义一个一维数组 Student stu[5];（Student stu[5]; 等同于 struct student stu[5];）。此数组中有 5 个元素，每个元素都是 Student 类型。同样地，stu 这个数组名可作为指针指向该数组的第 0 个元素。

与基本数据类型一维数组一样，可以用顺序下标初始器、受指定的初始化器以及两种的混合对结构体类型的数组进行初始化。例如：

```
Student stu[5]={{1,"zhang",'M',"Anhui"},{2,"wang",'M',"Henan"}};
Student stu[5]={{[1]={1,"zhang",'M',"Anhui"},{2,"wang",'M',"Henan"}};
```

定义完数组后，要引用它的某个元素的成员变量，可使用"数组变量.成员变量"的方式进行。例如，要访问数组第 0 个元素的 num 成员变量，就可以写成 stu[0].num。

例 10-2　设有 3 个候选人，有 100 个人参与投票，每人只投一个候选人，每次输入一个被投的候选人的名字，最后输出 3 个候选人每人的得票数。

分析：可设计一个结构体类型，成员变量包括候选人姓名和得票数。程序首先定义一个结构体类型的一维数组，有 3 个元素，分别把各元素的姓名初始化为 3 个候选人的姓名，得票数初始化为 0。

用一个循环处理 100 个投票人的投票。在循环体中，首先用 gets() 函数接收一个投票人所投候选人的姓名，然后用一个循环把所投姓名与 3 个候选人的姓名比较，把相同名的那个候选人得票数加 1。循环结束后，输出每个人的得票数，代码如下：

```c
#include<stdio.h>
typedef struct person
{
    char name[20];              // 候选人姓名
    short count;               // 候选人得票数
}Person;
int main(void)
{
    char leader_name[20];      // 存放参与投票者所投的候选人姓名
    // 定义一个元素为 Person 类型的一维数组并初始化
    Person leader[3]={{"li",0},{"zhang",0},{"hong",0}};
    for(int i=1;i<=100;i++)    // 对 100 个投票人所投的候选人进行分析处理
    {
        printf("请输入所投的候选人姓名：\n");
        gets(leader_name);     // 输入所投的候选人姓名
        /* 循环的作用是确定是哪一个候选人，并为其票数加 1*/
        for(int j=0;j<3;j++)
            if(0==strcmp(leader_name,leader[j].name))    // 姓名相同则票数加 1
                leader[j].count++;
    }
    printf("\n");
    for(int i=0;i<3;i++)       // 输出各候选人姓名和得票数
        printf("%10s:%hd\n",leader[i].name,leader[i].count);
    return 0;
}
```

10.4 指向结构体类型的指针

利用结构体类型也可以声明指向结构体类型的指针变量，以 10.3 节定义的结构体类型为例，要定义一个指向 Student 型数据的指针变量，可以写成：

```c
Student *p;
```

这里的 p 是一个指针变量，在一般编译器中占 4 或 8 字节的长度。p 指向的内存空间存放的是 Student 类型的数据。

指向结构体类型的指针变量在引用结构体的成员变量时，要用"->"指定其成员。例如，p->num; 表示引用 p 指向的结构体类型数据中的 num 成员变量。

有人可能很快想到，也可以用"(*p). 成员"来引用成员变量，这个很好理解，p 是指针，*p 就为 p 指向的结构体变量。看下面的实例。

例10-3 声明一个结构体类型，并用 typedef 定义它的不同形式，赋给变量数据后，用指针的方式将其输出。

```
#include<stdio.h>
typedef struct student
{
    long num;
    char name[20];
    char sex;
    float score;
}Student,*Ptr;
int main(void)
{
    Student stu;                // 定义了一个结构体类型的变量 stu
    //Student *p;               // 定义了一个结构体指针变量 p
    Ptr p;                      // 定义结构体类型指针变量 p，与上一行注释处定义效果一样
    p=&stu;
    stu.num=89101;             // 也可以写成 p->num=89101;
    strcpy(stu.name,"lilin");  // 字符数组成员用 strcpy 赋值
    stu.sex='m';
    stu.score=89.5;
    printf("no.:%ld,name:%s,sex:%c,score:%f\n", \
            stu.num,stu.name,stu.sex,stu.score);
    printf("\n\n\nno.:%ld,name:%s,sex:%c,score:%f\n", \
            (*p).num,(*p).name,(*p).sex,(*p).score);
    printf("\n\n\nno.:%ld,name:%s,sex:%c,score:%f\n", \
             p->num,p->name,p->sex,p->score);
    return 0;
}
```

上述代码中，三个 printf 语句给出了三种不同的输出代码，结果一样。

对于一个结构体类型的变量，经常需要用到其成员变量的地址，这可以用 & 获取。例如有 Student stu;，则 &stu.num 就得到 stu 成员变量 num 的地址；有 Student *stuPtr; 则 &stuPtr->num 得到 stuPtr 指向结构体成员变量 num 的地址。

考虑到结构体类型是一种数据类型，当然也可以声明指向这种类型的一维指针数组或二维指针数组等，数组中的每一个数据都是指针，都指向结构体类型。例如，Student *ptr_stu [5]; 或 Student *ptr_stu[5][6] 等。

也可以定义指向一维数组的指针变量，例如，Student (*ptr_stu)[5];，这里的 ptr_stu 是一个指针变量，它指向的数据类型是具有 5 个 Student 类型元素的一维数组。

总之，结构体类型虽然是一种用户自己定义的数据类型，但它与 C 语言中给定的基本类型的使用方式基本一样。

10.5 结构体类型数据作为函数参数

结构体类型是一种数据类型，函数形参中可以使用这种数据类型的形参变量，用于接收同种结构体类型的实参值。调用函数时，实参把它的所有成员变量的值复制给形参变量。

例 10-4   在 main() 函数中，定义一个结构体变量，输入它的成员值，然后，定义一个函数输出该结构体类型变量的各成员值。代码如下：

```c
#include<stdio.h>
typedef struct student
{
    long num;
    char name[20];
    char sex;
    float score;
}Student;
void print(Student stu)    //定义结构体类型的形参，接收实参变量值
{
    printf("no.:%ld name:%s sex:%c score:%-5.1f\n", \
        stu.num,stu.name,stu.sex,stu.score);
}
int main(void)
{
    Student stu_1={89101, "lilin",'m', 89.5},stu_2;
    print(stu_1);              //调用函数。调用时把 stu_1 中的成员变量值复制给形参 stu
    stu_2=stu_1;              //相同结构体类型变量之间可以直接赋值
    print(stu_2);
    return 0;
}
```

这段代码中，main() 函数在调用 print() 函数时，把变量 stu_1 的所有成员值全部复制给形参 stu，在执行 print() 函数时，实质上是操作形参接收到的数据。输出结果如下：

```
no.:89101 name:lilin sex:m score:89.5
no.:89101 name:lilin sex:m score:89.5
```

当然，也可以用指针的方式完成上例功能。代码如下：

```c
#include<stdio.h>
typedef struct student
{
    long num;
    char name[20];
    char sex;
    float score;
}Student,*S;              //定义了一个指针类型别名
void print(S p)          //一个指向结构体类型的指针变量作为形参
{
    printf("no.:%ld\nname:%s\nsex:%c\nscore:%f\n", \
        p->num,p->name,p->sex,p->score);
}
int main(void)
{
    Student stu_1={89101, "lilin",'m', 89.5};
```

```
    print(&stu_1);        // 把变量 stu_1 的地址复制给形参 p
    return 0;
}
```

这段代码中，print(S p) 中的形参 p 是一个指针变量，它指向的是 Student 类型，因此，main() 函数在调用 print() 函数时，实参应该是 &stu_1，此时，形参 p 得到的是 stu_1 的地址值，并不是 stu_1 的所有成员变量值，执行 print() 函数时实质上是直接访问 main() 函数中的变量 stu_1。在实际中，为防止 print() 函数代码误修改 main() 函数中 stu_1 的成员值，可以把 print() 函数的函数首部写成 print(const Student *p)（见 9.14.2 节）。

结构体类型的数组也可以作为参数传递，这些都与前面讲的基本类型数组方式一样。

10.6 动态申请内存空间

10.6.1 malloc()、realloc() 及 free() 函数

前面讲过，指针变量本身是用来存放地址的，例如有 int *p;，编译器为变量 p 申请一个空间，存放一个指针数据。但是，在定义后，如果执行语句: *p=5;，则 5 是存放到 p 所指向的空间中的，然而，p 此时的值可能是一个垃圾值，其指向的空间往往不允许使用，因此，5 这个值也就不能有效存放。下面的代码是不正确的:

```
int *p;
*p=5;
```

为解决类似的有数据但没有有效内存存放的问题，C 语言中提供了用于申请内存空间以存放数据的函数，其中 malloc() 函数经常使用，其函数原型为:

```
void *malloc(size_t  size);
```

这里 size 指定要申请的空间大小，以字节为单位，在标准 C 中通过 typedef 将无符号整型定义为 size_t。这个函数的功能是申请大小为 size 且逻辑上连续的内存空间，并返回该空间的首地址，如果不成功返回 NULL。malloc() 函数本身并不清楚申请的空间存放什么类型的数据，所以给定的返回类型为 void* 型（见 9.12 节），编程人员申请这个空间后需要存放什么类型的数据可以应用强制类型转换。

例如 malloc(100);，就是申请 100 字节大小的空间。malloc() 函数如果申请成功，就可以用这些内存空间存放数据。这个申请来的空间如果需要存放 Type 数据类型，则可用 Type* 进行强制转换。例如，申请 100 字节的空间存放 int 型数据，可以写成:

```
int *p;
p=(int *)malloc(100);
```

这里 p 得到了申请空间的首地址，并通过强制转换，指定此内存空间存放 int 型数据。如果一个 int 型数据占 4 字节，那么申请到的内存空间就可以存放 25 个 int 型数据。

图 10-1 所示为用代码 p=(int *)malloc(100); 申请的空间（每一个小方格表示 1 字节），假设其首地址是 1000，则执行 *p=5; 这样的语句就可以把 5 存放在 1000 开始的内存空间中。

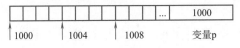

图 10-1　malloc() 函数申请空间的示意图

注意到，malloc() 函数必须提供要申请的字节数，而编程人员一般都知道要存放多少个数据，却并不很清楚一个数据占多少字节，一是因为各系统中的数据类型规定的字节数可能不大一样，二是有些派生类型，一个变量的字节数要进行计算，且在同一个系统中所占的字节数都可能不一样，例如结构体类型，如果成员变量多也难以手动计算，另外，其成员变量顺序不同，整个结构体类型变量所占内存大小也可能不一样，所以在用 malloc() 函数申请空间时，一般应用 sizeof 运算符获得数据对象的数据类型所占的字节数，然后再乘以数据对象个数以获取应该申请的字节数。例如，要申请能存 k 个 int 型数据的内存空间，就可以写成：

```
p=(int *)malloc(sizeof(int)*k);
```

在实际应用过程中，由于要存放的数据个数事先没有确定值，例如，银行来人登记，因此，也就很难确定一个 k 值，所以在程序执行过程中，如果发现用 malloc() 函数申请的内存空间不够使用或者多了，可以利用 realloc() 函数调整空间大小。realloc() 函数的原型为：

```
void *realloc(void *ptr, size_t size);
```

第一个参数 ptr 是重新申请空间的首地址，size 是字节数。即从 ptr 这个地址开始重新申请大小为 size 字节的空间。用 realloc() 函数重新申请的空间并不损害原来空间上已存放的数据。

realloc() 函数一般用于调整 malloc() 函数申请的空间大小，所以 ptr 一般就设定为 malloc() 函数返回的地址，然后，size 设定为更大或更小的数。例如，原来已经使用 malloc() 函数申请了能存储 k 个 int 型数据的空间，由于数据量的增加，这个空间不够，可以用

```
p=(int *)realloc(p,sizeof(int)*(k+n));
```

对空间进行扩展，此时，空间就可以存放 k+n 个 int 型数据，值得注意的是 realloc() 函数得到的内存空间可能不是 malloc() 函数原申请的空间，因此，"p=" 不能丢。

有了 realloc() 函数，就可以不用先确定非常大的空间，而是先申请少量的空间，等空间不够时，再用 realloc() 函数增加。

用 malloc() 和 realloc() 函数申请的空间不能被系统自动释放，因此，即使这些空间在程序中已经不用，别的程序也不能用。所以 C 中提供了一个专门的函数 free(地址) 来释放这些空间。例如 free(ptr);，就释放了 ptr 指向的空间。为防止出现野指针，最好再加上 ptr=NULL;。

例 10-5　编写一个程序，功能是在某单位登记来人姓名、进入时间和电话号码等信息，并可以输出所有来人信息。

分析：可以定义一个结构体类型，把来人需登记的信息作为成员变量。因为来人的个数事先不能确定，不好直接定义一个一维数组来存放，所以就先用 malloc() 函数申请能存放 n

（如 10）个人信息的内存空间，当空间不够时，再用 realloc() 函数在原有基础上增加能存放 m（如
5）个人信息的空间。处理完成后，释放 malloc() 函数或 realloc() 函数申请的空间。

```
#include<string.h>
#include<stdio.h>
#include<stdlib.h>
typedef struct personInfo
{
    char name[20];
    char tel[13];
    char time[20];
} Person;
int main(void)
{
    // 下面两个变量前者表示已来的人数，后者表示现有空间可存放数
    unsigned personNum=0, numtosaved=10;
    Person *ptr=0;
    // 先申请能存 numtosaved 个数据的内存空间
    ptr=(Person *)malloc(sizeof(Person)*numtosaved);
    if(NULL==ptr) return0;
    while(1)                        // 此循环处理来人登记，直至把姓名输入成 "-1" 为止
    {
        printf(" 来人姓名：");
        gets(ptr[personNum].name);
        if(0==strcmp(ptr[personNum].name,"-1"))       // 如果姓名为 -1，结束登记
            break;
        printf(" 来人电话：");
        gets(ptr[personNum].tel);
        printf(" 来人时间：");
        gets(ptr[personNum].time);
        personNum++;                         // 已来人数加 1
        if(numtosaved==personNum)            // 判断内存空间大小，不够就再申请
        { // 不够时增加 10 个数据空间
            ptr=(Person *)realloc(ptr,sizeof(Person)*(numtosaved+10));
            numtosaved+=10;                  // 可装人数加 10
        }
    }
    for(int i=0;i<personNum;i++)   // 输出信息，考虑为什么可用数组 ptr[i]
        printf("%-15s%-16s%-18s\n",ptr[i].name,ptr[i].tel,ptr[i].time);
    if(ptr!=NULL)
    {
        free(ptr);                   // 释放空间，注意加上下一条语句
        ptr=NULL;
    }
    return 0;
}
```

程序运行的一种实例结果如下：

```
来人姓名：wang hai↵
```

```
来人电话: 1510561223↵
来人时间: 03-21-8-45↵
来人姓名: li qing↵
来人电话: 1897564234↵
来人时间: 03-21-8-55↵
来人姓名: cheng min↵
来人电话: 1594621357↵
来人时间: 03-21-9-5↵
来人姓名: -1↵
wang hai      1510561223      03-21-8-45
li qing       1897564234      03-21-8-55
cheng min     1594621357      03-21-9-5
```

10.6.2　结构体内存对齐

一个结构体类型数据所占内存并不一定是各成员变量所占内存的和，它与不同的编译器有关，为掌握这个机制，先看一下结构体内存的处理方式。例如，定义如下一个结构体类型：

```
struct Person
{
    int id;
    char sex;
    short age;
};
```

在 64 位 gcc 编译器中，int 型占 4 字节，char 型占 1 字节，short 型占 2 字节，加起来是 7 字节，但如果用 sizeof(struct Person) 求整个结构体类型的大小，返回的字节数是 8。如果定义时，把结构体成员变量 id 和 sex 调换一下顺序，这个字节数又变成了 12。

产生这种现象的原因是编译器为了提升内存访问的性能，会对结构体数据进行分组访问。例如，在用 32 位存放一个 int 型数据的硬件平台上，通常将每 4 字节分成一组进行访问，这样可以提升内存访问效率。上面实例的结构体中有三个成员变量，如果不分组，正常情况下要向内存逐字节地读取数据，这样效率会比较低，但是分组访问就不一样了，假设约定 4 字节为一组，那么 int id 正好是 4 字节，第一组就访问它，剩下的 char sex 和 short age 加起来总共 3 字节，正好可以凑成第二组，这样一来，三个变量，只需要分两次访问即可，这样的访问策略减少了对内存的访问次数，提升了程序执行性能，这也就是整个结构变量的内存变成 8 字节的原因。例如：

```
struct Person person={.id=20,.sex='T',.age=27};
```

则变量 person 的内存如图 10-2 所示（最左边是其他数据，后面每格表示一个字节，84 为 'T' 的 ASCII 码值）。

| 0x0070DBA | +20 | +0 | +0 | +0 | +84 | * | +27 | +0 |

图 10-2　变量 person 的内存示意图

这里内存的值用十进制表示，其中 * 表示此字节没有用到。

但如果把 id 和 sex 换一下,也按照 4 字节一次提取,因为后面的 id 占 4 字节,不能拆开访问,所以不放在 sex 剩下的字节中,只有把 sex 这 1 字节的数据分配 4 字节,后面的 id 也分配 4 字节,这导致编译器把三个成员变量都分配 4 字节去存放。例如:

```
struct Person person={.sex='T',.id=20,.age=27};
```

则 person 就变成了图 10-3 所示的存储方式。

| 0x0070DBA | +84 | * | * | * | +20 | +0 | +0 | +0 | +27 | +0 | * | * |

图 10-3 调用成员变量顺序后,变量 person 的内存示意图

显然,第一个 4 字节中有三个字节没有用到,最后 4 个字节有两个没有用到。

这就是 C 语言中结构体内存对齐。它提示用户在声明结构体成员变量时,不要随意写成员变量的顺序,要有意识地安排变量的顺序以适应内存对齐,这样可以减少结构体占用的内存大小。特别是定义的结构体类型用于定义长度很大的数组时,更应该注意成员变量的顺序。

不同的编译系统,其结构体内存对齐的规则也不尽相同,并不是全部按照 4 字节对齐。Windows 下的 VC 编译系统,主要按照 4 字节或 8 字节对齐,而 Linux 下的 gcc 则使用 2 字节或 4 字节对齐,这个对齐参数被称为对齐模数。也可以通过预编译指令进行设置以更改这个对齐模数,格式如下:

```
# pragma pack(n)
定义的结构体类型
# pragma pack()
```

写成 # pragma pack(n) 表示在系统默认对齐大小与 n 两个数据中,取较小的一个作为当前对齐的大小。

如果不想优化性能,在某些特殊场景下,不希望某个结构体做内存对齐,则可以使用 # pragma pack(1) 和 # pragma pack() 加以处理。格式如下:

```
# pragma pack(1)
定义的结构体类型
# pragma pack()
```

例如:

```
# pragma pack(1)
struct person
{
    int id;
    char sex;
    short age;
};
# pragma pack()
```

此时 sizeof(struct person); 在 TDM-GCC 4.9.2(64bit) 中返回的结果为 7。

10.7 用指针处理链表

数组中各元素在内存空间中是顺序存放的，知道一个元素的地址就可以推算出其他元素的地址，从而可以访问各元素。但这有一个问题，如果要删除、增加或插入元素，还要保持这种元素顺序，处理起来计算量要大些。例如，删除一维数组中的一个元素，就要把这个元素后面的所有元素顺序向前移一个位置。

下面介绍一种数据的存储结构，可以使插入和删除比数组快，且能保证数据之间的前后顺序关系，这就是单链表。链表不用事先确定大小，可以根据具体情况随时增加或减少，所以这种方式避免了数组容易造成空间浪费和不足的问题，因为数组要事先确定元素个数。

单链表是以结点方式存放数据的，一个结点由两部分组成，一部分存放元素数据，称为数据域，另一部分存放它的后一个结点的指针，称为地址域。后续没有结点时，地址域的值为 0。一个实例如图 10-4 所示。

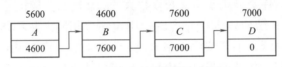

图 10-4　一个简单链表实例图

图 10-4 中有 4 个结点，结点最上面的数据是该结点在内存中的首地址（地址值是假设的），箭头表示地址指向的空间。大家注意到它们在内存中存放的顺序是不连续的，例如第二个结点的存放地址比第一个结点的还小。

通常用一个指针变量存放指向单链表第一个结点的指针，称头指针。如果知道头指针值，就可以获取第一个结点，应用它的地址域值就可得到此结点的后一个结点，依此类推，即可顺序访问所有结点。

这样的存储方式，使得向链表中插入或删除一个结点时，只要调整少数结点的地址成员变量值，而不需要顺序移动数据，算法在 10.8 节阐述。

下面用 C 语言编写一个单链表。根据前面的分析，要创建这种链表，首先应定义一个结构体类型作为其结点数据类型。格式如下：

```
struct tag
{
    Number_list         // 表示定义的数据域成员变量
    struct tag *next ;  // 这个成员用来存放下一个结点的地址
};
```

这个结构体类型与前面讲的有点不同，它的成员变量包含了结构体类型本身，用于定义指向这种结构体类型的指针变量。例如，定义一个能存入学号和成绩数据的结构体类型如下，其数据域有两个成员变量。

```
struct student
{
    int num;
    float score;
```

```
    struct student *next ;// 这个成员用来存放指向下一个结点的指针值
};
```

例 10-6   定义三个 struct student 型变量，把它们链接成一个单链表。

分析：首先定义三个结构体类型的变量，假设为 stu1、stu2、stu3，再定义一个指向头结点的指针变量 head，首先把其中一个结点（如 stu1）的地址赋给 head，然后把 stu2 的地址赋给 stu1 的地址域成员变量，最后把 stu3 的地址赋给 stu2 的地址域成员变量，因为 stu3 是最后一个结点，因此，把它的地址域成员变量赋成 0，表示链表结束。具体代码如下：

```
#include<stdio.h>
typedef struct student
{
    int num;
    float score;
    struct student *next ;
} Student;
int main(void)
{
    Student stu1,stu2,stu3,*head;
    stu1.num=1001;stu1.score=98;
    stu2.num=1002;stu2.score=85;
    stu3.num=1003;stu3.score=90;
    head=&stu1;                 // 把 stu1 的地址赋给 head
    stu1.next=&stu2;            // 把第二个结点的地址赋给第一个结点的 next
    stu2.next=&stu3;            // 把第三个结点的地址赋给第二个结点的 next
    stu3.next=NULL;             // 把第三个结点的 next 赋成 0，链表结束
    return 0;
}
```

main() 函数体中的第 1 行声明了 3 个 Student 类型的变量作为结点，1 个指向 Student 类型的指针变量用于存放头指针。假设 stu1、stu2、stu3 的地址分别是 8000、7500、9000，如图 10-5 所示。

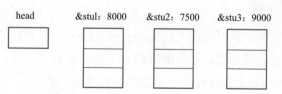

图 10-5   四个变量的内存空间示意图

第 2 到第 4 行赋三个变量的成员值，如图 10-6 所示。

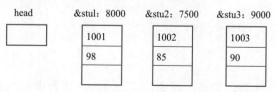

图 10-6   三个结构体变量赋值后的内存示意图

第 5 行到第 8 行是赋地址语句，所以 head 的值被赋为 8000，stu1.next 的值为 7500，stu2.
next 的值为 9000。因为第三个结点是链表的最后一个结点，所以 stu3.next 的值赋成 0，如
图 10-7 所示。

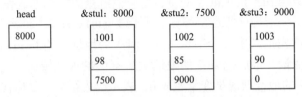

图 10-7　执行第 5 行到第 8 行语句后，变量值示意图

如果 head 或 next 的值是某个结点的地址值，画图时通常用箭头加以指向，而不写出 next
的值，如图 10-4 所示的箭头。因为编程人员并不清楚具体的地址值，这里只是为说明清楚问
题而假设的地址，目的是方便理解。

对于一个单链表，如果获取了链表的头指针 head，就可以遍历所有结点。下面的函数，
用于输出上述链表中各结点数据域成员变量的值。

```
void print(Student *head)
{
    Student *p=head;   //初始化 p 为 head 的值，即指向第一个结点
    while(p!=0)
    {
        printf("%d,%5.1f\n",p->num,p->score);   //输出结点成员的值
        p=p->next;       //把 p 指向下一个结点
    }
}
```

10.8　动态链表

10.8.1　创建动态链表

所谓动态链表是指在程序执行过程中从无到有建立起一个链表，即一个一个地申请结点空
间并输入各结点数据，然后建立结点间的前后相连关系，形成一个链表。

例 10-7　定义一个函数建立保存 *n* 个学生数据的动态链表。定义的结构体类型为：

```
struct student
{
    long num;
    float score;
    struct student *next;
};
```

分析：要创建这样的链表，就要不断地使用 malloc() 函数申请内存空间以存放结点的值，
一个结点申请内存空间完成后，可以为相应的数据赋值，然后把结点接入链表中。因此创建链

表的整个过程可用一个循环来处理。

因为单链表需要知道它的头指针才可以有效访问链表各结点的数据，所以要定义一个指向结构体类型的指针 head，用于存放链表头结点的地址，如果定义一个函数用于创建单链表，则此函数要返回 head，以便其他代码应用此链表。

这里定义了两个变量 tempnum 和 tempScore，用于预先接收结点 num 和 score 成员变量数据，且约定输入的 tempnum 为 -1（根据情况可约定其他值）时，链表创建结束，不再申请结点空间，那么创建一个单链表的基本步骤可以为：

```
scanf("%d%f",&tempnum,&tempscore);      // 输入数据域数据
while(tempnum!=-1)
{
    // 此处书写代码，申请结点空间，完成成员变量赋值，建立结点间连接
    scanf("%d%f",&tempnum,&tempscore); // 继续输入其他结点数据域数据
}
```

在循环体中，用 malloc() 函数申请一个结点空间，返回值赋给一个指针变量 p1，并把 tempnum 和 tempScore 的值赋给结点的成员变量 num 和 score，next 赋为 0。

当输入的是第一个结点时，把 p1 的值赋给 head，也就是使 head 指向链表的第一个结点，因为此时只有一个结点，不需要进行结点间的链接处理。但为了方便后面前后结点之间的链接，这里再定义一个指针变量 p2，让它指向第一个结点，以后用 p2 一直指向新建结点的前一个结点，如图 10-8 所示（假设 p1 的值为 20000，结点成员变量值分别为输入的 tempnum 和 tempScore 值）：

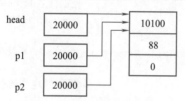

图 10-8　建立第一个结点并输入数据后的内存示意图

当用 malloc() 函数申请第二个结点空间时，返回值赋给 p1（假设值为 19100），把数据 tempnum 和 tempscore 赋给结构体成员变量 num 和 score，并且把 next 赋成 0。与第一个结点不同的是，此时不需要把 p1 赋给 head。

现在有了两个结点，就需要进行链接。因为 p2 指向这个新建结点的前一个结点，所以只需要执行 p2->next=p1; 就可以把两者链接起来，如图 10-9 所示。

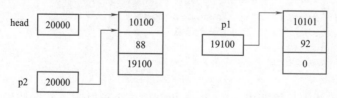

图 10-9　建立第二个结点并与第一个结点链接

此时，为了方便后面新申请结点的链接，把 p2 赋成 p1。用图 10-9 中的数据，就是把 p2 的值由 20000 改成 19100。然后再用 scanf() 函数接收下一个要建立的结点成员值，开始新一轮循环。定义动态创建一个单链表的函数代码如下。

```
struct student *create()              // 返回一个结构体类型的指针，以返回 head
{
    struct student *head=0,*p1,*p2;    // 这里 head 的初始值要赋 0
    int n=1,tempnum;
    float tempscore;
    scanf("%d%f",&tempnum,&tempscore);
    while(tempnum!=-1)
    {
        if(1==n)                       // 区分第一个结点和后续结点
        {
            head=p1=p2=(struct student *)malloc(sizeof(struct student));
            if(NULL==p1)return 0;
            p1->num=tempnum;           // 把输入的数据赋给相关成员变量
            p1->score=tempscore;       // 把输入的数据赋给相关成员变量
            p1->next=0;
            n++;                       //n 加 1 以后，下一个结点就执行下面 else 中的语句
        }
        else                           // 不是第一个结点
        {    // 新开结点空间，并赋给成员变量值
            p1=( struct student *)malloc(sizeof(struct student));
            if(NULL==p1) return 0;
            p1->num=tempnum;
            p1->score=tempscore;
            p1->next=0;
            p2->next=p1;               // 把新结点和上一个结点连起来
            p2=p1;                     // 把 p2 指向新建结点，为下次链接作准备
        }
        scanf("%d%f",&tempnum,&tempscore);    // 再接收输入数据
    }
    return head;                       // 返回所建单链表的头指针
}
```

上述代码实现了一个单链表的创建，下面定义一个输出单链表数据域值的函数。代码如下：

```
void print(struct student *head)
{
    struct student *p=head;
    while(p!=0)
    {
        printf("%d,%5.1f\n",p->num,p->score);
        p=p->next;        //p 指向下一个结点
    }
}
```

现在可以在主函数中直接调用 create() 函数创建一个单链表，然后调用 print() 函数输出链表中各结点数据域的值。代码如下：

```
#include<stdio.h>
#include<stdlib.h>
```

```
struct student
{
    long num;
    float score;
    struct student *next;
};
int main(void)
{
    struct student *head,*p,*p1;
    p=head=create();          // 创建链表，得到链表的头指针
    print(head);              // 输出链表中除 next 以外的成员值
    while(p!=0)               // 释放链表所有结点的内存空间
    {
        p1=p;
        p=p->next;            // p 指向下一个结点
        free(p1);             // 释放 p1 指向的空间
        p1=NULL;
    }
    return 0;
}
```

10.8.2 在链表中插入结点

向链表插入结点是指将一个结点插入到一个链表的某个指定的位置中。为了能做到正确插入，必须解决以下两个问题：

（1）找到插入的位置。

（2）实现插入，就是把新结点链接到链表中。

下面通过一个实例说明如何实现结点的插入。基本思路：如果一个链表的结点是按成员变量 num 的值从小到大排序，现在有一个地址为 p0 的结点要插入到这个链表中且也按 num 排序，可分为以下三种情况实现：

（1）如果链表是空的，即 head 的值为 0，则插入这个结点只要把 p0 的地址赋给 head，即可完成插入。

（2）如果链表不空，且 p0->num 不大于链表中的最大值，则从头结点开始向后循环，当 p0->num 的值第一次小于或等于链表中某结点的值，则 p0 要插入到这个结点的前面。如图 10-10 所示，如果 p0->num 的值是 90，则要插入到 93 结点的前面。

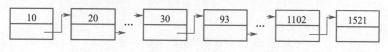

图 10-10　一个成员值排序好的链表实例

（3）如果 p0->num 的值比链表中所有的值都大，则接到尾部。

第（1）种情况的实现很简单，后面两种情况通常用一个循环从头结点开始一个一个往后查找，当找到第一个比 p0->num 大的结点或者达到了链表结尾为止。第（2）和第（3）种情况确定插入位置的代码如下：

```
p1=head;
p0=&stud;            // stud 是要插入的结点变量
while((p0->num > p1->num)&&(p1->next!=0))
{
    p2=p1;           // 结合下一条语句，p2 始终指向 p1 的前一个结点
    p1=p1->next;
}
```

当循环不是以 p1->next 值为 0 结束时，说明链表结点中至少有一个结点的 num 值大于或等于 p0->num。这就是第（2）种情况，这里又有两种形式需要用不同的代码分别处理：

①如果 p1 与 head 相等，则表明，p0->num 不大于第一个结点的 num，p0 应该作为链表的头结点，原来的头结点放在 p0 的后面，实现这种情况的插入，只需要执行以下语句：

```
head=p0; p0->next=p1;
```

②如果 p0->num 的值在两个结点的 num 值之间，只需要执行如下语句即可实现插入：

```
p2->next=p0;  p0->next=p1;
```

如果是第（3）种情况，则循环是仅以 p1->next 值为 0 结束，说明 p0->num 比链表中所有结点的 num 值都大，则只要用下面两条语句把 p0 接到链表的最后。

```
p1->next=p0;  p0->next=0;
```

综上分析，把一个结点插入到一个按某个成员值排序好的链表相应位置需要考虑不同的情况，针对不同情况进行处理。插入的函数代码如下：

```
struct student *insert(struct student *head, struct student *p0)
{
    struct student *p1=0,*p2=0;
    p1=head;
    if(head==NULL)                       // 第 (1) 种情况，链表为空
    {
        head=p0;
        p0->next=0;
    }
    else                                 // 第 (2) 和第 (3) 种情况
    {
        // 先找 p0 应插入的位置
        while((p0->num>p1->num)&&(p1->next!=0))
        {
            p2=p1;                       //p2 指向下一个 p1 的前一个结点
            p1=p1->next;
        }
        if(p0->num<=p1->num)             // 处理第 (2) 种情况
        {
            if(head==p1)                 // 第①种形式，p0 为链表头
                head=p0;
            else                         // 第②种形式，p0 在两个结点中间
```

```
            p2->next=p0;
            p0->next=p1;                    // p1 接到 p0 的后面
        }
        else                                // 处理第 (3) 种情况，p0 插入到链表的尾部
        {
            p1->next=p0;
            p0->next=0;                      // next 赋成 0，表示链表的结尾
        }
    }
    return head;
}
```

注意到上述代码的最后一条语句，要返回 head，这是因为插入过程中，链表的头指针值可能会改变。

对于插入结点，还有一种经常遇到的情况，就是给定一个要插入结点和一个没有排序的链表，要求把结点插入到链表指定的位置（例如，插入到第 3 个结点的前面），这个问题读者自己编程实现。

10.8.3　在链表中删除一个结点

在一个单链表中，通常会有删除一个结点的操作。一般的思路是，找到要删除的结点，将其删除，然后将删除结点的前后两个结点连接起来，但由于链表的各种情况，需要程序代码考虑周到。下面以删除成员值 num 为指定值的结点为例，说明删除结点的步骤。

如果 head 为 0，链表为空，则直接输出错误提示并返回。

如果 head 不为 0，即链表不为空。先找到要删除的结点，找到后删除，并连接它的前后结点。思路是定义一个指向结构体类型的指针变量 p1 指向第一个结点，即 p1=head，然后用一个循环让 p1 顺序指向每个结点，直到 p1 指向应该删除的结点为止，即它的成员值 num 与指定值相等。为方便删除结点后链表的重新连接，在搜索过程中终始用一个指针 p2 指向 p1 指向结点的前一个结点。代码段如下：

```
p1=head;
while(num!=p1->num&&p1->next!=0)          // 查找要删除的结点位置
{
    p2=p1;
    p1=p1->next;
}
```

如图 10-11 所示，假设执行循环后，p1 指向了要删除的结点，p2 指向它的前一个结点。

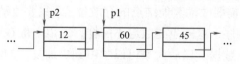

图 10-11　删除结点示意图

那么，只要用语句 p2->next=p1->next; 即可把中间结点移出链表，这也适合于 p1 指向最后一个结点的情况，因为此时 p1->next 是 NULL，所以执行上述语句 p2->next=p1->next; 后，p2

的 next 值也是 NULL，p2 就成了链表的最后结点。

当用循环查找到要删除的结点后，图 10-11 所示的情况只是一般性的情况，还有两种可能出现的情况需要分别用不同的代码处理：

（1）p1 指向第一个结点，则表明要删除的是第一个结点，此时链表的 head 要指向链表的第二个结点，这可以用语句 head=p1->next; 解决。

（2）p1 指向链表的最后一个结点但 p1->num 不等于 num，此种情况说明没有要删除的结点，这要直接返回 head 或输出提示。

综上，删除指定成员值结点的函数代码如下：

```c
struct student *del(struct student *head, int num)
{
    struct student *p1=0,*p2=0;
    if(head==0)      // 链表本来为空
    {
        printf("\n List Null!\n");
        return head;
    }
    // 以下解决链表不为空的情况
    p1=head;
    while(num!=p1->num&&p1->next!=0)         // 查找要删除的结点位置
    {
        p2=p1;
        p1=p1->next;
    }
    if(num==p1->num)            // 如果找到要删除的结点
    {
        if(p1==head)            // 要删除的是第一个结点
            head=p1->next;
        else                    // 要删除的是第一个结点以外的其他某个结点
            p2->next=p1->next;
        printf("\n\n  delete:%ld\n",num);
        free(p1);               // 释放移出链表的结点空间
        p1=NULL;                // 防止出现野指针
    }
    else                        // 没找到要删除的结点
        printf("\n not been found!\n");       // 没找到要删除的结点
    return(head);
}
```

一个链表存放数据，从逻辑上看是顺序存放的，但它在内存中又不是顺序存放的。在链表中插入和删除结点时，并不需要改动其他结点的存放位置，只要改动结点的地址域成员变量值，即可保证数据在逻辑上的顺序，这一点与数组不一样，所以一般在频繁插入或删除的顺序结构数据中，通常应用链表存放数据。以后大家可以学习到更加复杂的链表结构，以适应各种实际应用。

*10.9 结构体位域

前面定义一个结构体类型时，成员变量的定义是数据类型加变量的形式，但定义结构体时可以指定某个成员变量在内存中所占用的二进制位个数，这就是结构体的位域。例如：

```
struct student
{
    unsigned id;
    unsigned age: 4;
    unsigned char grade: 6;
};
```

在这个结构体类型中，":"后面的数字指定成员变量占用的位数，称为位域宽度。成员变量 id 没有限制，它占用的内存就是 unsigned 型应占用的内存。成员变量 age、grade 被 ":" 后的位域宽度限定了内存空间大小，使得这两个成员变量分别只占用 4 位或 6 位。

限定了位数后，就会造成数据的取值范围不一样。

例 10-8　结构体成员变量限定了位数后，输入两组数据，观察其结果。

```
#include<stdio.h>
int main(void)
{
    int a;
    struct student
    {
        unsigned id;
        unsigned age:4;
        unsigned char grade:6;
    } stu={200, 10, '1'};
    printf("%d, %d, %c\n", stu.id, stu.age, stu.grade);
    // 赋入一组新值
    stu.id=20000;
    stu.age=200;
    stu.grade='o';
    printf("%d, %d, %c\n", stu.id, stu.age, stu.grade);
    printf("a=%d",a);
    return 0;
}
```

程序运行结果如下：

```
200, 10, 1
20000, 8, /
```

可以看到，第一次输出结构体各成员变量值与初始化的值一样，但第二次输出值就与所赋值不一样。这是因为 stu 初始化的三个值都没有超出给定的范围，stu.age 的值为 10，二进制为 1010，正好四位，完全可以存放在指定的 4 位空间；同时 stu.grage 的值 '1' 的 ASCII 码值为

49，二进制为 110001，也可以被 6 位空间存放，所以输出一致。

但第二次赋值后，stu.age 被赋值为 200，二进制为 11001000，超出了 4 位，所以 stu.age 只能放后面的 4 位，即 1000，也就是十进制数 8；stu.grage 被赋值为 'o'，'o' 的 ASCII 码值为 111（十进制），二进制为 1101111，是 7 位，超出了 stu.grage 指定的 6 位，所以只能取后 6 位放入内存空间，即十进制数 47，正好是字符 '/' 的 ASCII 码值。

C 语言标准规定，位域宽度不得超过成员变量指定数据类型规定的宽度。C 语言标准没有规定有位域结构体变量的存储方式，随着具体编译器的不同而不同，具体存储规则如下：

（1）当相邻成员变量所定义的数据类型相同时，如果它们给定的位宽之和小于类型指定的大小，则后面的成员变量紧随前一个成员变量，直到不能容纳为止；如果它们给定的位宽之和大于类型指定的大小，那么随后的成员变量将从新的存储单元开始，其偏移量为指定类型大小的整数倍。例如：

```c
#include<stdio.h>
int main(void)
{
    int a;
    struct student
    {
        unsigned id:10;
        unsigned age:5;
        unsigned grade:6;
    };
    printf("unsigned的大小: %d\n", sizeof(unsigned));
    printf("结构体的大小: %d\n", sizeof(struct student));
    return 0;
}
```

程序运行结果如下：

```
unsigned 的大小: 4
结构体的大小: 4
```

这里的结构体只有三个成员变量，紧随着进行存储的话，总共只有 10+5+6=21 位，似乎结构体大小只需 3 字节，即 24 位即可，为什么是 4 字节？这是因为内存对齐的需要，本实例执行时的对齐模数为 4 字节。

如果把 id: 后的 10 改成 25，则输出结果如下。

```
unsigned 的大小: 4
结构体的大小: 8
```

此时结构体大小为 8，这是因为三个成员变量的位宽和已经超出了 32 位，所以最后一个从一个新的单元开始，因为新的单元要对齐，也要占 4 字节，所以是 8 字节。

（2）当相邻成员变量数据类型不同时，不同的编译器有不同的实现方案，有的会进行压缩存储，有的则不会。例如在 GCC 中，下面代码的执行结果为 12。

```c
#include<stdio.h>
int main(void)
{
    int a;
    struct student
    {
        unsigned id:10;
        char ch :4;
        unsigned grade:6;
    };
    printf(" 结构体的大小：%d\n", sizeof(struct student));
    return 0;
}
```

（3）如果成员之间穿插着非位域成员，则不会进行压缩。例如：

```c
#include<stdio.h>
int main(void)
{
    int a;
    struct student
    {
        unsigned id:10;
        char ch;
        unsigned grade:6;
    };
    printf(" 结构体的大小：%d\n", sizeof(struct student));
    return 0;
}
```

程序运行结果如下：

结构体的大小：12✓

之所以是 12 字节，也是因为内存对齐的原故。

10.10 枚举类型

10.10.1 枚举类型的创建

在实际应用中，有些变量的取值范围常常很小，如月份、星期等，所以可以很容易列举出它所有可能的取值。C 语言中的枚举类型就是针对这类变量及其取值设定的一种数据类型。它被划入整数类型的一种，它的应用可以让代码易于阅读，变量的赋值易于管理。枚举类型定义的一般形式为：

```
enum 枚举名 { 枚举值表 };
```

注意定义时最后的 ; 不能少。例如，定义一个名称为 enum Day 的枚举类型：

```
enum DAY { MON, TUE, WED, THU, FRI, SAT, SUN};
```

{} 里面给出了枚举类型成员，每个成员代表一个整数值。默认情况下，第一个枚举成员值为整数 0，后面的枚举成员值顺序加 1。例如，MON 的值为 0，TUE 的值为 1，依此类推。枚举成员值一旦定义后，就被视为一个常量，不能被赋值，上述枚举类型就相当于用

```
#define MON 0
#define TUE 1
...
```

定义一样，在程序的后续代码中 MON、TUE 等值是不能修改的。在创建枚举类型时也可以指定枚举成员元素的值。例如，定义枚举类型：

```
enum color {red, green=2, blue, black};
```

这里只把 green 指定为整数 2，没有指定值的其他枚举成员，其值为前一个枚举成员的值加 1，第一个成员如果没有指定值，默认为 0，所以这里 red 的值为 0，后面 blue 和 black 的值分别为 3，4。

10.10.2　举类型变量的定义

创建了一个枚举类型，就相当于又拥有了一种新的数据类型，可以用这种类型定义变量，与一般变量不同的是，枚举类型变量只能取枚举类型成员中的一个值，超出这个范围，就判定为错误。可通过三种方式定义枚举类型变量。

（1）先定义枚举类型，再定义枚举类型变量。

```
enum color {red, green=2, blue, black};
enum color c;              // 定义了一个枚举类型变量 c
```

（2）定义枚举类型时接着定义枚举类型变量。

```
enum color {red, green=2, blue, black}c;
```

（3）匿名枚举类型，直接定义枚举类型变量。

```
enum {red, green=2, blue, black}c;
```

例 10-9　定义一个枚举类型和这种数据类型的两个变量，并赋值后输出。

```
#include<stdio.h>
enum color {red, green=2, blue, black};
int main(void)
{
    enum color c,d;            // 定义了两个枚举类型变量
```

```
    c=blue;                    // 这里不能赋枚举成员以外的值
    d=red
    printf("%d,%d\n",c,d);
    return 0;
}
```

程序运行结果如下：3,0↙。

如果枚举类型中给定的成员值是连续的，就可以遍历枚举成员的值，但只能输出整数，不能输出成员的名称串，想一下 #define 的使用就非常容易理解了。

例10-10   定义一个枚举类型，并输出它的成员值。

```
#include<stdio.h>
enum day{Saturday=1,sunday,monday,tuesday,wednesday,thursday,friday};
int main(void)
{
    enum day d;
    for(d=saturday; d<=friday; d++)
    {
        printf(" 成员值: %d \n", d);        // 这里用格式控制符 %d 输出枚举类型变量
    }
    return 0;
}
```

输出结果为：

```
成员值: 1
成员值: 2
成员值: 3
成员值: 4
成员值: 5
成员值: 6
成员值: 7↙
```

例10-11   输入一个整数，用 switch 语句，输出对应的颜色。

```
#include<stdio.h>
int main(void)
{
    enum color
    {
        red=1,
        green,
        blue
    };
    enum color mycolor;
    printf(" 请输入颜色: (1. red, 2. green, 3. blue): ");
    scanf("%d", &mycolor);
    switch(mycolor)
    {
```

```
        case red:
            printf("红色"); break;
        case green:
            printf("绿色"); break;
        case blue:
            printf("蓝色"); break;
        default:
            printf("没有正确选择颜色");
    }
    return 0;
}
```

在上述代码的 case 后面直接写 red 就比写数字 1 在代码可读性方面好得多，虽然写 1 和写 red 效果一样。

一个整数值可以用强制类型转换方式赋给一个枚举类型变量。例如，有 enum color{red =1, green, blue}a; int b=2;，则可以用 a=(enum color)b; 语句把 b 强制转换为枚举类型的值并赋给 a。也可以直接把整型数据赋给一个枚举类型变量，例如：

```
a=b;
```

小结

本章开始部分讲述了结构体类型定义、结构体类型变量的声明和引用、内存的申请与释放；然后重点阐述了单链表的创建、插入和删除，接着对结构体类型的位域和使用进行了说明；最后部分讲述了枚举类型的基本概念和简单应用。

习题

1. 定义一个结构体类型，结构体名为 Partment，成员有 ID（unsigned），name(char [20])，并把这种结构体类型赋一个别名，然后，用它声明两个变量，并初始化，然后输出各变量的成员值。

2. 定义一个结构体类型，结构体名为 Student，成员变量有 ID（unsigned），name(char [20])，math(float)；定义一个函数，用于对这种结构体类型的一维数组各元素成员变量赋值；再定义一个函数，输出这种结构体类型的一维数组各元素成员变量值，并返回各元素成员 math 的平均分，最后在 main() 函数中调用输出 math 的平均值。

3. 分析下面的代码，写出运行结果。

```
#include<stdio.h>
int main(void)
{
    struct student
    {
        char name[10];
        float math;
        float computer;
    } a[2]={{"zhang" ,100,70},{"wang" ,70,80 }},*p=a;
```

```
    int i;
    printf("\n name:%s total = %f",p ->name,p -> math+p -> computer);
    printf("\n name:%s total = %f",a[l].name,a[l].math+a[l]. computer);
    p++;
    printf("\n name:%s total = %f",p ->name,p -> math+p -> computer);
    return 0;
}
```

4. 表 10-1 所示每一行存放一个员工的基本信息，定义一个结构体类型，其成员变量存放一个员工信息，编程输入各员工信息，并输出所有员工的姓名和实发工资（基本工资＋浮动工资－支出）。

表 10-1　员工信息表

姓名	基本工资（元）	浮动工资（元）	支出（元）
Li bing	2 200.00	8 300.00	290.00
Xia tian	3 709.00	11 180.00	1 610.00
Wang jun	3 620.00	9 866	1 270.00

5. 表 10-2 所示为学生的姓名和各成绩数据，编写一个程序，输入学生信息，要求用结构体类型数组存放，最后输出各学生姓名和各自的平均分。

表 10-2　学生成绩表

Name	Math	English	C Programing
Wang dong	98.0	87.0	77.0
Qian min	90.5	91.0	88.0
Sun qi	74.0	77.5	66.5
Li xin	84.5	64.5	55.0

6. 有一个链表，结点为结构体类型（自己定义），其头指针为 head，定义一个函数删除指定链表的第 i 个结点（i 由形参接收）。

7. 有两个单链表 A、B，它们中均有结点，其结点为相同的结构体类型，其头指针分别为 headA、headB，编写一个函数把 B 链表接到 A 链表的后面形成一个链表。

8. 定义一个结构体类型，用于存放第 5 题中一个学生信息，然后定义一个一维结构体类型的数组，把各学生信息存入数组各单元中，然后按总分排序并输出。

9. 阅读下列程序，写出程序的运行结果，并指出数组 A 各单元中存放的是哪种类型的数据，分析为什么会输出这种结果。

```
#include<stdio.h>
int main(void)
{
    enum em {em1=1,em2=3,em3=2 };
    char *A []={"A student", "See you", "My god", "give it up" };
    printf("%s,%s,%s\n", A[em1]+3, A[em2], A[em3]+2);
    return 0;
}
```

文件

　　计算机中所谓的"文件"是指记录在外部介质（如硬盘、U 盘等）上的数据集合，通常由一个文件名做标识。到目前为止，我们所编写的 C 程序源代码通常也是保存到计算机硬盘或 U 盘等外部介质上，并用一个扩展名".c"或".h"加以标识，在需要时可以读取，还可以对读取信息进行修改然后保存。本章将阐述用 C 语言编写代码对文件进行保存、读取和修改等操作。

　　操作文件涉及计算机硬件，现代计算机由操作系统管理，用户对文件的操作都是通过与操作系统进行交互，由操作系统完成，而不是直接对硬件上的数据信息进行处理。

11.1 文件分类

11.1.1 文本文件与二进制文件

　　在 C 语言中，根据文件中数据的组织形式不同，把文件分为文本文件和二进制文件两种。文本文件就是指数据是以字符形式出现，每个字符用其 ASCII 码值表示。二进制文件是指，数据是二进制数字序列，字符用一个字节的二进制表示，数字用其二进制数表示，二进制文件中存储的数据和其在内存中的数据相同，存储时不需要进行转换。

　　例如，整数 10000 在内存中的存储形式以及分别按文本形式和二进制形式的数据内容如图 11-1 所示。10000 在文本文件中存放的是字符 '1'、'0'、'0'、'0'、'0' 的 ASCII 码值，有 5 字节。而在二进制文件中，存放的是 10000 的二进制整数表示，如果用 4 个字节存放一个整数，则它占 4 字节。

文本文件	00110001	00110000	00110000	00110000	00110000

二进制文件	00010000	00100111	00000000	00000000

图 11-1　整数 10000 的文本文件和二进制（小端字节序）文件存放内容

　　从数据存储的角度来看，所有文件本质上都是一样的，都是由一个个字节组成的，实质上都是 0 和 1 串。不同的文件之所以呈现出不同的形态（如文本、图像、视频等），是因为文件的创建者和解释者事先约定好文件格式，然后软件根据这样的格式保存或读取数据。

11.1.2　普通文件和特殊文件

从用户的角度来看，文件可分为普通文件和特殊文件。普通文件又称磁盘文件，它是以磁盘为对象且无其他特殊性能的文件，如存储在磁盘上的一般的数据集合。特殊文件又称标准设备文件或标准 I/O 文件，它是以终端为对象的标准设备文件。在 C 语言中，"文件"的概念具有广泛的意义。它把与主机进行数据交换的输入 / 输出设备都看作一个文件，比如显示器、键盘、打印机等，这些实际的物理设备均被抽象为文件。

11.1.3　流

计算机中用于输入 / 输出（Input/Output，I/O）的硬件结构常常不同，导致从（向）硬件读取（写入）数据的方法也不一样。试想一下，如果一个程序代码，能在某台计算机上读取数据，而到另一台不同类型的计算机上却失效，这肯定非常麻烦。所以在 C 语言中把任意输入的源端和输出的终端抽象为一个概念上的设备，称为"标准 I/O 设备"（又称标准逻辑设备），这样，编程人员在数据的输入、输出时，就不用去针对某个具体计算机设备，而是直接与该标准 I/O 设备进行交互，至于如何访问不同的具体设备，由系统去处理。这就像人们快递东西一样，不用针对具体的道路远近、难易去实施不同的快递方法，只要直接面对快递员，按快递员的要求，给电话、姓名、地址等即可，至于在路上如何具体运送，由快递公司解决。这里的快递员就相当于是抽取出来的标准 I/O 设备。

在 C 语言中，从（向）普通文件或特殊文件读（写）数据，均被映射成一个逻辑数据流。从文件读取数据的流称为输入流，向文件输出数据称为输出流。所有对文件的操作均是面向流的操作。

流分为文本流和二进制流。文本流就是指在流中的数据是以字符（指二进制表示的字符）形式出现。二进制流是指流以二进制序列出现。C 语言在处理文件时，不管是文本文件还是二进制文件，都看成是流，都按字节进行处理。

11.2　文件的打开与关闭

在 C 程序中操作任何文件，遵循三个步骤：①打开文件；②操作文件（读文件、写文件、追加文件等），③关闭文件。一旦一个普通文件成功打开，就把它与一个流相关联，在这个流中维持一个被打开文件的文件位置指示符（File Position Indicator），以指定文件读写的起始位置。

C 语言 stdio.h 中提供了操作文件中函数的说明。

1.fopen() 函数

打开文件函数 fopen() 的一般格式如下：

```
FILE * fopen(const char * restrict filename, const char * restrict mode)
```

fopen() 函数的功能是以指定的 mode 打开一个名为 filename 的文件，如果打开成功，就会把它与一个流进行关联，并返回一个指向特定对象的指针，这个特定对象的作用在于控制流；否则返回 NULL。本书为阐述方便，后面称这种指针为流指针。

关键字 restrict 是一种类型限定符（Type Qualifiers），它的作用是告诉编译器，对象已经被指针引用，除此指针外，不能通过任何其他方式修改该对象的内容。

FILE：FILE 是 stdio.h 中定义好的一种结构体类型，这种类型的数据专门用于指定文件的处理。其定义形式如下：

```
struct _iobuf {
    char *_ptr;
    int _cnt;
    char *_base;
    int _flag;
    int _file;
    int _charbuf;
    int _bufsiz;
    char *_tmpfname;
};
typedef struct _iobuf  FILE;
```

不同编译器在设计时可能有点不一样，但基本内容是一致的。下面对函数中的两个参数及使用进行说明。

filename 为文件名，是一个字符串常量或变量，可以是绝对路径，也可以是相对路径。绝对路径从盘符开始指定（Windows 系统），如 "E:\\C_program\\test.txt"。Linux 系统下根目录开始，如 /user/test.txt。相对路径，如 "test.txt" 表示这个文件在当前目录下。

mode 为文件打开模式，是指该文件打开后可进行的操作，常用的有只读、只写、可读可写和追加写入四种。如文件打开后只能读取数据，则 mode 处写 "r"，只能往文件中写入数据，则写 "w"，可以读取也可以写入，则写 "rw"，可以追加写入，则写 "a"。文件打开模式种类及说明见表 11-1。

表 11-1 文件打开模式种类及说明

模式	含义	说明
r	只读	文件必须存在，否则打开失败
w	只写	若文件存在，清除文件原有数据后写入；否则，新建文件后写入
wx	只写	新建文件后写入
a	追加只写	若文件存在，在文件尾部追加写入；若文件不存在，则打开失败
r+	读写	文件必须存在。在只读模式的基础上还可以写入
w+	读写	新建文件，在只写模式的基础上还可以从该文件读取数据
w+x	读写	创建可读写的非共享（exclusive）文本文件
a+	读写	在 "a" 模式的基础上，增加可读功能
rb	二进制读	二进制模式，功能同模式 "r"
wb	二进制写	二进制模式，功能同模式 "w"
ab	二进制追加	打开二进制，在其后以二进制形式进行追加

模式	含 义	说 明
rb+ r+b	二进制读写	打开二进制文件读写
wb+ w+b	二进制读写	打开二进制文件，清除原有文件内容，或者创建一个新二进制文件进行读写
wbx	二进制写	创建二进制写非共享文件
w+bx wb+x	二进制读写	创建二进制可读写文件
ab+ a+b	二进制读写	打开或者创建一个二进制文件，进行读写，在文件结尾写入

因为后续对文件的操作要应用到 fopen() 函数返回的指针，所以编程时先定义一个指向 FILE 类型的指针变量用以接收 fopen() 函数的返回值。

随着打开模式的不同，文件位置指示符设置的位置也可能不同，比如 "r" 或 "w"，会把文件位置指示符设置到文件的开始，如果是 "a"，会把文件位置指示符设置到文件的最后。

2.fclose() 函数

函数原型为：

```
int fclose(FILE *stream);
```

stream 为流指针。fclose() 函数的作用是清洗（flush）stream 指向的流，同时关闭已经打开的文件。如果正常关闭，返回 0，否则返回 EOF。EOF 通常定义在 stdio.h 文件中，其值为 -1（#define EOF (-1)）。

例 11-1 分别以只读和追加两种模式打开两个文件，然后关闭。

```
#include<stdio.h>
#include<stdlib.h>
int main(void)
{
    FILE * fpl, * fp2;              // 定义两个指针变量 fpl 和 fp2，指向流
    fpl=fopen("E:\\OnlyRead.txt", "r"); // 以只读模式打开文件 OnlyRead.txt
    if(NULL==fpl)                  // 判断是否成功打开文件，如果为 NULL 表示失败
    {
        printf("Failed to open OnlyRead.txt!\n");
        exit(0);                   // 程序终止，exit() 函数在头文件 stdlib.h 中
    }
    fp2=fopen("append.txt", "a");  // 以追加写入模式打开文件 append.txt
    if(NULL==fp2)
    {
        printf("Failed to open append.txt !\n");
        exit(0);
    }
    fclose(fpl);                   // 关闭文件
    fclose(fp2);                   // 关闭文件
```

```
        return 0;
    }
```

在该程序中，如果运行之前 E 盘上没有 OnlyRead.txt 文件，则打开失败，程序结束，因为 "r" 和 "a" 模式要求必须先有文件。注意到，文件 append.txt 前没有指定路径，所以要放在当前目录下，如果是调试运行程序，这个当前目录就是程序代码 .c 文件所在的目录，否则文件失败，程序结束。

11.3 文件的顺序读写

打开一个文件，如果从该文件中读取数据的顺序与文件中数据的物理存放（可理解为在外部存储介质中的存放）顺序一致，则称该读取过程为顺序读取；如果文件中数据的物理存放顺序与数据写入顺序一致，则称该写入过程为顺序写入。

在这个过程中，在顺序读写完成后，文件位置指示符会自动移动到下一个读写位置。在读写过程中，如果文件已经读完，文件位置指示符会设定成文件结束标识，这由系统自动完成，并不需要编码实现，这也是顺序读写的重要特征。下面介绍几个顺序读写的函数。

11.3.1 字符输入 / 输出函数

C 语言中提供了两个简单的函数 fgetc() 和 fputc()，可以分别从文件中读取和写入一个字符，这两个函数的原型在头文件 stdio.h 中。

1. 字符读取函数 fgetc()

fgetc() 函数原型为：

```
int fgetc(FILE * stream);
```

此函数的作用是：如果未设置 stream 指向输入流的文件结束标识并且存在下一个字符，则将该字符作为 unsigned char 型字符读取，并转换成 int 型数据（高位补 0）返回，同时把流的关联文件位置指示符顺序设定到下一个位置。

读取到文件结尾或失败时，返回 -1（EOF 值）。

> 🔔 **注意：**
> 当定义一个变量来接收 fgetc() 函数返回的数据时，这个变量要定义成 int 型，如果定义为 char 型，则读取文件中的某些特殊字符就可能会出现意外错误。

2. 字符输出函数 fputc()

fputc() 函数原型为：

```
int fputc(int c, FILE * stream);
```

此函数的功能是先把字符转换成 unsigned char 型数据，然后把字符写到与输出流 stream 相关联文件的相应位置，输出成功则返回该字符，失败则返回 EOF，fputc() 函数在写入一个字符后，流会自动把文件位置指示符设定成下一个写入位置。

例 11-2   把文件 "Mychar.txt" 中的内容复制到 Mycopy.txt 中。

分析：用 fopen() 函数打开两个文件，用 fgetc() 函数从 Mychar.txt 文件中顺序取出字符，然后，用 fputc() 函数把读取的每个字符写入到 Mycopy.txt 文件中。具体实现代码如下：

```
#include<stdio.h>
int main(void)
{
    FILE *fp1, *fp2;
    int ch;
    fp1=fopen("Mychar.txt", "r");    // 以读的方式打开文本文件
    fp2=fopen("Mycopy.txt", "w");    // 以写的方式打开文本文件
    if(fp1==NULL||fp2==NULL)
    {
        printf("Failed to open the two files !\n");
        exit(0);
    }
    ch=fgetc(fp1);                   // 从文件 Mychar.txt 中读取一个字符
    while(ch!=EOF)                   // 如果没有到文件的结尾，写到 Mycopy.txt 中
    {
        fputc(ch,fp2);               // 读取的字符存放到 Mycopy.txt 中
        ch=fgetc(fp1);               // 再从文件 Mychar.txt 中读取下一个字符
    }
    printf("\n copy finished!\n");   // 复制完提示
    fclose(fp1);
    fclose(fp2);
    return 0;
}
```

前面应用到的字符输入和输出函数 getchar() 和 putchar() 实质上是函数 getc(stdin) 和 putc(c, stdout) 的两个宏定义。实质上，后面两个函数中的参数 stdin 和 stdout 是指向标准 I/O 文件的流指针，它们分别指向与键盘和显示器这两个特殊文件关联的流，其数据类型是 FILE*。从键盘输入字符或向显示器输出字符也可以用 fgetc() 和 fputc() 函数以文件的方式实现。

fgetc(stdin) 用于读取从键盘输入的字符，fputc(c,stdout) 用于向显示器输出字符 c，它们均不需要用 fopen() 函数事先建立流指针，可直接使用 stdin 和 stdout 进行文件操作。

例 11-3   从键盘输入一组字符，将它们存入文件 save.txt 中，同时在显示器上输出。

分析：第一步，以写方式打开 save.txt，因为这是一个普通文件，所以先建立与此文件关联的流指针 fp。第二步，应用一个循环，用 fgetc(stdin) 从键盘上读取字符，每读取一个字符，首先把它赋给一个 int 型变量 ch，然后用 fputc(ch,stdout) 和 fputc(ch,fp) 把 ch 分别输出到显示器和文件中。代码如下：

```
#include<stdio.h>
#include<stdlib.h>
int main(void)
{
    char filename[10]="save.txt";
    FILE *fp=fopen(filename,"w") ;        // 以写模式打开文件
    int ch;
```

```
    if(NULL==fp)
    {
        printf("Failed to open the file !\n");
        exit(0);
    }
    printf("Please input characters and press enter to finish:\n");
    while((ch=fgetc(stdin))!='\n')      // 循环从键盘获取字符，遇换行符结束
    {
        fputc(ch,fp);                   // 向打开的文件输出字符 ch
        fputc(ch,stdout);               // 向显示器输出字符 ch
    }
    fclose(file);                       // 关闭与 save.txt 文件关联的流
    return 0;
}
```

程序运行后在显示器上的效果如下：

```
Please input characters and press enter to finish:
abcdefg↵
abcdefg
```

图 11-2 所示为 save.txt 文件在 Windows 系统的记事本中显示的内容。

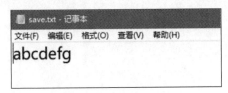

图 11-2   save.txt 文件内容

11.3.2   字符串的输入和输出

C 语言提供了两个函数 fgets() 和 fputs()，分别用于从文件中输入字符串和向文件输出字符串，这两个函数与 3.3 节中的字符串输入和输出函数 gets() 和 puts() 很相像。它们的原型都在头文件 stdio.h 中。

1.fgets() 函数的原型

```
char *fgets(char * restrict s, int n, FILE * restrict stream);
```

fgets() 函数从 stream 指向流所关联文件的位置开始读取最多为 $n-1$ 个字符，并添加字符串结束标志 '\0' 后，存入 s 指向的数组中。读取串时如果遇到换行符（换行符也被读取，作为串的一部分）或者文件结束就停止。如果读取成功，返回 s，失败则返回 NULL。

在读取一个字符串后，流会自动设定文件位置指示符。如果读取到文件的结尾，则设置文件结束标识并返回 NULL。

对 fgets() 函数的使用，要注意以下三点：①因为 fgets() 函数自行指定了输入缓冲区 s 及缓冲区大小 n。即使输入的字符串长度超过了预定的缓冲区大小，也不会因溢出而使程序崩溃，

而是自动截取长度为 $n-1$ 的串存入 s 指向的缓冲区中。② fgets() 函数中的参数 stream 也可以是用 stdin 作为实参。③换行符会被 fgets() 函数读出并存储在字符数组的最后，这一点与 gets() 函数不一样，gets() 函数把换行符从缓存区中读出，并抛弃。

2.fputs() 函数原型

```
int fputs(const char * restrict s, FILE * restrict stream);
```

此函数的功能是把 s 所指向的字符串，输出到 stream 指向流所关联的文件中。输出成功，返回一个非负数，失败则返回 EOF。

fputs() 函数在写入串的过程中，流会自动把文件位置指示符设定到新的写入串的位置。fputs 中 stream 可以用 stdout 作为实参，以输出到显示器中。

例 11-4 从键盘输入 4 个字符串（各串字符个数小于 9），并把它们追加到文件 append. txt 的最后，每一个串占一行，然后统计文件中字符的个数（不包括换行符），并输出到显示器上。

分析：因为要对文件进行追加数据，所以用 "a+" 的模式打开文件。又因为要求字符串从键盘输入，则应用 fgets() 函数从标准输入流指针 stdin 读取字符串，当一个字符串读取到缓冲区后，应用 strlen() 函数求它的长度，因为这时的串长度包含了最后的换行符，所以输入字符串长度为所求长度减去 1。实现代码如下：

```
#include<stdio.h>
#include<stdlib.h>
#define MAX_SIZE 10          // 设定字符数组大小为10
int main ()
{
    char file_name[30]="append.txt";
    char str[MAX_SIZE];
    int count=0;
    FILE * fp;
    if(NULL==(fp=fopen(file_name, "a+")))          //"a+" 追加模式，并可读
    {
        printf("Failed to open the file !\n");
        exit(0);
    }
    fputc('\n',fp);          // 假设原文件最后没有换行符，先输入一个换行符
    printf(" 请输入 4 个字符串: \n");
    for(int i=0;i<4;i++)
    {
        printf(" 字符串 %d:",i+1);
        fgets(str,MAX_SIZE, stdin) ;          // 从键盘输入字符串，存入 str 数组中
        fputs(str,fp) ;     // 把 str 中字符串输出到 fp 所指流的关联文件中
    }
    /* 因为追加后，文件位置指示符设定为文件结尾，所以要把文件读写位置调整到文件开始处以统计
字符个数 */
    rewind(fp);                              // 此函数把文件位置指示符调整到文件的开始位置
    while(fgets(str,MAX_SIZE, stream)!=NULL)
    {
        count+=strlen(str)-1;     //-1 去掉每行读出的换行符
    }
```

```
        printf(" 文件字符个数为：%d\n",count);
        fclose(fp);
}
```

如果原来 append.txt 文件中只有"Fund"这四个字符，并且最后没有换行符，运行上述代码后实例结果如下：

```
请输入 4 个字符串：
字符串 1:string↵
字符串 2:China↵
字符串 3:is↵
字符串 4:people↵
文件字符个数为：23 ↙
```

程序运行结束后，文本文件 append.txt 中的内容如下。

```
Fund
string
China
is
people
```

11.3.3　按格式化输入 / 输出

C 函数库中提供了两种文件流格式化输入 / 输出函数，即 fscanf() 和 fprintf()，基本上与 scanf() 和 printf() 函数的用法差不多，流格式化函数多了一个流指针。

1.fscanf() 的函数的原型

```
int fscanf(FILE * restrict stream,const char * restrict format, ...);
```

…：表示存放读取数据的地址列表。

fscanf() 函数的功能是从 stream 指向流中执行格式化输入，当遇到空格或者换行时结束。输入成功返回输入的数据个数；失败或已读取到文件结尾处，返回 EOF。

2.fprintf() 函数的原型

```
int fprintf(FILE * restrict stream,const char * restrict format, ...);
```

…：表示写入数据的表达式列表。

fprintf() 函数的功能是把输出列表中的数据按照指定的格式输出到指定流关联的文件中。输出成功返回输出的字符个数，失败返回一个负数。

例 11-5　现有文本文件 array.txt 中保存了 3×3 的二维矩阵的数据，矩阵的每一行在文本文件中占一行，数据中间用空格分开，最后一行的最后没有换行符，试读取这 9 个数据到二维数组 a 中，并把这个数组的 a[i][j] 和 a[j][i] 互换后，追加到文本文件中，每一行结束后换行。

分析：因为读取后，还要追加，所以要用 "a+" 模式打开文件，用一个循环读取 3 行，用

fscanf() 函数读取一行的三个数据，并把它存入到一个事先定义好的 3×3 二维数组中，把这个二维数组的所有 a[i][j] 和 a[j][i] 互换。因为读取完三行数据后，文件位置指示符并没有设定为文件的结尾，所以，要多读一次，使得文件位置指示符设定到文件的结尾，以便后面追加数据，或者用 fseek() 函数（11.5 节讲述）直接将文件位置指示符设定到文件的结尾。最后用一个循环利用 fprintf() 函数把互换后的二维数组追加到文件中。具体代码如下：

```c
#include<stdio.h>
#include<stdlib.h>
#define N 3
int main()
{
    char file_name[10]="array.txt";
    int a[N][N];
    FILE*fp;
    if(NULL==(fp=fopen(file_name, "a+")))          // "a+" 追加模式，并可读
    {
        printf("open error !\n");
        exit(0);
    }
    for(int i=0;i<=N;i++)          // 多读一次，使文件位置指示符设定为文件的结尾，以便追加
        fscanf(fp,"%d%d%d",a[i],a[i]+1,a[i]+2);   // 读取文件的一行数据，存入 a
                                                   // 中第 i 行的三个变量
    for(int i=0;i<N;i++)                           // 转置
        for(int j=0;j<=i;j++)
        {
            int temp;
            temp=a[i][j];
            a[i][j]=a[j][i];
            a[j][i]=temp;
        }
    for(int i=0;i<N;i++)
        fprintf(fp," \n %d %d %d ",a[i][0],a[i][1],a[i][2]);    // 注意到有换行符 '\n'
    fclose(fp);
}
```

array.txt 文件的原内容如下：

```
34 23 49
83 38 72
21 67 56
```

程序运行后的内容如下：

```
34 23 49
83 38 72
21 67 56
34 83 21
23 38 67
49 72 56
```

11.4 二进制方式读写文件

在 C 语言中进行文件操作时，fread() 和 fwrite() 函数常用来对二进制文件进行读写操作，当然，也可以用于文本文件，但不建议在文本文件中使用它们。本小节除了介绍这两个函数的使用外，还要介绍 feof() 函数，它用于判断二进制文件是否到达结尾，这三个函数的原型均在头文件 stdio.h 中。

1.fread() 函数的原型

```
size_t fread(void * restrict ptr,size_t size, size_t nmemb,FILE * restrict stream);
```

fread() 函数的功能是从 stream 指向的流中读取 nmemb 个元素（element）数据，每个元素的大小为 size 字节，所读取的数据存放到 ptr 指向的内存空间。

返回值为实际读取的数据元素个数。如果返回值比 nmemb 小，则说明已读到文件尾或有错误产生。如果到达文件结尾，则给文件位置指示符设定结尾标识。需要说明的是如果 nmemb 或者 size 的值为 0，并不改变 ptr 指向空间存放的值，也就是说，读取的字节小于一个元素的字节时，原来放在 ptr 指向空间的值不改变。

注意到 ptr 是 void 型指针，所以可以传入指向各类型数据的指针值。

2.fwrite() 函数的原型

```
size_t fwrite(const void * restrict ptr,size_t size, size_t nmemb,FILE * restrict stream);
```

fwrite() 函数的功能是将 ptr 所指向内存中的 nmemb 个元素写入 stream 指向的流中，其中每个元素的大小为 size 字节。

返回值为实际写入的元素个数，如果该值比 nmemb 小，则说明 ptr 指向的空间已写完或有错误产生。

使用 fread() 和 fwrite() 函数对给定流进行读写操作时，要用"二进制模式"打开文件，否则可能会出现意想不到的错误。

3.feof () 函数的原型

```
int feof(FILE * stream);
```

feof() 函数的功能是检查流的文件位置指示符是否设定成结束标识，如果已设定，表明文件到达结尾，返回非 0 值；否则，返回 0。

feof() 函数也可以用于文本文件以判断是否到达文件结尾。

例 11-6 把一个元素为 int 型的一维数组以二进制模式写到 array.bin 文件中，并把它读取出来。

分析：首先，定义一个一维数组，给它的每一个元素赋值，假设一维数组大小定义为 100，其值依次赋为 1~100，然后就可以直接调用 fwrite() 函数把它一次性写入 array.bin 文件中。写一个函数实现此功能，代码如下：

```
void write_array(char *filename)
{
    int a[100],num;
    for(int i=0; i<100; i++)         // 给数组赋值，可赋其他值，这只是一个实例
        a[i]=i+1;
    FILE *fp =NULL;
    if(NULL==(fp=fopen(filename, "wb")))          // 二进制写打开文件，失败退出
    {
        printf("Open file error!\n");
        exit(0);
    }
    // 一次性把 100 个元素写入文件。每个元素的大小为 sizeof(int)
    num=fwrite(a,sizeof(int),100, fp);
    printf("return :%d\n", num);                  // 返回写入成功的个数，失败返回 0
    fclose(fp);
}
```

如果在 main() 函数中调用它，执行结果是：

```
return :100↙
```

如果一个二进制文件已存在，则可以读出其中的数据。首先，需要申请一个内存空间存放这些数据。这些数据读出来以后，通常要进行引用。然而，fread() 函数定义中 ptr 是 void 型指针，因此，如果要引用这些数据，就要转换数据被保存时的数据类型，然后再使用。读文件函数的具体代码如下：

```
void read_array(char*filename)
{
    int num;
    // 申请存放读取数据的空间，这里只申请了能装 10 个 int 型数据的空间
    void *ptr=(void*) malloc(sizeof(int)*10);
    FILE *fp=NULL;
    if(NULL==(fp=fopen(filename, "rb")))          // 用二进制只读方式打开
    {
        printf("Open file error!\n");
        exit(0);
    }
    while(!feof(fp))
    {
        num=fread(ptr, sizeof(int), 10, fp);   // 一次读 10 个 int 型数据
        if(0!=num)                             // 这里要注意，输出的条件，下文解释
        {
            printf("\n返回个数 =%d: ", num);     // 输出读取数据的个数
            int *a=(int *)ptr;                 // 转换为指向 int 型指针并赋给 a
            for(int i=0;i<num;i++)             // 输出读出来的 num 个值
                printf("%4d",a[i]);
        }
    }
    free(ptr);
    ptr=NULL;                                  // 释放堆空间，防止悬空指针
```

```
    fclose(fp);
}
```

最后，在 main() 函数中，先后调用这两个函数，即可完成题目要求的任务。

```
#include<stdio.h>
#include<stdlib.h>
int main(void)
{
    write_array("array.bin");
    read_array("array.bin");
    return 0;
}
```

程序运行结果如下：

```
返回个数=10:   1    2    3    4    5    6    7    8    9   10
返回个数=10:  11   12   13   14   15   16   17   18   19   20
返回个数=10:  21   22   23   24   25   26   27   28   29   30
返回个数=10:  31   32   33   34   35   36   37   38   39   40
返回个数=10:  41   42   43   44   45   46   47   48   49   50
返回个数=10:  51   52   53   54   55   56   57   58   59   60
返回个数=10:  61   62   63   64   65   66   67   68   69   70
返回个数=10:  71   72   73   74   75   76   77   78   79   80
返回个数=10:  81   82   83   84   85   86   87   88   89   90
返回个数=10:  91   92   93   94   95   96   97   98   99  100
```

上述代码中，为什么要在 num 不等于 0［if(0!=num)］的情况下才输出呢？这是因为当 fread() 函数完整地读出最后 10 个元素时，文件位置指示符并没有设定成文件结尾标识，即 feof(fp) 值还为 0，还要进行下一次循环。当再执行 fread() 函数时，因为文件后面没有数据，所以其返回值为 0，文件位置指示符被设定成文件结束标识，但此时 fread() 函数没有读到数据，也就不改变 ptr 指向空间的值，因此，如果没有 if(0!=num) 的话，最后一行会多输出一次。

例 11-7   从键盘输入若干名学生的信息，包括学号、姓名、语文、数学两门课成绩，在计算出每个学生的平均成绩后，把所有学生信息以二进制方式保存到 student.dat 文件中，然后读取出来。

分析：本例采用函数的形式，输入一个学生信息后，立即以二进制模式写入文件 student.dat。此功能由一个用户定义函数实现，函数名为：save_studentInfo，然后再定义一个函数 read_studentInfo()，功能是把 student.dat 中的数据读出并显示。

```
#include<stdio.h>
#include<stdlib.h>
typedef struct {
    char name[10];
    unsigned id;
    unsigned short chinese ;
    unsigned short math;
```

```
        float avg;
}Student;
int save_studentInfo(char filename[])
{
    int n;
    Student stu;
    FILE *fp=NULL;
    // 用二进制写打开，失败则退出
    if(NULL==(fp=fopen(filename, "wb")))
    {
        printf("Open file error!\n");
        exit(0);
    }
    printf ("输入学生人数:");
    scanf("%d",&n);
    getchar();                    // 获取最后的回车符，在有些编译器中可以不用
    for(int i=0;i<n;i++)          // 输入 n 个学生信息，计算平均分，并存入到文件中
    {
        printf("%dth stu(姓名、学号、语、数):",i+1);
        scanf("%s%u%hu%hu",stu.name,&stu.id,&stu.chinese,&stu.math);
        stu.avg=(stu.chinese+stu.math)/2.0f;
        fwrite(&stu, sizeof(Student),1,fp) ;        // 将当前输入的学生信息写入文件
    }
    fclose(fp);
    return 0;
}
int main(void)
{
    char filename="student.dat";
    save_studentInfo();
    return 0;
}
```

程序运行的一种实例结果如下：

```
输入学生人数:3↵
1th stu(姓名、学号、语、数):zhang 10003 78 86↵
2th stu(姓名、学号、语、数):wang 10004 98 83↵
3th stu(姓名、学号、语、数):hong 10005 79 92↵
```

下面的函数代码用来从二进制文件中读取数据：

```
void read_studentInfo (char filename[])
{
    Student stu;
    FILE *fp=NULL;
    // 用二进制只读打开，失败则退出
    if(NULL==(fp=fopen(filename,"rb")))
    {
        printf("Open file error!\n");
        exit(0);
    }
```

```
    int num=0;
    while(!feof(fp))
    {
        num=fread((void*)(&stu),sizeof (Student),1,fp);
        if(0!=num)
        {
            printf("%-6s %5u %2hu %2hu %4.1f\n",stu.name,stu.id,\
                   stu.chinese, stu.math,stu.avg);
        }
    }
    fclose (fp);
}
```

执行完 save_studentInfo() 函数，把输入的学生信息存入 student.dat 文件中，然后在 main() 函数中调用 read_studentInfo() 函数，执行的结果如下：

```
zhang   10003 78 86 82.0
wang    10004 98 83 90.5
hong    10005 79 92 85.5
```

fread() 和 fwrite() 函数在读写完成后，文件位置指示符会顺序设置文件的下一个读、写位置。当然，这在遇到错误或文件结束时会作相应处理。

11.5 文件的随机读写

前面几节介绍的文件读写操作都是依据文件中数据的存放位置顺序进行的，应用流指针在读或写一个数据后，文件位置指示符会自动设置下一位置，然而，这种方式也决定了读写文件中数据时，每次只能从固定位置（如文件头或文件尾）开始，从前向后依次读写文件中的数据。虽然失去了数据读写的灵活性，但这种顺序读写方式在现实中还是有很多应用场景，例如文件备份、视频编辑、固定数据的读取和写入等。

然而，实际情况的需求是复杂的，人们经常需要从文件的某个指定位置开始对文件进行选择性的读和写操作，这就要求文件位置指示符能根据需要指定文件的读写位置，然后再进行读写，这样的读写方式称为对文件的随机读写。

下面介绍 C 语言中提供的几个有关设置文件读写位置的函数及其功能，它们是 fseek()、ftell()、rewind()。这三个函数均在头文件 stdio.h 中。

1.fseek() 函数的原型

```
int fseek(FILE *stream, long int offset, int whence)
```

fseek() 函数的功能是把 stream 指向流的关联文件读写位置从 whence 基准点开始移动 offset 字节。移动成功，返回 0；失败，返回 -1。

下面解释一下函数参数。

（1）whence：文件读写位置移动的基准点。有三种常量取值：SEEK_SET、SEEK_CUR 和
SEEK_END。

SEEK_SET：文件开始位置，可以写成 0。

SEEK_CUR：当前读写位置，可以写成 1。

SEEK_END：文件结尾，可以写成 2。

（2）offset：位置偏移量，为 long 型，当 offset 为正整数时，表示从基准 whence 向后移动
offset 字节；若 offset 为负数，表示从基准 whence 向前移动 abs(offset) 字节。

例如，若 stream 为流指针，则 seek(stream,20L, SEEK_SET); 把文件读写位置从文件开始
向后移动 20 字节。fseek(stream,20L, SEEK_CUR); 把文件读写位置从当前位置向后移动 20 字节。
fseek(stream,-20L, SEEK_END); 把文件读写位置从结尾处向前移动 20 字节。

2.ftell() 函数的原型

```
long int ftell(FILE *stream);
```

ftell() 函数的功能是返回 stream 指向流关联文件的当前读写位置。如果发生错误，则返
回 -1L。

3.rewind() 函数的原型

```
void rewind(FILE *stream);
```

rewind() 函数的功能是把 stream 指向流关联文件的读写位置设置在文件开始处，无返回值。

例 11-8 输出文本文件 text.txt 的字节大小。

分析：先用 fseek() 函数把流关联文件的读写位置调整到文件的最后，然后应用 ftell() 函数
获取此时的字节偏移量，就是整个文件的字节大小。代码如下：

```
#include<stdio.h>
int main(void)
{
    FILE *fp;
    if(NULL==(fp=fopen("text.txt", "r")))
    {
        printf(" 打开文件错误 ");
        exit(0);
    }
    fseek(fp, 0, SEEK_END);               // 把文件读写位置移动到文件的结尾
    printf(" 大小=%d 字节 \n", ftell(fp));
    fclose(fp);
    return(0);
}
```

如果 text.txt 文件中存放的内容是：It's a scientific spirit，则程序运行结果如下：

大小 =24 字节↙

例 11-9   文件 stuscore.bin 中已以二进制方式存放了若干个班级学生（姓名、学号、语文、数学和总分）记录，并按总成绩的高低顺序存放，现输入新的学生记录，存入文件 score.bin 中，使其在文件中仍按高低顺序放置。学生记录是结构体类型：

```
typedef struct student
{
    unsigned short id;
    char name[15];
    unsigned short chinese;
    unsigned short math;
    unsigned short totalscore;
}STU;
```

分析：因为文件中已经存放了按序排好的记录，所以首先要确认待插入的记录存放在文件的什么位置，这可以通过一个循环用 fread() 函数从文件开始读取每一个学生的信息，如果读到的信息中，总分大于待插入学生的总分，继续读取，直至读到第一个总分小于或等于待插入学生的总分或到达文件的结尾为止。此时，存在三种情况。

（1）如果文件中所有记录的总分都比待插入记录的大，即 fread() 函数已经读到了文件的结尾处，则此时可以直接把待插记录用 fwrite() 函数写入文件。

（2）如果待插入的学生记录存放在两条记录的中间，可以用 fseek() 函数把文件读写位置移动到当前学生记录前面一条记录，假设其文件读写位置记为 curpos。此时不能直接插入新的记录，因为直接插入会把后一条原有记录覆盖掉，因此，在插入之前，把文件读写位置 curpos 到文件最后的所有记录用 fread() 函数读入到一个暂存空间，然后用 fwrite() 函数把待插入记录写入文件，再把暂存空间中的数据写入文件中，这样就实现了插入。具体过程解释如下。

①循环找到第一个总分小于或等于待插入学生的总分时，用 fseek(fp, 0-sizeof(STU),SEEK_CUR); 把文件读写位置前移一条记录，然后用 ftell() 函数得到当前文件读写位置值 curpos。

②使用 fseek(fp,0,SEEK_END); 把文件读写位置移动到文件的结尾，再使用 ftell() 函数得到文件读写位置值 endpos，那么 endpos-curpos 就是待插入位置到文件结尾的所有记录的字节数。

③因为在找 endpos 值时，文件读写位置移动到文件结尾，因此，再次把文件读写位置用 fseek(fp, curpos-endpos,SEEK_END) 移动到 curpos 处，再用 fread() 函数把从 curpos 处到文件结尾的记录全部读到一个暂存空间 temp 中。

④执行完 fread() 函数后，文件读写位置再次到达文件结尾，所以再次用 fseek(fp, curpos-endpos,SEEK_END) 把文件读写位置移动到 curpos 处。

⑤写入待插入记录和暂存空间 temp 中的记录。

（3）如果待插入记录总分比所有记录部分都小，直接把这条记录写入文件的最后。整个代码如下：

```
#include<stdio.h>
```

```
    typedef struct student
    {
        unsigned short id;
        char name[15];
        unsigned short chinese;
        unsigned short math;
        unsigned short totalscore;
    } STU;
```
/* 函数 short insert(STU stu,char filename[]) 插入给定的记录，并继续按从高到低排序；
参数 stu 是待插入的学生记录，filename 是文件名。插入成功函数返回 1，否则返回 −1*/
```
    short insert(STU stu,char filename[])
    {
        STU tempstu;                    // 存放一个读出的学生信息
        FILE *fp=NULL;
        // 用二进制打开，失败则退出
        if(NULL==(fp=fopen(filename, "rb+")))
        {
            printf("Open file error!\n");
            return -1;
        }
        int num=0;
        while(!feof(fp))
        {
            num=fread((void*)(&tempstu), sizeof(STU), 1, fp);
            if(0!=num && (tempstu.totalscore>stu.totalscore))
                continue;
            else
            {
                if(0==num)              // 待插入记录总分比文件中所有记录总分都小
                {
                    fwrite((void*)(&stu),sizeof(STU),1,fp); // 直接插入
                    break;
                }
                fseek(fp,0-sizeof(STU),SEEK_CUR);           // 读写位置前移一条记录
                long curpos=ftell(fp);                      // 获取插入位置值
                fseek(fp,0,SEEK_END);                       // 移动文件结尾
                long endpos=ftell(fp);                      // 获取文件结尾位置值
                void* temp=(void *)malloc(endpos-curpos);   // 申请暂存空间
                fseek(fp,curpos-endpos,SEEK_END);           // 移回 curpos 处
                fread(temp,endpos-curpos, 1, fp);           // 读 curpos 处到结尾记录
                fseek(fp,curpos-endpos,SEEK_END);           // 回到 curpos 处
                fwrite((void*)(&stu),sizeof(STU),1,fp);     // 写入待插入记录
                fwrite(temp,endpos-curpos,1,fp);            // 写入暂存空间的记录
                free(temp); temp=NULL;                      // 释放暂存空间且置 0
                break;          // 插入完成，退出循环
            }
        }
        fclose(fp);
        free(temp);temp=NULL:
        return 1;
    }
```

```
int main(void)
{
    char filename[]="stuscore.dat";
    STU stu={1001,"jiang",89,79,168};        // 这里直接给定插入的记录
    insert(stu,filename);
    return 0;
}
```

如果 stuscore.dat 文件中原有记录顺序读取为：

```
zhang    1008 98 95 193
wang     1003 92 91 183
cheng    1004 89 84 173
hong     1007 81 77 158
```

程序运行后，stuscore.dat 文件中记录为：

```
zhang    1008 98 95 193
wang     1003 92 91 183
cheng    1004 89 84 173
jiang    1001 89 79 168
hong     1007 81 77 158
```

本实例说明，灵活运用 fseek()、ftell() 等函数，结合 fread() 和 fwrite() 函数可以对文件进行灵活操作处理。

小结

本章对 C 语言中文件和流的概念进行了阐述，对 C 语言中提供的有关文件操作函数进行了分析，并举例说明，强调了使用这些函数时应注意的事项，重点对文件顺序存取和随机存取进行了讲解和实例分析。本章讲解了函数库中常用几个文件操作函数，要了解更多的函数，可以查阅附录 C，或者查阅 C11 标准、C17 标准以及其他相关资料。

习题

1. 编写程序，从键盘输入 200 个字符，存入名为 char.txt 的磁盘文件中，并将这些字符同时输出到显示器。

2. 编写程序，将当前目录下名为 myFile.txt 的文本文件复制到指定目录下，文件名修改为 copyFile.txt。

3. 输入 10 个学生的信息（定义一个结构体类型，成员变量有含学号、姓名、三门课程成绩、总分），其中学生的总分由程序计算产生。先将学生信息存入磁盘二进制数据文件 student.dat 中，然后读取该文件，寻找总分最高的学生并输出该学生的所有信息。

4. 利用第 3 题 student.dat 文件中的数据，编写函数，把一个学生的信息追加到文件的最后，并输出此时文件的大小（要显示成 ***MB***B 的形式）。

5. 编写一个函数，创建一个二进制文件，其存放的数据（float 型）按从小到大排序，编写函数，把一个 float 型数据插入到文件相应的位置使数据排序，然后编写函数把文件中的数据输出到显示器中。

ASCII 码表

ASCII 值	字符	ASCII 值	字符	ASCII 值	字符	ASCII 值	字符
0	NUL	22	SYN	44	,	66	B
1	SOH	23	TB	45	-	67	C
2	STX	24	CAN	46	.	68	D
3	ETX	25	EM	47	/	69	E
4	EOT	26	SUB	48	0	70	F
5	ENQ	27	ESC	49	1	71	G
6	ACK	28	FS	50	2	72	H
7	BEL	29	GS	51	3	73	I
8	BS	30	RS	52	4	74	J
9	HT	31	US	53	5	75	K
10	LF	32	(space)	54	6	76	L
11	VT	33	!	55	7	77	M
12	FF	34	"	56	8	78	N
13	CR	35	#	57	9	79	O
14	SO	36	$	58	:	80	P
15	SI	37	%	59	;	81	Q
16	DLE	38	&	60	<	82	R
17	DCI	39	,	61	=	83	S
18	DC2	40	(	62	>	84	T
19	DC3	41	)	63	?	85	U
20	DC4	42	*	64	@	86	V
21	NAK	43	+	65	A	87	W

续上表

ASCII 值	字符	ASCII 值	字符	ASCII 值	字符	ASCII 值	字符
88	X	98	b	108	l	118	v
89	Y	99	c	109	m	119	w
90	Z	100	d	110	n	120	x
91	[	101	e	111	o	121	y
92	/	102	f	112	p	122	z
93	]	103	g	113	q	123	{
94	^	104	h	114	r	124	|
95	_	105	i	115	s	125	}
96	'	106	j	116	t	126	~
97	a	107	k	117	u	127	DEL

特殊字符解释

字符	意义	字符	意义	字符	意义
NUL	空	VT	垂直制表	SYN	空转同步
STX	正文开始	CR	回车	CAN	作废
ETX	正文结束	SO	移位输出	EM	纸尽
EOY	传输结束	SI	移位输入	SUB	换置
ENQ	询问字符	DLE	空格	ESC	换码
ACK	承认	DC1	设备控制 1	FS	文字分隔符
BEL	报警	DC2	设备控制 2	GS	组分隔符
BS	退一格	DC3	设备控制 3	RS	记录分隔符
HT	横向列表	DC4	设备控制 4	US	单元分隔符
LF	换行	NAK	否定（拒绝）	DEL	删除

运算符级别

优先级	运算符	名称或含义	使用形式	结合方向	说明
1	[]	数组下标	数组名 [整型表达式]	左到右	
	()	圆括号	(表达式)/ 函数名 (形参表)		
	.	成员选择（对象）	对象 . 成员名		
	->	成员选择（指针）	对象指针 -> 成员名		
2	-	负号运算符	- 算术类型表达式	右到左	单目运算符
	(type)	强制类型转换	(纯量数据类型) 纯量表达式		
	++	自增运算符	++ 纯量类型可修改左值表达式		单目运算符
	- -	自减运算符	- - 纯量类型可修改左值表达式		单目运算符
	*	取值运算符	* 指针类型表达式		单目运算符
	&	取地址运算符	& 表达式		单目运算符
	!	逻辑非运算符	! 纯量类型表达式		单目运算符
	~	按位取反运算符	~ 整型表达式		单目运算符
	sizeof	长度运算符	sizeof 表达式 sizeof(类型)		
3	/	除	表达式 / 表达式	左到右	双目运算符
	*	乘	表达式 * 表达式		双目运算符
	%	余数（取模）	整型表达式 % 整型表达式		双目运算符
4	+	加	表达式 + 表达式	左到右	双目运算符
	-	减	表达式 - 表达式		双目运算符
5	<<	左移	整型表达式 << 整型表达式	左到右	双目运算符
	>>	右移	整型表达式 >> 整型表达式		双目运算符
6	>	大于	表达式 > 表达式	左到右	双目运算符
	>=	大于或等于	表达式 >= 表达式		双目运算符
	<	小于	表达式 < 表达式		双目运算符
	<=	小于或等于	表达式 <= 表达式		双目运算符
7	==	等于	表达式 == 表达式	左到右	双目运算符
	!=	不等于	表达式 != 表达式		双目运算符

续上表

优先级	运算符	名称或含义	使用形式	结合方向	说明
8	&	按位与	整型表达式 & 整型表达式	左到右	双目运算符
9	^	按位异或	整型表达式 ^ 整型表达式	左到右	双目运算符
10	|	按位或	整型表达式 | 整型表达式	左到右	双目运算符
11	&&	逻辑与	表达式 && 表达式	左到右	双目运算符
12	||	逻辑或	表达式 || 表达式	左到右	双目运算符
13	?:	条件运算符	表达式 1? 表达式 2: 表达式 3	右到左	三目运算符
14	=	赋值运算符	可修改左值表达式 = 表达式	右到左	
	/=	除后赋值	可修改左值表达式 /= 表达式		
	*=	乘后赋值	可修改左值表达式 *= 表达式		
	%=	取模后赋值	可修改左值表达式 %= 表达式		
	+=	加后赋值	可修改左值表达式 += 表达式		
	-=	减后赋值	可修改左值表达式 -= 表达式		
	<<=	左移后赋值	可修改左值表达式 <<= 表达式		
	>>=	右移后赋值	可修改左值表达式 >>= 表达式		
	&=	按位与后赋值	可修改左值表达式 &= 表达式		
	^=	按位异或后赋值	可修改左值表达式 ^= 表达式		
	|=	按位或后赋值	可修改左值表达式 |= 表达式		
15	,	逗号运算符	表达式 , 表达式 , …	左到右	从左向右顺序结合

C 语言库函数

1.stdio.h 中定义的函数

1	FILE *fopen(const char *filename, const char *mode)
	用给定的模式打开名为 filename 的文件，并把它与流相联，模式由 mode 指定
2	int fclose(FILE *stream)
	关闭流 stream，并刷新所有缓冲区。如果成功关闭，返回 0，如果有错误产生，返回 EOF
3	int feof(FILE *stream)
	判断给定流 stream 的文件结束标识符，指向文件结束返回非 0 值，否则返回 0
4	int ferror(FILE *stream)
	获取给定流 stream 的错误标识。当流的错误标识被设置时，返回非 0 值
5	int fflush(FILE *stream)
	强制将缓冲区内的数据写回 stream 指定的文件中，如果 stream 为 NULL，则将所有打开的文件数据更新。函数执行成功返回 0，失败返回 EOF
6	int fgetpos(FILE *stream, fpos_t *pos)
	得到流 stream 的当前文件位置，并把它写入到 pos 指向的空间
7	void clearerr(FILE *stream)
	清除给定流 stream 的文件结束或错误标识符
8	size_t fread(void *ptr, size_t size, size_t nmemb, FILE *stream)
	从给定流 stream 读取数据到 ptr 所指向的数组中
9	FILE *freopen(const char *filename, const char *mode, FILE *stream)
	把一个新的文件名 filename 与给定的打开的流 stream 关联，同时关闭流中的旧文件
10	int fseek(FILE *stream, long int offset, int whence)
	设置流 stream 关联文件位置为给定的偏移量 offset，参数 offset 为从给定的 whence 位置查找的字节数。没有查找到相应位置时返回非 0
11	int fsetpos(FILE *stream, const fpos_t *pos)
	设置给定流 stream 的文件位置为给定的位置。参数 pos 是由函数 fgetpos() 给定的位置
12	long int ftell(FILE *stream)
	返回流 stream 的当前文件位置

13	void rewind(FILE *stream)
	设置文件位置为给定流 stream 的文件的开头
14	size_t fwrite(const void *ptr, size_t size, size_t nmemb, FILE *stream)
	从 ptr 指向的数组中，将大小由 size 指定的 nmemb 元素写入 stream 指向的流中
15	int remove(const char *filename)
	删除给定的文件名 filename
16	int rename(const char *old_filename, const char *new_filename)
	把 old_filename 所指向的文件名重新命名为 new_filename
17	void setbuf(FILE * restrict stream, char * restrict buffer)
	设置用于流操作的内部缓冲区，其长度至少应该为 buffer 个字符
18	int setvbuf(FILE * restrict stream, char * restrict buffer, int mode, size_t size)
	定义流 stream 操作缓冲的方式
19	FILE *tmpfile(void)
	以二进制更新模式（wb+）创建一个临时文件，并返回与该文件关联的流
20	char *tmpnam(char *str)
	每次调用时，生成并返回一个不存在的有效临时文件名
21	int fprintf(FILE * restrict stream, const char * restrict format, ...)
	把指定的格式化数据输出到流 stream 中，成功返回传送的字符个数，编码或输出错误返回负数
22	int printf(const char *format, ...)
	把格式化数据输出到标准输出流 stdout 中
23	int sprintf(char *str, const char *format, ...)
	把格式化数据输出到字符串 str 中
24	int vfprintf(FILE * restrict stream, const char * restrict format, va_list arg)
	等价于 fprintf() 函数，只是用 arg 参数替换了 fprintf() 函数中的可变参数
25	int vprintf(const char * restrict format, va_list arg)
	把参数列表以格式化形式输出到标准输出流 stdout 中
26	int vsprintf(char * restrict str, const char * restrict format, va_list arg)
	把参数列表以格式化形式输出到字符串
27	int fscanf(FILE * restrict stream, const char * restrict format, ...)
	从流 stream 按格式化形式读取输入数据
28	int scanf(const char * restrict format, ...)
	从标准输入流 stdin 中，按格式化形式读取输入数据
29	int sscanf(const char * restrict str, const char * restrict format, ...)
	从字符串以格式化的形式读取输入数据
30	int fgetc(FILE * restrict stream)
	从指定的流 stream 获取下一个无符号字符，并把位置标识符往前移动

31	char *fgets(char *restrict str, int n, FILE * restrict stream)
	从指定的流 stream 中读取一行，并把它存储在 str 所指向的字符串内。当读取（*n*-1）个字符时，或者读取到换行符时，或者到达文件末尾时，停止读取
32	int fputc(int char, FILE * stream)
	把无符号字符 char 写入到指定的流 stream 中，并把位置标识符往前移动
33	int fputs(const char *str, FILE *stream)
	把字符串写入到指定的流 stream 中，但不包括空字符
34	int getc(FILE *stream)
	从指定的流 stream 获取下一个无符号字符，并把位置标识符往后移动
35	int getchar(void)
	从标准输入流 stdin 中获取一个无符号字符
36	char *gets(char *str)
	从标准输入流 stdin 读取一行字符，并把它存储在 str 所指向的字符串中。当读取到换行符或者到达文件末尾时停止
37	int putc(int char, FILE *stream)
	把参数 char 指定的无符号字符写入到指定流 stream 中，并把位置标识符向后移动
38	int putchar(int char)
	把参数 char 指定的无符号字符写入标准输出流 stdout 中
39	int puts(const char *str)
	把一个字符串写入到标准输出流 stdout，并自动追加换行符
40	int ungetc(int char, FILE *stream)
	把字符 char 转换成无符号字符推入到流 stream 中，作为下一个被读取到的字符
41	void perror(const char *str)
	把一个描述性错误消息输出到标准错误 stderr。首先输出字符串 str，后跟一个冒号，然后是一个空格
42	int snprintf(char * restrict str, size_t size, const char * restrict format, ...)
	将可变参数按照 format 格式化成字符串，然后将此字符串复制到 str 中，个数由 size 指定

2.stdlib.h 中定义的函数

1	double atof(const char *str)
	把参数 str 所指向的字符串转换为一个 double 型数据
2	int atoi(const char *str)
	把参数 str 所指向的字符串转换为一个 int 型数据
3	long int atol(const char *str)
	把参数 str 所指向的字符串转换为一个 long 型数据
4	double strtod(const char *str, char **endptr)
	把参数 str 所指向的字符串转换为一个 double 型数据
5	long int strtol(const char * restrict str, char ** restrict endptr, int base)
	把参数 str 所指向的字符串转换为一个 long 型数据

6	unsigned long int strtoul(const char * restrict str, char ** restrict endptr, int base)
	把参数 str 所指向的字符串转换为一个 unsigned long 型数据
7	void *calloc(size_t nmemb, size_t size)
	分配 nmemb 对象的数组分配内存空间，每个对象的大小为 size，并返回一个指向它的指针
8	void free(void *ptr)
	释放调用 calloc()、malloc() 或 realloc() 函数所分配的内存空间
9	void *malloc(size_t size)
	分配 size 个字节的内存空间，并返回一个指向此空间的指针
10	void *realloc(void *ptr, size_t size)
	重新调整之前调用 malloc() 或 calloc() 函数所分配的空间，ptr 指定分配空间的初始地址，size 指定所指向内存块的大小
11	void abort(void)
	使一个异常程序终止
12	int atexit(void (*func)(void))
	注册由 func 指向的函数，以便在正常程序终止时不带参数地调用 func 指向的函数
13	void exit(int status)
	使程序正常终止
14	char *getenv(const char *name)
	在主机环境提供的环境列表中搜索与 name 指向的字符串匹配的字符串。其返回列表元素的指针
15	int system(const char *string)
	把 string 指定的命令传给要被命令处理器执行的主机环境
16	void *bsearch(const void *key, const void *base,size_t nmemb, size_t size,int (*compar)(const void *, const void *))
	搜索一个 nmemb 对象数组，其初始元素由 base 指向，以查找与 key 指向的对象匹配的元素。数组每个元素的大小由 size 指定。查找方式由 compar 指定
17	void qsort(void *base, size_t nmemb, size_t size,int (*compar)(const void *, const void *))
	对一个 nmemb 对象数组进行排序，其初始元素由 base 指向。排序方式由 compar 指定
18	int abs(int x)
	返回 int 型数据 x 的绝对值
19	div_t div(int numer, int denom)
	计算 numer / denom 和 numer % denom 值（结果均为 int 型）
20	long int labs(long int x)
	返回 long 型数据 x 的绝对值
21	ldiv_t ldiv(long int numer, long int denom)
	计算 numer / denom 和 numer % denom 值（结果均为 long 型）
22	int rand(void)
	返回一个范围在 0 ~ RAND_MAX 之间的伪随机数
23	void srand(unsigned int seed)
	该函数设置一个种子，供函数 rand 使用

24	int mblen(const char *str, size_t n)
	当 str 不是空指针时，返回 str 指向的多字节字符中包含的字节数
25	size_t mbstowcs(wchar_t * restrict pwcs, const char * restrict str, size_t n)
	把参数 str 所指向的多字节字符的字符串转换为参数 pwcs 所指向的数组
26	int mbtowc(wchar_t * restrict pwc, const char * restrict str, size_t n)
	检查参数 str 所指向的多字节字符
27	size_t wcstombs(char * restrict str, const wchar_t * restrict pwcs, size_t n)
	把宽字符数组 pwcs 中存储数据编码转换为多字节字符，并把它们存储在 str 指向的串中
28	int wctomb(char *str, wchar_t wc)
	把宽字符 wchar 转换为它的多字节表示形式，并把它存储在 str 指向的字符数组的开头

3. string.h 中定义的函数

1	void *memchr(const void *str, int c, size_t n)
	在参数 str 指向字符串的前 n 个字节中搜索第一次出现无符号字符 c 的位置。如果找到，返回指向 c 的指针，没找到返回 NULL
2	int memcmp(const void *str1, const void *str2, size_t n)
	把 str1 和 str2 的前 n 个字节进行比较。大于返回正数，小于返回负数，等于返回 0
3	void *memcpy(void * restrict dest, const void * restrict src, size_t n)
	从 src 指向的空间中复制 n 个字节的数据存放到 dest 指向的空间中
4	void *memmove(void * dest, const void *src, size_t n)
	将 src 指向对象中的 n 个字符复制到 dest 指向的对象中
5	void *memset(void *str, int c, size_t n)
	将 c 的值（转换为无符号字符）复制到 str 指向对象的前 n 个字符中
6	char *strcat(char * restrict dest, const char * restrict src)
	把 src 所指向的字符串追加到 dest 所指向字符串的结尾并返回 dest 的值
7	char *strncat(char * restrict dest, const char * restrict src, size_t n)
	将不超过 n 个字符（一个空字符和后面的字符不附加）从 src 指向的数组附加到 dest 指向的字符串的末尾并返回 dest 的值
8	char *strchr(const char *str, int c)
	在参数 str 所指向的字符串中搜索第一次出现字符 c（一个无符号字符）并返回指向 c 的指针，没有找到返回 NULL
9	int strcmp(const char *str1, const char *str2)
	把 str1 所指向的字符串和 str2 所指向的字符串进行比较。当 str1 指向的串大于 str2 指向的串时返回正数，等于时返回 0，小于时返回负数
10	int strncmp(const char *str1, const char *str2, size_t n)
	比较 str1 指向的串和 str2 指向的串中不超过 n 个字符（不比较空字符后面的字符）的大小。当 str1 指向的串大于 str2 指向的串时返回正数，等于时返回 0，小于时返回负数
11	int strcoll(const char *str1, const char *str2)
	把 str1 和 str2 进行比较，结果取决于 LC_COLLATE 的位置设置

12	char *strcpy(char * restrict dest, const char * restrict src)
	把 src 所指向的字符串复制到 dest 指向的空间中，并返回 dest 的值
13	char *strncpy(char *dest, const char *src, size_t n)
	把 src 所指向的字符串复制到 dest，最多复制 n 个字符
14	size_t strcspn(const char *str1, const char *str2)
	计算 str1 指向的字符串从开始起连续不包含在字符串 str2 中的字符个数
15	char *strerror(int errnum)
	从内部数组中搜索错误号 errnum，并返回一个指向错误消息字符串的指针
16	size_t strlen(const char *str)
	计算 str 指向字符串的长度，直到'\0'结束，但不包括'\0'
17	char *strpbrk(const char *str1, const char *str2)
	检索字符串 str1 中第一个匹配字符串 str2 中字符的字符，但不包含'\0'。返回指向匹配字符的指针，如果没有匹配字符，返回 NULL
18	char *strrchr(const char *str, int c)
	在 str 所指向的字符串中搜索最后一次出现字符 c（一个无符号字符）的位置。返回指向字符的指针，如果没有出现 c，则返回 NULL
19	size_t strspn(const char *str1, const char *str2)
	返回字符串 str1 中第一个不在字符串 str2 中出现的字符下标。如果没有这样的字符返回 NULL
20	char *strstr(const char *haystack, const char *needle)
	在字符串 haystack 中查找第一次出现字符串 needle（不包含空结束字符）的位置
21	char *strtok(char *str, const char *delim)
	分解字符串 str 为一组字符串，delim 为分隔符
22	size_t strxfrm(char * restrict dest, const char * restrict src, size_t n)
	根据程序当前区域选项中的 LC_COLLATE 转换字符串 src 的前 n 个字符，并把它们放置在 dest 指向的空间中

4.math.h 中定义的函数

1	double acos(double x)
	返回以弧度表示的 x 的反余弦
2	double asin(double x)
	返回以弧度表示的 x 的反正弦
3	double atan(double x)
	返回以弧度表示的 x 的反正切
4	double atan2(double y, double x)
	返回以弧度表示的 y/x 的反正切。y 和 x 的值的符号决定了正确的象限
5	double cos(double x)
	返回弧度角 x 的余弦

6	double cosh(double x)
	返回 x 的双曲余弦
7	double sin(double x)
	返回弧度角 x 的正弦
8	double sinh(double x)
	返回 x 的双曲正弦
9	double tanh(double x)
	返回 x 的双曲正切
10	double exp(double x)
	返回 e 的 x 次幂的值
11	double frexp(double x, int *exponent)
	把 double 型数 x 分解成尾数和指数。返回是尾数值，指数存入 exponent 指向的空间中
12	double ldexp(double x, int exponent)
	返回 x 乘以 2 的 exponent 次幂
13	double log(double x)
	返回 x 的自然对数值
14	double log10(double x)
	返回 x 的常用对数值
15	double modf(double x, double *integer)
	返回值为 x 的小数部分，并把整数部分以浮点格式存放在 integer 指向的空间中
16	double pow(double x, double y)
	返回 x 的 y 次幂
17	double sqrt(double x)
	返回 x 的平方根
18	double ceil(double x)
	返回大于或等于 x 的最小整数值
19	double fabs(double x)
	返回 x 的绝对值
20	double floor(double x)
	返回小于或等于 x 的最大整数值
21	double fmod(double x, double y)
	返回 x 除以 y 的余数

5.time.h 中定义的函数

1	char *asctime(const struct tm *timeptr)
	将 timeptr 指向的 struct tm 类型的时间转换为形式为 "DDD MM dd hh:mm:ss YYYY\n\0" 的字符串，返回指向字符串的指针

2	clock_t clock(void)
	返回程序执行期处理器所消耗的时间（可能为近似值）。如果耗时大于 clock_t 能表达的最大值，则函数返回 −1
3	char *ctime(const time_t *timer)
	把一个由 timer 指向的时间数据转换为一个字符串，格式为 "DDD MMM dd hh:mm:ss YYYY"，返回指向这个串的指针
4	double difftime(time_t time1, time_t time2)
	返回 time1 和 time2 之间相差的秒数（time1−time2）
5	struct tm *gmtime(const time_t *timer)
	timer 的值被分解为 tm 结构，并用格林尼治标准时间（GMT）表示
6	struct tm *localtime(const time_t *timer)
	把 timer 指向的值分解为 tm 结构，并用本地时区表示
7	time_t mktime(struct tm *timeptr)
	把 timeptr 所指向的结构转换为一个依据本地时区的 time_t 值
8	size_t strftime(char * restrict str, size_t maxsize, const char * restrict format, const struct tm * restrict timeptr)
	根据 format 中定义的格式化规则，格式化结构 timeptr 指向的时间，并把它存储在 str 指向的空间中
9	time_t time(time_t *timer)
	自纪元从 1970-01-01 00:00:00 开始所经过的时间，以秒为单位。如果 timer 不为空，则返回值也存储在变量 timer 中

参考文献

［1］ ISO/IEC 9899:2011(E), Information technology-Programming languages - C[S].

［2］ 普拉达 . C Primer Plus(第 6 版) 中文版 [M]. 姜佑，译 . 北京 : 人民邮电出版社 , 2020.